U0195143

『十一五』国家重点图书出版规划项目

中国环境变迁史丛书

李文涛◎著

秦汉环境变迁史

中州古籍出版社

·郑州·

图书在版编目（CIP）数据

秦汉环境变迁史 / 李文涛著 . —郑州：中州古籍出版社，
2021. 10（2023. 6 重印）
（中国环境变迁史丛书）
ISBN 978-7-5348-8757-4

Ⅰ . ①秦…　Ⅱ . ①李…　Ⅲ . ①生态环境 – 变迁 – 研究 – 中
国 – 秦汉时代　Ⅳ . ① X321.2

中国版本图书馆 CIP 数据核字（2019）第 164720 号

QIN–HAN HUANJING BIANQIAN SHI

秦汉环境变迁史

策划编辑　杨天荣
责任编辑　杨天荣
责任校对　牛冰岩
美术编辑　王　歌

出 版 社　中州古籍出版社（地址：郑州市郑东新区祥盛街 27 号 6 层
　　　　　邮编：450016　电话：0371-65788693）
发行单位　河南省新华书店发行集团有限公司
承印单位　河南瑞之光印刷股份有限公司
开　　本　710 mm × 1000 mm　1/16
印　　张　21.5
字　　数　372 千字
版　　次　2021 年 10 月第 1 版
印　　次　2023 年 6 月第 3 次印刷
定　　价　85.00 元

《中国环境变迁史丛书》 总序

　　一部环境通史，有必要开宗明义，先介绍环境的概念、学科属性、学术研究状况等，并交代写作的思路与框架。因此，特作总序于前。

一、何谓环境

　　何谓环境？《辞海》解释之一为：一般指围绕人类生存和发展的各种外部条件和要素的总体。……分为自然环境和社会环境。[①] 由此可知，环境分为自然环境与社会环境。

　　本书所述的环境主要指自然环境，指人类社会周围的自然境况。"自然环境是人类赖以生存的自然界，包括作为生产资料和劳动条件的各种自然条件的总和。自然环境处在地球表层大气圈、水圈、陆圈和生物圈的交界面，是有机界和无机界相互转化的场所。"[②]

　　环境有哪些元素？空气、气候、河流湖泊、大海、土壤、动物、植物、灾害等，都是环境的元素。需要说明的是，这些环境元素不是一成不变的，在不同的时期、不同的学科、不同的语境，人们对环境元素的理解是有差异的。在一些专家看来，环境是一个泛指的名词，是一个相对的概念，是相对于主体而言的客体，因此，不同的学科对环境的含义就有不同的理解，如环境保护法明确指出环境是指"大气、水、土地、矿藏、森林、草原、野生动物、野生植

[①]《辞海》，上海辞书出版社 2020 年版，第 1817 页。

[②] 胡兆量、陈宗兴编：《地理环境概述》，科学出版社 2006 年版，第 1 页。

物、名胜古迹、风景游览区、温泉、疗养区、自然保护区、生活居住区等"①。

二、何谓环境史

国内外学者对环境史的定义做过许多探讨，表述的内容差不多，但没有达成一个共识。如，包茂宏认为："环境史是以建立在环境科学和生态学基础上的当代环境主义为指导，利用跨学科的方法，研究历史上人类及其社会与环境之相互作用的关系。"② 梅雪芹认为："作为一门学科，环境史不同于以往历史研究和历史编纂模式的根本之处在于，它是从人与自然互动的角度来看待人类社会发展历程的。"③

享誉盛名的美国学者唐纳德·休斯在《什么是环境史》一书中，用整整一部著作讨论环境史，他在序中说：环境史是"一门历史，通过研究作为自然一部分的人类如何随着时间的变迁，在与自然其余部分互动的过程中生活、劳作与思考，从而推进对人类的理解"④。显然，休斯笔下的环境史是人类史，是作为自然一部分的人类的历史，是人与自然关系的历史。

根据学术界的观点，结合我们研究的体会，我们认为：环境史是客观存在的历史。从学科属性而言，环境史是自然史与人类史的交叉学科。人类史与环境史是有区别的，在环境史研究中应当更多关注自然，而不是关注人。环境史是从人类社会视角观察自然的历史，研究的是自然与人类的历史。还要说明的是，我们所说的环境史，不包括与人类没有直接关系的纯自然现象，那样一些现象是动物学、植物学、细菌学等自然学科所研究的内容。

进入我们视觉的环境史是古老的。从广义而言，有了人类，就有环境史，就有了环境史的信息，就有了可供环境史研究的资料。人类对环境的关注、记载、研究的历史，可以上溯到很久以前，即可与人类文明史的起点同步。有了

---

① 朱颜明等编著：《环境地理学导论》，科学出版社 2002 年版，第 1 页。

② 包茂宏：《环境史：历史、理论和方法》，《史学理论研究》2000 年第 4 期。

③ 梅雪芹：《马克思主义环境史学论纲》，《史学月刊》2004 年第 3 期。

④ [美] J. 唐纳德·休斯著，梅雪芹译：《什么是环境史》，北京大学出版社 2008 年版，第 2 页。

人类，就有了对环境的观察、选择、利用、改造。因此，我们说，环境史是古老的，其知识系统是悠久的。环境史是伴随着人类历史的步伐而走到了现在。

如果从更广义而言，环境史还应略早于人类史。有了环境才有人类，人类是环境演迁到一定阶段的产物。因此，环境史可以向上追溯，追溯到环境与人类社会的产生。作为环境史研究，可以从远观、中观、近观三个层次探究环境的历史。环境史的远观比人类史要早，环境史的中观与人类诞生相一致，环境史的近观是在 20 世纪才成为一门独立的学科。

三、环境史学的产生

人类生活在自然环境之中，但环境长期没有作为人类研究的主要内容。直到工业社会以来，环境才逐渐进入人类研究的视野，环境史学才逐渐成为历史学的一部分。为什么会产生环境史学？为什么会产生环境史的研究？环境史学的产生是 20 世纪以来的事情，之所以会产生环境史学，当然是学术多元发展的结果，更重要的是人类社会发展的结果，是环境问题越来越严重的结果。具体说来，有五点原因。

其一，人类社会越来越关注人自身的生存质量。随着物质文明与精神文明的发展，人们的欲望增加，人类的享乐主义盛行。人们都希望不断提高生活质量，要住宽敞的大房子，要吃尽天下的山珍海味，要到环境优美的地方旅游，要过天堂般的舒适生活。因此，人们对环境质量的要求越来越高，对环境的关注度超过了以往任何时候。

其二，人类对自己所处的生活环境越来越不满意。人类生存的环境条件日益恶化，各种污染严重威胁人们的生活与生命，如空气、水、大米、肉、蔬菜、水果等无一不受到污染，各种怪病层出不穷。事实上，生活在工业社会的人们，虽然在科技上得到一些享受，但在衣食方面、空气与水质方面远远不如农耕社会那么纯粹天然。

其三，人类越来越感到资源欠缺。随着工业化的进程，环境资源消耗增大，且正在消耗殆尽，如石油、木材、淡水、土地等，已经供不应求。以汽车工业为例，虽然生产汽车在短时间内拉动了经济，便利了人们的生活，但同时也带来了空气污染、石油消耗、交通拥挤等后患。

其四，人类面临的灾害越来越多。洪水、干旱、地震、海啸、瘟疫等频频发生，这些灾害严酷地摧残着人类，使人类付出了极大的代价。生活在这个地球上的人类，越来越艰难，无不感到自然界越来越可怕了。也许是互联网太发达，人们天天听到的都是环境恶化的坏消息。

其五，人类希望社会可持续发展，希望人与自然更加和谐，希望子孙后代也有好的生活空间。英国学者汤因比主张研究自然环境，用历史的眼光对生物圈进行研究，从人类的长远利益出发进行研究，目的是要让人类能够长期地在地球这个生物圈生活下去。他说："迄今一直是我们唯一栖身之地的生物圈，也将永远是我们唯一的栖身之地，这种认识就会告诫我们，把我们的思想和努力集中在这个生物圈上，考察它的历史，预测它的未来，尽一切努力保证这唯一的生物圈永远作为人类的栖身之处，直到人类所不能控制的宇宙力量使它变成一个不能栖身的地方。"①

人类似乎正处在文明的巅峰，又似乎处在文明的末日。换言之，人类正在创造美好的世界，又正在挖自己的坟墓。人类的环境之所以演变到今天这种情况，有其必然性。随着工业化的进程，随着大科学主义的无限膨胀，随着人类消费欲望的不断增多，随着人类的盲目与自大，随着人类对环境的残酷掠夺与虐待，环境一定会受到破坏，资源一定会减少，生态一定会不断恶化。有人甚至认为环境破坏与资本主义有关，"把人类当前面临的全球生态环境问题放在一个比较长的时段上进行观察，我们发现，这是一个经过了长期累积、在工业化以后日趋严重、到全球化时代已无法回避的问题。在近代以来的每个历史阶段，全球性的生态环境问题都与资本主义有关"②。如果没有资本主义，也许环境不会恶化成现在这个样子。但是，资本主义相对以前的社会形态毕竟是一个进步，环境恶化不能完全怪罪于社会的演进。

要改变环境恶化的这种情况，必须依靠人类的文化自觉。幸好，人类还有良知，人类还有先知先觉的智者。环境史学科的产生，就是人类良知的苏醒，就是学术自觉的表现。为了创造美好的社会，保持现代社会的可持续性发展，各国学者都关注环境，并致力于从环境史中总结经验。正因为人类社会越来越

①［英］汤因比著，徐波等译：《人类与大地母亲》，上海人民出版社 2001 年版，第 8 页。

② 俞金尧：《资本主义与近代以来的全球生态环境》，《学术研究》2009 年 6 期。

关注环境，当然就会产生环境史学，开展环境史的研究。

四、环境史研究的内容

环境史研究可以分为三个方面：

第一，环境的历史。在人类社会的历史长河中，与人类息息相关的环境的历史，是环境史研究最基本的内容。历史上环境的各种元素的状况与变化，是环境史研究的主要板块。环境史不仅要关注环境过去的历史，还要着眼于环境的现状与未来。现在的环境对未来环境是有影响的，决定着未来的环境的状况。当前的环境与未来的环境都是历史上环境的传承，受到历史上环境的影响。

第二，人类社会与环境的关系的历史。历史上，环境是怎样决定或影响着人类社会？人类社会又是怎样反作用于环境？环境与农业、游牧业、商业的关系如何？环境与民族的发展如何？环境与城市的建设、居住的建筑、交通的变化有什么关系？这都是环境史应当关注的。

第三，人类对环境的认识史。人类对环境有一个渐进的认识过程，从简单、糊涂、粗暴的认识，到反思、科学的认识，都值得总结。人类的智者自古就提倡人与自然和谐，提倡保护自然。古希腊斯多葛派的创始人芝诺说过："人生的目的就在于与自然和谐相处。"

由以上三点可知，环境史研究的目的，一是掌握有关环境本身的真实信息、确切的规律，二是了解人类有关环境问题上的经验教训与成就，三是追求人类社会与环境的和谐相处与持续发展。

五、环境史研究的社会背景与学术背景

研究环境史，或者把它当作一门环境史学科，应是 20 世纪以来的事情。环境史学是古老而年轻的学科。在这门年轻学科构建的背景之中，既有社会的酝酿，也有学术的准备。

1. 社会的酝酿

1968 年，在罗马成立了罗马俱乐部，其创建者是菲亚特汽车公司总裁佩

切伊（1908—1984），他联合各国各方面的学者，展开对世界环境的研究。佩切伊与池田大作合著《二十一世纪的警钟》。1972 年，世界上首次以人类与环境为主题的大会在瑞典斯德哥尔摩召开，发表了《联合国人类环境会议宣言》，会议的口号是"只有一个地球"，首次明确提出："保护和改善人类环境已经成为人类一个紧迫的目标。"联合国把每年的 6 月 5 日确定为世界环境日。1992 年在巴西召开了世界环境与发展大会，有 183 个国家和地区的代表团参加了会议，有 102 个国家的元首或政府首脑参加，通过了《里约环境与发展宣言》《21 世纪议程》。这次会议提出全球伦理有三个公平原则：世界范围内当代人之间的公平性、代际公平性、人类与自然之间的公平性。

2. 学术的准备

环境史学有相当长的准备阶段，20 世纪有许多关于研究环境的成果，这些成果构成了环境史学的酝酿阶段。

早在 20 世纪初，德国的斯宾格勒在《西方的没落》中就提出"机械的世界永远是有机的世界的对头"的观点，认为工业化是一种灾难，它使自然资源日益枯竭。① 资本主义的初级阶段，造成严重的环境污染，引起劳资双方极大的对立。斯宾格勒正是在这样的背景下写出了他的忧虑。

美国的李奥帕德（又译为莱奥波尔德）撰有《大地伦理学》一文，1933年发表于美国的《林业杂志》，后来又收入他的《沙郡年记》。《大地伦理学》是现代环境主义运动的《圣经》，李奥帕德本人被称为"现代环境伦理学之父"。他超越了狭隘的人类伦理观，提出了人与自然的伙伴关系。其主要观点是要把伦理学扩大到人与自然，人不是征服者的角色，而是自然界共同体的一个公民。

德国的海德格尔在《论人类中心论的信》（1946）中反对以人类为中心，他说："人不是存在者的主宰，人是存在者的看护者。"② 另一位德国思想家施韦泽（又译为史韦兹，1875—1965 年在世），著有《敬畏生命》（上海社会科学科学院出版社 2003 年版），主张把道德关怀扩大到生物界。

---

① ［德］斯宾格勒：《西方的没落》，黑龙江教育出版社 1988 年版，第 24 页。

② 宋祖良：《海德格尔与当代西方的环境保护主义》，《哲学研究》1993 年第 2 期。

　　1962 年，美国生物学家蕾切尔·卡逊著《寂静的春天》（中国环境科学出版社 1993 年版），揭露美国的某些团体、机构等为了追求更多的经济利益而滥用有机农药的情况。此书被译成多种文字出版，学术界称其书标志着生态学时代的到来。

　　此外，世界自然保护同盟主席施里达斯·拉夫尔在《我们的家园——地球》中提出，不能仅仅告诉人们不要砍伐森林，而应让他们知道把拯救地球与拯救人类联系起来。① 英国学者拉塞尔在《觉醒的地球》（东方出版社 1991 年版）中提出地球是活的生命有机体，人类应有高度协同的世界观。

　　美国学者在 20 世纪先后创办了《环境评论》《环境史评论》《环境史》等刊物。美国学者约瑟夫·M. 佩图拉在 20 世纪 80 年代撰写了《美国环境史》，理查德·怀特在 1985 年发表了《美国环境史：一门新的历史领域的发展》，对环境史学作了概述。以上这些学者从理论、方法上不断构建环境史学科，其学术队伍与成果是世界公认的。

　　显然，环境史是在社会发展到一定阶段之后，由于一系列环境问题引发出学人的环境情怀、环境批判、环境觉悟而诞生的。限于篇幅，我们不能列举太多的环境史思想与学术成果，正是有这些丰硕的成果，为环境史学科的创立奠定了基础。

六、中国环境史的研究状况与困惑

　　中国是一个悠久的文明古国，一个以定居为主要生活方式的农耕文明古国，一个还包括游牧文明、工商文明的文明古国，一个地域辽阔的多民族大家庭的文明古国。在这样的国度，环境史的资料毫无疑问是相当丰富的。在世界上，没有哪一个国家的环境史资料比中国多。中国人研究环境史有得天独厚的条件，没有哪个国家可以与中国相提并论。

　　尽管环境史作为一门学科，学术界公认是外国学者最先构建的，但这并不能说明中国学者研究环境史就滞后。中国史学家一直有研究环境史的传统，先

————————

① ［英］施里达斯·拉夫尔：《我们的家园——地球》，中国环境科学出版社 1993 年版。

秦时期的《禹贡》《山海经》就是环境史的著作。秦汉以降，中国出现了《水经注》《读史方舆纪要》等许多与环境相关的书籍，涌现出郦道元、徐霞客等这样的环境学家。史学在中国古代是比较发达的学科，而史学与地理学是紧密联系在一起的，任何一个史学家都不能不研究地理环境，因此，中国古代的环境史研究是发达的。

环境史是史学与环境学的交叉学科。历史学家离不开对环境的考察，而对环境的考察也离不开历史的视野。时移势易，生态环境在变化，社会也在变化。社会的变化往往是明显的，而山川的变化非要有历史眼光才看得清楚。早在 20 世纪，中国就有许多历史学家、地理学家、物候学家研究环境史，发表了一些高质量的环境史的著作与论文，如竺可桢在《考古学报》1972 年第 1 期发表的《中国近五千年来气候变迁的初步研究》就是环境史研究的代表作。此外，谭其骧、侯仁之、史念海、石泉、邹逸麟、葛剑雄、李文海、于希贤、曹树基、蓝勇等一批批学者都在研究环境史，并取得了丰硕的成果。国家环保局也很重视环境史的研究，曲格平、潘岳等人也在开展这方面的研究。

显然，环境史学科正在中华大地兴起，一大群跨学科的学者正在环境史田园耕耘。然而，时常听到有人发出疑问，如：

有人问：中国古代不是有地理学史吗？为什么还要换一个新名词环境史学呢？

答：地理史与环境史是有联系的，也是有区别的。环境史的内涵与外延大于地理史。环境史是新兴的前沿学科，是国际性的学科。中国在与世界接轨的过程中，一定要在各个学科方面也与世界接轨。应当看到，中国传统地理学有自身的局限性，它不可能完全承担环境史学的任务。正如有的学者所说：传统地理学的特点在于依附经学，寓于史学，掺有大量堪舆成分，持续发展，文献丰富，擅长沿革考证，习用平面地图。[①] 直到清代乾隆年间编《四库全书总目》，仍然把地理学作为史学的附庸，编到史部中，分为宫殿、总志、都、会、郡、县、河渠、边防、山川、古迹、杂记、游记、外记等子目。这些说明，传统地理学不是一门独立的学科，需要重新构建，但它可以作为环境史学

[①] 孙关龙：《试析中国传统地理学的特点》，参见孙关龙、宋正海主编：《自然国学》，学苑出版社 2006 年版，第 326—331 页。

的前身。

有人问：研究环境史有什么现代价值？

答：清代顾祖禹在《读史方舆纪要·序》中说："孙子有言：'不知山林险阻沮泽之形者，不能行军。不用乡导者，不能得地利。'"环境史的现代价值一言难尽。如地震方面：20世纪50年代，中国科学院绘制《中国地震资料年表》，其中有近万次地震的资料，涉及震中、烈度，这对于了解地震的规律性是极有用的。地震有灾害周期、灾异链，许多大型工程都是在经过查阅大量地震史资料之后，从而确定工程抗震系数。又如兴修水利方面：黄河小浪底工程大坝设计参考了黄河历年洪水的数据，特别是1843年的黄河洪水数据。长江三峡工程防洪设计是以1870年长江洪水的数据作为参考。又如矿藏方面：环境史成果有利于我们了解矿藏的分布情况、探矿经验、开采情况。又如，有的学者研究了清代以来三峡地区水旱灾害的情况①，意在说明在三峡工程竣工之后，环境保护仍然是三峡地区的重要任务。

说到环境史的现代价值，休斯在《什么是环境史》第一章有一段话讲得好，他说："环境史的一个有价值的贡献是，它使史学家的注意力转移到时下关注的引起全球变化的环境问题上来，譬如，全球变暖，气候类型的变动，大气污染及对臭氧层的破坏，包括森林与矿物燃料在内的自然资源的损耗……"② 可见，正因为有环境史，所以人类更加关心环境的过去、现在与未来，而这是其他学科所没有的魅力。毫无疑问，环境史研究既有很大的学术意义，又有很大的社会意义，对中国的现代化建设有重要价值，值得我们投入到其中。

每个国家都有自己的环境史。中华民族有五千多年的文明史，作为中国的学者，应当首先把本国的环境史梳理清楚，这才对得起"俱往矣"的列祖列宗，才对得起当代社会对我们的呼唤，才对得起未来的子子孙孙。如果能够对约占世界四分之一人口的中国环境史有一个基本的陈述，那将是对世界的一个

① 华林甫：《清代以来三峡地区水旱灾害的初步研究》，《中国社会科学》1991年第1期。

② [美] J. 唐纳德·休斯著，梅雪芹译：《什么是环境史》，北京大学出版社2008年版，第2页。

贡献。中华民族的学者曾经对世界作出过许多贡献，现在该是在环境史方面也作出贡献的时候了！

王玉德

2020 年 6 月 3 日

序　言

　　环境史产生于 20 世纪 60 年代，在环保运动的影响与推动之下，环境史在美国率先成为一门新兴学科，随着研究视野的扩大，研究范围与对象也不断扩大。环境史是以生态学为理论基础，以历史上人与自然之间的互动关系以及以自然为中介的社会关系为研究对象，具有鲜明批判色彩和反思人类自然改造史的一门新学科。① 但就其研究的内容看，有人认为环境史的研究应是在 19 世纪中期到 20 世纪中期以"历史地理学"的形式发展起来的。直到 20 世纪 60 年代初，"环境史"实际上还是地理学家和考古学家在论述自然环境史中第四纪变迁和史前变迁时所惯用的术语。②

　　就目前环境史的研究来看，其研究内容和范式有争议。梅雪芹认为环境史大致可以包括四个方面：其一是研究自然生态体系的历史，其二是探讨历史上环境与经济社会之间的相互联系以及相互影响，其三是研究历史时期的环境政策与政治，其四是研究历史时期人们的环境意识。③ 刘翠溶认为目前的环境史可以在十个领域内进行深入研究，即：人口与环境，土地利用与环境变迁，水环境的变化，气候变化及其影响，工业发展与环境变化，疾病与环境，性别、族群与环境，利用资源的态度与决策，人类聚落与建筑环境，地理资讯系统。④

---

① 高荣国：《什么是环境史？》，《郑州大学学报》（哲学社会科学版）2005 年第 1 期。

② 高凯：《地理环境与中国古代社会变迁三论》，天津古籍出版社 2006 年版，《绪论》第 1 页。

③ 梅雪芹：《环境史学与环境问题》，人民出版社 2004 年版，第 9—15 页。

④ 刘翠溶：《中国环境史研究刍议》，《南开学报》2006 年第 2 期。

　　在中国，虽然环境史看起来还是一个新型学科，但实际上环境史研究的一些问题在中国传统史学之中有很多体现，尤其是在历史地理学的研究之中，很多前辈学者的研究已经涉及环境史的诸多内容。①

　　1959 年，文焕然先生出版了《秦汉时代黄河中下游气候研究》一书，该书通过历史文献资料的分析，从冷暖和干湿两大气候要素方面对秦汉时期黄河中下游的气候进行了探析，着重探讨秦汉时期黄河中下游大区域的常年气候。②

　　1973 年竺可桢发表的《中国近五千年来气候变迁的初步研究》是一篇杰出的经典论文，是竺可桢先生气候变迁研究的总结和精华，可以称得上地球古气候史研究领域内一座承前启后的里程碑。该文初步建立了我国近 5000 年来的气候变化序列，成功地描绘了我国历史时期气候变化的轮廓，引起了国内外学术界的高度重视。③ 这篇文章虽然在史料的运用和解读上有一些失误④，但是总体框架和分期大致被接受。他认为秦朝和西汉（公元前 221 年至公元 25 年）气候持续温和，"司马迁时亚热带植物的北界比现时推向北方"，"到了东汉时代即公元之初，我国天气有趋于寒冷的趋势"。台湾学者刘昭民的《中国历史上气候之变迁》认为西汉大部分时间处于暖湿气候，而从建始四年（公元前 29 年）开始，终东汉王朝，则为中国历史上的第二个冷期之一段。⑤ 王子今认为秦汉气候确实发生过相当显著的变迁，大致在两汉之际，经历了由暖而寒的历史转变。⑥

　　陈良佐认为战国末期到文景时代的气候，基本上与今日相同，处于温暖

---

① 华林甫：《中国历史地理学五十年》，学苑出版社 2001 年版。此外，自 1980 年以来，每年都有关于历史地理研究的综述可以参考；还有一些综述性的文章也涉及中国环境史的相关问题，可参考陈新立的《中国环境史研究的回顾与展望》（《史学理论研究》2008 年第 2 期）。

② 文焕然：《秦汉时代黄河中下游气候研究》，商务印书馆 1959 年版。

③ 竺可桢：《中国近五千年来气候变迁的初步研究》，《中国科学》1973 年第 2 期。

④ 牟重行：《中国五千年气候变迁的再考证》，气象出版社 1996 年版。

⑤ 刘昭民：《中国历史上气候之变迁》，台湾商务印书馆 1982 年版。

⑥ 王子今：《秦汉时期气候变迁的历史学考察》，《历史研究》1995 年第 2 期。

期。武帝时期的气候是温暖期转入小冰期的过渡期。昭宣时代的气候似乎比较稳定。到了元帝时期正式进入小冰期的过渡期。王莽时代低温与旱灾达到高峰。东汉初期的气候是西汉小冰期的延续，即使有所改善，也极为有限。桓帝以后，气候的波动比之东汉初期大。东汉中晚期的年均气温低于西汉，麦的成熟期晚于成帝时代。桓帝时代气候恶劣的程度不亚于王莽时期。中国古代气候的变化，从战国到两汉是降温的走向，到了东汉末年温度达到最低谷。这期间当然有多次反复，但实际情形则难以考察。[①]

葛全胜也指出，在东中部地区，秦朝到西汉前期（公元前 221 年至公元前 150 年）气候温暖；西汉中期（公元前 150 年至公元前 70 年），气候略暖；西汉后期（公元前 75 年至公元前 45 年），气候温暖；两汉之际（公元前 45 年至公元 30 年），气候寒冷；东汉中期（公元 30 年至公元 108 年），气候偏暖；东汉晚期（公元 180 年至公元 220 年），气候转寒。在西北地区，秦汉时期气候比较温暖，但变化区域及冷暖波动特性存在明显的区域差异，且冷暖波动幅度也不如东中部地区明显。青藏高原地区冷暖变化趋势，与东中部基本一致，秦汉时期存在由暖到冷的变化趋势。[②]

满志敏认为战国末至西汉初这段时间里，黄河中下游地区已经比现代寒冷些，这个时期是气候的冷期，不是温暖时期。西汉中叶到东汉末年气候的总体状况是温暖的，其中西汉时的温度要比现代高些，东汉后气温略有些转冷，但仍与现代的水平相当。[③]

战国初期，长江中游地区气候温暖湿润；战国中后期至西汉武帝后期，气温下降，气候寒凉，极端寒冷事件不断出现；约从公元前 100 年始，气温明显

---

① 陈良佐：《从春秋到两汉我国古代的气候变迁——兼论〈管子·轻重〉著作的年代》，《新史学》1991 年第 1 期；又见陈国栋、罗彤华主编：《台湾学者中国史研究论丛——经济脉动》，中国大百科全书出版社 2005 年版，第 1—35 页；陈良佐：《再探战国到两汉的气候变迁》，《历史语言研究所集刊》第 67 本第 2 分册，1996 年。

② 葛全胜等：《中国历朝气候变化》，科学出版社 2011 年版，第 138—154 页。

③ 满志敏：《中国历史时期气候变化研究》，山东教育出版社 2009 年版，第 140—147 页。

回升，至公元初年前后，长江中游地区复为温暖湿润的气候环境；新莽时期，气候经历了由暖而寒的历史转变，降温过程大致持续到东汉明帝时期；之后至东汉中后期，气候暖湿，尤其是冬季气温相对较高；东汉后期，气候再度出现了幅度不大的波动，标志着魏晋南北朝时期大降温的开始。此间气候虽屡有起伏，但总体而言，战国秦汉时期长江中游地区的气候仍以暖湿为主，气温略高于现今，或与现今差别不大。在干湿状况方面，具有干湿相间的特点。[①]

秦汉时期黄河中下游南部地区气候与现在没有多大差别，但其他地区仍然有一定的差异。[②] 此外，蓝勇的研究也涉及了汉晋时期西南地区的气候，汉代的气候要比现代要温暖些。[③]

王鹏飞从历法变化的角度，认为秦汉时期气候有过几个阶段的变化。秦代及汉初，气温已低，春季打雷的机会已大大减少，所以《淮南子·天文训》将"惊蛰"放在二月，是因为当时正处于温度低谷，气候已较冷了；《太初历》就是适应这种形势而创制的。但不久气候急剧变暖，到了昭帝时期，气候已变暖到战国中期的程度，节气顺序又发生了改变。以后，刘歆制订《三统历》（公元前 7 年），当时气候更暖。东汉以后，气候逐渐变冷，公元 85 年后，气候变冷到西汉初年的水平。[④]

关中地区的气候，秦朝至西汉初年，年平均气温较现在高 1℃—2℃；年均降水量也高于现在。西汉后期，即武帝之后，气候明显比前期冷。东汉时期，关中气候仍然偏冷。[⑤]

---

① 陈业新：《战国秦汉时期长江中游地区气候状况研究》，《中国历史地理论丛》2007 年第 1 期。

② 文焕然：《从秦汉时代中国的柑桔荔枝地理分布大势之史料来初步推断当时黄河中下游南部的常年气候》，《福建师范学院学报》（自然科学版），1956 年第 2 期；相关内容也可见《秦汉时代黄河中下游地区气候研究》，商务印书馆 1959 年版。

③ 蓝勇：《中国西南历史气候初步研究》，《中国历史地理论丛》1993 年第 2 期。

④ 王鹏飞：《节气顺序和我国古代气候变化》，《南京气象学院学报》1980 年第 1 期。

⑤ 朱士光等：《历史时期关中地区气候变化的初步研究》，《第四纪研究》1998 年第 1 期。

秦汉时期植被方面的研究，以史念海的研究为代表。在秦汉时期，三河等地，由于人口众多，森林被砍伐。西汉初年，洛阳附近的人由于近处已无烧炭材木，要远到其西南宜阳县山中去砍伐森林。其实就关中来说，竹林虽多，只是森林中的一个较小部分。[①] 此外，朱士光、王守春、桑广书等人的研究也涉及秦汉时期黄河流域植被情况。[②] 凌大燮、徐海亮、周云庵等也对这一时期的森林有一定的研究。[③] 陈嵘、董智勇等人的森林资料史资料汇编中，对这一时期森林资料史有比较全面的收集与整理。[④]

在秦汉时期水环境方面，王邨与刘振和研究了秦汉时期黄河流域的降水情况。东汉时期，降水比以前要少。[⑤] 此外，黄河、长江等河流以及一些有代表

[①] 史念海：《黄土高原历史地理研究》，黄河水利出版社 2001 年版，第 448—461 页。

[②] 朱士光：《历史时期华北平原的植被变迁》，《陕西师范大学学报》（自然科学版）1994 年第 4 期；王守春：《历史时期黄土高原的植被及其变迁》，《人民黄河》1994 年第 2 期；桑广书：《黄土高原历史时期植被变化》，《干旱区资源与环境》2005 年第 4 期。

[③] 凌大燮：《我国森林资源的变迁》，《中国农史》1983 年第 2 期；徐海亮：《历代中州森林变迁》，《中国农史》1988 年第 4 期；周云庵：《秦岭森林的历史变迁及其反思》，《古今农业》1993 年第 1 期；周云庵、范升才：《陕西古代森林消耗初探——论建筑用材》，《西北林学院学报》1997 年第 1 期；周景贤：《太行山南端森林变迁史的初步研究》，《河南师范大学学报》（自然科学版）1987 年第 4 期；樊宝敏：《中国森林生态史引论》，科学出版社 2008 年版。

[④] 陈嵘：《中国森林史料》，中国林业出版社 1983 年版；董智勇等：《中国森林史资料汇编》，中国林学会林业史学会 1993 年版。

[⑤] 王邨、王松梅：《近五千余年来我国中原地区气候在年降水量方面的变迁》，《中国科学》（B 辑）1987 年第 1 期；刘振和：《中国第二寒冷期古气候对黄河水量的影响》，《人民黄河》1993 年第 6 期。

性的湖泊的变迁，学术界有较多的研究。①

　　秦汉时期沙漠的情况，朱震达、侯仁之以及景爱、李并成等做了不少研究。② 近些年，兰州大学不少学位论文关注历史时期的沙漠变迁。

　　秦汉时期动物变化，以文焕然和何业恒的研究为代表。此外，蓝勇等人的

---

① 岑仲勉：《黄河变迁史》，人民出版社 1957 年版；张新斌：《济水与河济文明》，河南人民出版社 2007 年版；黄海军等：《黄河三角洲与渤、黄海陆海相互作用研究》，科学出版社 2005 年版；水利部黄河水利委员会《黄河水利史述要》编写组：《黄河水利史述要》，水利电力出版社 1994 年版；谭其骧：《西汉以前的黄河下游河道》，《历史地理》1981 年创刊号；《〈山经〉河水下游及其支流考》，《中华文史论丛》第七辑（1978 年）；史念海：《论济水和鸿沟》（上、中、下），《陕西师大学报》（哲学社会科学版）1982 年第 1—3 期；何幼琦：《古济水钩沉》，《新乡师范学院学报》（自然科学版）1983 年第 2 期；石泉等：《古代荆楚地理新探》，武汉大学出版社 1988 年版；谭其骧：《云梦与云梦泽》，《复旦学报》（历史地理专辑）1980 年；张修桂：《云梦泽演变的历史过程》，《中国历史地貌与古地图研究》，社会科学出版社 2006 年版；张修桂：《洞庭湖演变的历史过程》，《历史地理》创刊号，上海人民出版社 1981 年版；周宏伟：《洞庭湖变迁的历史过程再探讨》，《中国历史地理论丛》2005 年第 2 期；卞鸿翔：《历史上洞庭湖面积的变迁》，《湖南师范大学自然科学学报》1986 年第 2 期；谭其骧、张修桂：《鄱阳湖演变的历史过程》，《复旦学报》（社会科学版）1982 年第 2 期；苏守德：《鄱阳湖成因与演变的历史论证》，《湖泊科学》1992 年第 1 期；王尚义：《太原盆地昭余古湖的变迁及湮塞》，《地理学报》1997 年第 3 期。

② 朱震达：《中国沙漠概论》，科学出版社 1974 年版；景爱：《沙漠考古》，紫禁城出版社 2000 年版；侯仁之：《历史地理学的理论与实践》，上海人民出版社 1979 年版；李并成：《河西走廊历史时期沙漠化研究》，科学出版社 2003 年版。

研究，也涉及了这一时期的动物情况。①

秦汉时期的灾害问题，近几年研究成果比较丰富，邓云特的《中国救荒史》做了开拓性的研究。杨振红、龚胜生、陈业新以及王文涛等都做了深入的研究。② 此外，还有不少学位论文也从各个方面研究了秦汉时期的灾害问题。

秦汉时期的环境与风俗问题，陈业新有不少研究成果③，彭卫等的《秦汉风俗史》也有所涉及。

总的说来，自从王子今的《秦汉时期生态环境研究》之后，随着环境史研究在中国的兴起，目前学术界对秦汉时期环境的研究继续深化。

---

① 高耀亭：《我国野象现况、历史分布和保护问题的探讨》，《兽类学报》1981 年第 1 期；蓝勇：《野生印度犀牛在中国西南的灭绝》，《四川师范学院学报》（自然科学版）1992 年第 2 期；蓝勇：《历史上中国西南华南虎分布变迁考证》，《贵州师范大学学报》（自然科学版）1991 年第 2 期；王振堂等：《犀牛在中国灭绝与人口压力关系的初步分析》，《生态学报》1997 年第 6 期；孙刚等：《野象在中国的历史性消退及与人口压力关系的初步研究》，《东北林业大学学报》1998 年第 4 期；黄家芳：《中国犀演变简史》，陕西师范大学 2009 年硕士论文；张洁：《历史时期中国境内亚洲象相关问题研究》，陕西师范大学 2008 年硕士论文；曹志红：《老虎与人：中国虎地理分布和历史变迁的人文影响因素研究》，陕西师范大学 2010 年博士论文。

② 杨振红：《汉代自然灾害初探》，《中国史研究》1999 年第 4 期；龚胜生：《先秦两汉时期疫灾地理研究》，《中国历史地理论丛》2010 年第 3 期；张波：《中国农业自然灾害史料集》，陕西科学出版社 1994 年版；陈业新：《灾害与两汉社会研究》，上海人民出版社 2004 年版；卜风贤：《周秦汉晋时期农业灾害与农业减灾方略研究》，中国社会科学出版社 2006 年版；王文涛：《秦汉社会保障研究——以灾害救助为中心的考察》，中华书局 2007 年版；焦培民等：《中国灾害通史》（秦汉卷），郑州大学出版社 2008 年版。

③ 陈业新：《秦汉时期北方生态与民俗文化》，《社会科学辑刊》2001 年第 1 期；《秦汉时期巴楚地区生态与民俗》，《江汉论坛》2000 年第 11 期。

目录

第一章

秦汉时期的气候

第一节　文献所反映的秦汉时期的气候特征

一、相关问题的辨析

（一）竹子作为秦汉时期气候指示物的问题

"渭川千亩竹"与"山西饶材、竹"中的竹是否可以用作气候的指示植物，一直是有争议的。竺可桢、刘昭民以及王子今等学者将之作为气候的指示植物之一。[①] 而牟重行、陈业新等学者认为竹子不能作为关中地区气候的指示植物，牟重行特别指出："仅仅用竹类作为指示植物，难以得出该地区历史气候尺度的冷暖变易结论，尽管在特殊寒冷的年份，黄河流域也有一些竹木冻害记录。"[②] 何业恒先生认为古代黄河流域竹子的减少，人为因素占主要地位，气候因素影响有限。[③] 而文焕然先生一方面认为竹子分布广，另一方面认为分布在华北西部、北部经济竹林中的竹类一般较矮，径较细，这是它们为适应北

[①] 竺可桢：《中国近五千年来气候变迁的初步研究》，《中国科学》1973 年第 2 期；刘昭民：《中国历史上气候之变迁》，台湾商务印书馆 1982 年版；王子今：《秦汉时期气候变迁的历史学考察》，《历史研究》1995 年第 2 期。

[②] 牟重行：《中国五千年气候变迁的再考证》，气象出版社 1996 年版，第 12 页；陈业新：《两汉时期气候状况的历史学再考察》，《历史研究》2002 年第 4 期。

[③] 何业恒：《古代黄河流域的竹林》，《中南林学院学报》1981 年第 2 期。

方冬季气温较低，较干旱，生长期较短而变异的结果。① 按照其观点，也有人赞成可以将部分竹子作为气候的指示植物。不过，从历史角度来看，竹类植物对气候（包括气温和降水）变化比较敏感，其可作为研究气候变迁的指示物种。根据历史分析，年均气温每下降1℃，竹类分布北界则南退2个纬度。通过研究竹子的历史分布状况，尤其是其分布北界的进退，可以反映历史上气候的变化。② 西汉时期，拥有一定数量的竹子是财富的标志之一。所谓"渭川千亩竹，此其人皆与千户侯等"，"通邑大都，竹竿万个"也可以作为发家致富的手段之一。《汉书·景武昭宣元成功臣表》记载，杨仆"坐为将军击朝鲜畏懦，入竹二万个，赎完为城旦"。为什么拥有一定数量的竹子可以作为财富的标志之一呢？我们要分析竹子的用途。秦汉时期，竹子的主要用途有三个。一是用作编制竹器的原材料以及其他日用品的原料，二是用作弓箭制作的原材料，三是用作竹简的原料。秦汉时期，几乎整个时期，竹木简和帛仍是主要的书写材料，其中尤以竹木简更为普及。③ 军事上需要的，自有其供应系统。以在大城市拥有"竹竿万个"作为财富的标志之一，主要是因为大城市人口众多，竹子用于生活用途的应该占据一部分；不过，在大城市教育水平较高，竹简的需求也增加，竹简制作所用竹子应该占据相当大的比例。

秦汉时期，竹简的价格比较高；五十支简札，要卖二百钱，价值亦不低。④ 秦汉时期，竹简的制作有一定的规定，竹简长度在20厘米左右，宽度和厚度没有规定。⑤ 现所出土的竹简中，武威出土的竹简，与短穗竹或苦竹相似，这两种竹子产自江浙，为小干或中等大小之竹类，可作钓竿、伞柄之

---

① 文焕然、文榕生：《中国历史时期冬半年气候冷暖变迁》，科学出版社1996年版，第22页。

② 樊宝敏等：《黄河流域竹类资源历史分布状况研究》，《林业科学》2005年第3期。

③ 林剑鸣等：《秦汉社会文明》，西北大学出版社1985年版，第242页。

④ 陈直：《文史考古论丛》，天津古籍出版社1988年版，第239页。

⑤ 刘洪：《从东海尹湾汉墓新出土简牍看我国古代书籍制度》，连云港市博物馆、中国文物研究所编：《尹湾汉墓简牍综论》，科学出版社1999年版，第163页。

用。① 不过，现存的竹简，大部分由刚竹制成。② 竹简由刚竹制成，与朝廷相关部门的规定有关。《张家山汉简·算数书》记载："程竹，程曰：竹大八寸者为三尺简百八十三，今以九寸竹为简，简当几何？曰：二百五简八分简七。"③ 这种规定表明，国家所需要的用于制作竹简的竹子胸径比较大，刚竹属的竹子是比较适合的。

研究表明，黄河中下游有竹林分布，平原丘陵地区的竹子以刚竹属为主，陕西华阴、华县的淡竹林，最大胸径有 5 厘米，杆高 10 米。④

司马相如在《哀秦二世赋》中指出在宜春宫地区生长着成片的竹林，"览竹林之榛榛。东驰土山兮，北揭石濑"。西汉时期，渭河南岸鄠县一带竹林密布，东方朔在《谏除上林苑》中写道南山有"竹箭之饶"；《汉书·地理志》也说："秦地有鄠杜竹林，南山檀柘，号为陆海，为九州膏腴。"汉代已经有盩厔芒竹的说法，《水经注》记载："芒水又北迳盩厔县之竹圃中，分为二水。汉冲帝诏曰：翟义作乱于东，霍鸿负倚盩厔芒竹，即此也。"⑤

西汉时期还有以竹命名的宫殿。《史记·封禅书》记载："十一月辛巳朔旦冬至，昧爽，天子始郊拜泰一。朝朝日，夕夕月，则揖；而见太一如雍郊礼。"集解应臣瓒曰："汉仪郊泰一时，皇帝平旦出竹宫，东向揖日，其夕西向揖月。便用郊日，不用春秋也。"西汉时期的泰一畤在云阳甘泉，这里所说的竹宫应在甘泉。

西汉时期，黄河流域除了关中盛产竹之外，淇园等地也盛产竹子。《汉书·沟洫志》记载："是时东郡烧草，以故薪柴少，而下淇园之竹以为楗。"所谓"楗"，据《说文解字》卷六解释，"楗，限门也"。这里的"楗"可以理解为竹排，应该是由胸径比较大的竹子制成。

东汉时期，关中地区仍然有大量的竹林存在，长安附近的居民还种植规模

① 陈梦家：《汉简缀述》，中华书局 1980 年版，第 293 页。

② 胡东波等：《北大西汉竹简的科技分析》，《文物》2011 年第 6 期。

③ 张家山二四七号汉墓竹简整理小组：《张家山汉墓竹简〔二四七号墓〕》（修订本），文物出版社 2006 年版，第 141 页。

④《北方竹林栽培》编写组：《北方竹林栽培》，农业出版社 1978 年版，第 3—4 页。

⑤《水经注·渭水下》。

不小的竹林，班固在《西都赋》中写道："竹林果园，芳草甘木，郊野之富，号为近蜀。"① 此外，淇园竹林竹子也比较多。班彪《冀州赋》："瞻淇澳之园林，善绿竹之猗猗。"②

在武功县，诸葛亮《出师表》中记载："臣遣虎步监孟琰，据武功水东。司马懿因水长，攻琰营，臣作竹桥，趋水射之。桥成驰去。其水北流注于渭。""竹桥"也应该是由胸径比较大的竹子制成的，可见在武功县附近存在竹林。

从历史上看，黄河流域的竹类分布和生长，除了人为干扰之外，主要会受气候变冷、变干的影响，而且干旱对竹子生长的影响更大。③ 秦汉时期，通过竹子的分布情况，很难判断当时气候的改变。一种可能是当时气候比较温暖，即使气温有所下降，但仍然适合竹类在北方生存。

（二）水稻种植与冬雷作为气候指示物问题

在黄河流域很早就出现了水稻种植。在春秋战国时期，西面到渭水中游，北面到关中盆地的北缘、汾水中游，东面到泗水流域，都有水稻种植。④ 在汉代关中地区，伊洛河流域、河内地区、黄淮平原都有大面积的水稻种植。《汉书·东方朔传》记武帝在南山下游猎时曾"驰骛禾稼稻粳之地"，丰镐之间"有粳稻梨栗桑麻竹箭之饶"；《汉书·沟洫志》记武帝为鼓励关中兴修水利，曾令"左、右内史地，名山川原甚众，细民未知其利，故为通沟渎，畜陂泽，所以备旱也。今内史稻田租挈重，不与郡同，其议减。令吏民勉农，尽地利，平繇行水，勿使失时"。说明当时关中水源较多的渭南一带及水利工程覆盖区，高产作物稻的种植范围不小。《汉书·昭帝纪》元凤元年诏书中还提到"故稻田使者燕仓"，如淳注曰"特为稻田置使者，假与民收其税人也"。而故

---

① 《全后汉文·班固·西都赋》。

② 《全后汉文·班彪·冀州赋》。

③ 樊宝敏等：《黄河流域竹类资源历史分布状况研究》，《林业科学》2005 年第 3 期。

④ 邹逸麟：《历史时期黄河流域水稻生产的地域分布和环境制约》，《复旦学报》（社会科学版）1985 年第 3 期。

稻田使者燕仓能够发现上官桀等谋反，说明其管辖范围应在长安或附近。专门官吏的设置也反映了水稻在关中农业中的地位。

在冀州黄河泛滥地区，贾让曾经建议："若有渠溉，则盐卤下湿，填淤加肥；故种禾麦，更为粳稻，高田五倍，下田十倍。"说明这一带有水稻种植。

东汉时期，张堪为渔阳太守时，"乃于狐奴开稻田八千余顷，劝民耕种，以致殷富"①。秦彭为山阳太守时，"兴起稻田数千顷"②。在东汉时期，关中地区还盛产粳稻，杜笃在《论都赋》中说："沃野千里，原隰弥望。保殖五谷，桑麻条畅。滨据南山，带以泾、渭，号曰陆海，蠢生万类。檀柘，蔬果成实。畎浍润淤，水泉灌溉，渐泽成川，粳稻陶遂。厥土之膏，亩价一金。"③班固在《西都赋》中提到："下有郑、白之沃，衣食之源……沟塍刻镂，原隰龙鳞，决渠降雨，荷扦成云，五谷垂颖，桑麻铺棻，林麓薮泽，陂池连乎蜀、汉。"东汉末年，"时，世荒民饥，州牧陶谦表登为典农校尉，乃巡土田之宜，尽凿溉之利，粳稻丰积"④。此外，刘靖在河北地区"又修广戾陵渠大堨，水溉灌蓟南北；三更种稻，边民利之"⑤。在许昌周边地区，也有不少稻田，"陈、蔡之间，土下田良，可省许昌左右诸稻田，并水东下"⑥。

很多学者认为气候制约着黄河流域水稻的发展，气温降低时，稻作区会南退；气温上升时，稻作区会北进。⑦制约黄河流域水稻生产的主要自然因素是水资源，光照、气温、土壤等因素则不构成严重的障碍。⑧但气候因素还是会在一定程度上影响到水稻的种植，因为气候变化对降水有一定的影响。关中地

---

① 《后汉书·张堪传》。

② 《后汉书·循吏·秦彭传》。

③ 《后汉书·杜笃传》。

④ 《三国志·魏书·陈登传》。

⑤ 《三国志·魏书·刘馥传》。

⑥ 《三国志·魏书·邓艾传》。

⑦ 张养才：《历史时期气候变迁与我国稻作区演变关系的研究》，《科学通讯》1982年第 4 期。

⑧ 王利华：《中古华北饮食文化的变迁》，中国社会科学出版社 2000 年版，第 74 页。

区在西汉时期，粳稻种植面积较广，到了东汉时期，种植面积缩小，甚至需要官府主导，则反映出这一时期降水减少或者是水利失修，水稻种植受到水资源的制约。

一些学者把冬雷当作暖冬的标志之一。[①] 一般而言，雷电的形成要具备一定的条件，即空气中要有充足的水汽，要有能使暖湿空气上升的动力，空气要能产生剧烈的上下对流运动。春夏暖湿气流活跃，空气潮湿，同时太阳辐射强烈，近地面空气不断受热而上升，形成强烈的上下对流，这样就易出现雷电现象。而在冬季，受大陆冷气团控制，空气寒冷而干燥，加之太阳辐射弱，空气不易形成剧烈对流，很少出现雷电现象。但是，当出现强盛的暖湿空气北上，遇上冷空气被迫抬升后，也会产生强烈对流，到一定强度就会出现雷电现象。在暖湿气流特别强、对流特别旺盛的情况下，还可降雹。但雷暴的产生不是取决于温度本身，而是取决于温度的上下分布。夏天地面温度高，对流比较强烈，容易产生雷暴；冬天的降水不是强对流降水，比较稳定，但如果上面的温度和下面的温度差达到一定值时，也能形成强对流，产生雷暴。因为下层空气相对暖和湿，就会产生浮力，破坏大气的稳定性。[②] 当然，冷空气南下，破坏了大气层的稳定，也可能出现冬雷现象。[③] 也就是说，暖空气北上与冷空气南下，都会破坏大气层的稳定，都会出现冬雷的现象。冬雷不一定是暖冬的标志，判断冬雷是否是暖冬的表现，还需结合其他相关材料。

二、文献记载的秦汉时期气候的总体特征

与春秋战国时期相比，秦汉时期气候有所变冷。《考工记》记载，春秋时期人们认为"橘逾淮而枳"。到了西汉初年，橘树种植范围有所变化，《淮南子·原道训》记载："今夫徙树者，失其阴阳之性，则莫不枯槁。故橘树之江

---

① 王宝贯：《过去二千二百年来中国冬雷与气候变迁的关系》，《思与言》（台湾）1981 年第 4 期。

② 晓瑞：《"冬雷震震夏雨雪"释疑》，《中国气象报》2003 年 12 月 13 日。

③ 汪勤模：《冬雷并非奇怪——从十一月六日北京打雷说起》，《中国气象报》2003 年 11 月 11 日。

北,则化而为枳……形性不可易,势居不可移也。"这里的"江",应该指长江。《淮南子·地形训》指出:"何为六水?曰:河水、赤水、辽水、黑水、江水、淮水。"可知当时人们心目中江淮之别是很清楚的。这说明较大规模的橘树种植已由淮河流域南移到长江流域,是气候变冷的标志之一。

秦汉时期,气候的变化可以通过农事活动的变化来推断。中国先民在生产实践中,很早就总结出依据四季变化的特点和规律来合理安排农事活动的经验。因此,从历史时期的农事活动安排的时间变化,我们可以大致推断出该时期的气候状况。

农作物从播种、栽培到成熟需要一定的积温,这个积温在一定的时期是固定的。一般而言,在相当长的一段时间内,如果气候没有明显的改变,农作物的种植时间和收获时间是固定的。如果气候改变,农民会根据气候变化来做出相应的农事安排。在气候变冷时期,农民在种植作物的时候会选择种植早熟的品种或提前种植农作物,其原因也是与积温的需求有关。气候变冷,在相同的时间内种植的同一种农作物,积温不够,会导致减产,甚至没有收成。在这种情况下,农民可以选择种植早熟品种,其积温要求会低一些;或者可以提前播种,以便延长生长期,从而满足农作物生长所要的积温。东汉较西汉冷。其中最明显的一个例子是瓠的种植,在两汉时期,瓠都在八月收获;西汉三月份种植,而东汉二月份种植,以积温标准来看,西汉用较短的时间达到了作物成熟所要的积温要求,而东汉要求的时间比较长,故而东汉要比西汉冷。[①] 此外,两汉时期,大豆的播种时间提前,也与气候变冷有关。大豆正常生长需要一定积温,气候变冷,农作物生长期延长,但气候变冷又使得霜期提前,所以必须提前播种。[②]

[①] 陈业新在《两汉时期气候状况的历史学再考察》(《历史研究》2002 年第 4 期)一文中以农事安排越早气候越温暖来作为气候变化的一个重要的指标。该结论只考虑到了降水等因素,并没有考虑到积温,故而其得出结论值得商榷。

[②] 刘磐修:《两汉魏晋南北朝时期的大豆生产和地域分布》,《中国农史》2000 年第 1 期。

文献中所见的农事时间表

文献 作物	《氾胜之书》 （西汉）	《四民月令》 （东汉）	反映气候状况
禾	种禾无期，因地为时。三月榆荚时雨，高地强土可种禾。	二月、三月可种植禾。	东汉稍冷。
黍	黍者暑也，种者必待暑。先夏至二十日，此时有雨，强土可种黍。	四月蚕入簇，时雨将，可种黍禾，谓之上时。	东汉冷。
大豆	三月榆荚时，有雨，高田可种大豆……种大豆，夏至后二十日，尚可种。	二月可种大豆……三月……可种大豆，谓之上时。	东汉冷。
麻子	二月下旬，三月上旬，傍雨种之。	二三月，可种苴麻。	东汉比西汉稍冷。
瓜	种常以冬至后九十日、百日（西汉时期，冬至后九十日，相当于春分时节，是二三月份），得戊辰日种之。	（正月）可种瓜，种瓜宜用戊辰日。三月三日，可种瓜。	东汉冷。
瓠	三月耕良田十亩……区种。八月微霜下，收取。	（正月）可种瓠。（八月）可断瓠作蓄。	东汉冷。
芋	二月注雨，可种芋。	正月，可种芋。	东汉冷。

　　从上面可以看出，东汉时期农作物种植普遍要提前。还以禾的种植为例，西汉时期在三月份种植，到了东汉时期二月份就可以种植。《说文解字》中也记载："禾，嘉谷也。二月始生，八月而孰，得时之中，故谓之禾。"可见，东汉时气候比西汉要寒冷。

　　太阳黑子与气候密切相关。根据对太阳黑子记录的研究，太阳活动周期有

11 年、60 年和大约 250 年等。① 一般认为，如果太阳黑子周期不大于 11 年，则表明气候比较温暖，属于好的天时。② 结合《汉书》《史记》以及相关研究的成果③，秦汉时期太阳黑子记录的年月份为公元前 165 年春、公元前 43 年 5 月、公元前 34 年 3 月、公元前 28 年 4 月、公元前 27 年 7 月、公元 15 年 3 月、公元 20 年 3 月、公元 180 年 2 月、公元 187 年 4 月、公元 188 年 2 月。一般认为：太阳黑子周期长，北半球气温低；太阳黑子周期短，北半球气温高。④ 从秦朝成立到汉武帝时期，太阳黑子周期比较长，表明气温相对寒冷。

---

① 丁有济等：《古代太阳活动各种周期峰年》，《天文学报》1982 年第 3 期。

② 汤懋苍等：《天时、气候与中国历史（I）：太阳黑子周长与中国气候》，《高原气象》2001 年第 4 期。

③ 程廷芳：《中国古代太阳黑子记录分析》，《南京大学学报》1957 年第 4 期；中国科学院云南天文台古代黑子记录整理小组：《我国历代太阳黑子记录的整理和活动周期的探讨》，《天文学报》1976 年第 2 期；丁有济等：《古代太阳活动各种周期峰年》，《天文学报》1982 年第 3 期；陈美东：《中、朝、越、日历史上太阳黑子年表（公元前 165 年—公元 1648 年）》，《自然科学史研究》1982 年第 3 期；北京天文台主编：《中国古代天象记录总集》，江苏科学技术出版社 1988 年版。

④ 冯松、汤懋苍：《2500 多年来的太阳活动与温度变化》，《第四纪研究》1997 年第 1 期。

第二节 文献所反映的秦汉时期的气候波动

农事活动等反映的气候状况，只是气候变化的一个长期趋势。这一过程中的气候波动，还需从物候等现象分析。通过分析这一时期的霜、雪等情况，总结出气候波动大致经历了以下几个阶段。

一、秦到西汉前期 （公元前221年—公元前198年），气候较冷

从秦朝到汉高祖初年，气候出现变冷的趋势，西汉末年的刘向记载："周衰无寒岁，秦灭无燠年。"① 这一时期气候变冷，与春秋以来气候变冷有关。春秋时期，气候比较温暖，柑橘的种植北界在淮河一线。西汉初时，据《淮南子·原道训》等记载，柑橘的种植北界已经南移到长江下游一线。②

不过，秦朝至西汉初年的气候变冷，还可能是气候突变，与火山爆发有一定关系。国外学者研究，在公元前 210 年左右，冰岛曾经有火山大爆发，导致北欧在公元前 205 年气候异常寒冷潮湿。火山灰经过几个月的大气环流，来到中亚上空，并遮盖了太空中的微弱星光。③ 记载这一段天象的史料并不多，

---

① 《宋书·五行志四》。

② 满志敏：《历史时期柑橘种植北界与气候变化的关系》，《复旦学报》（社会科学版）1999 第 5 期。

③ 王克强：《揭开西汉初年大饥荒之谜》，《科学之友》1994 年第 3 期。该论文是一篇科普性论文，史料并不严谨，笔者也未见到其中西方学者研究的成果。另外也有文献介绍，公元前 209 年左右，冰岛火山大爆发，这在覆盖英格兰的冰雪层深处和爱尔兰栎树被霜打毁坏的年轮上可以找到证据。详见李红林《气象探秘》（气象出版社 2011 年版，第 160 页）。

《汉书·天文志》记载："始皇之时，十五年间彗星四见，久者八十日，长或竟天。后秦遂以兵内兼六国，外攘四夷，死人如乱麻。又荧惑守心，及天市芒角，色赤如鸡血。始皇既死，嫡、庶相杀，二世即位，残骨肉，戮将相，太白再经天。因以张楚并兴，失相跆籍，秦遂以亡。"又《汉书·楚元王传》记载："秦始皇之末至二世时，日月薄食，山陵沦亡，辰星出于四孟，太白经天而行，无云而雷，枉矢夜光，荧惑袭月，孽火烧宫，野禽戏廷，都门内崩，长人见临洮，石陨于东郡，星孛大角，大角以亡。观孔子之言，考暴秦之异，天命信可畏也。"此外，《说苑》卷一八《辨物》也记载："昔者高宗、成王感于雊雉暴风之变，修身自改而享丰昌之福也；逮秦皇帝即位，彗星四见，蝗虫蔽天，冬雷夏冻，石陨东郡，大人出临洮，妖孽并见，荧惑守心，星莩大角，大角以亡；终不能改。二世立，又重其恶；及即位，日月薄蚀，山林沦亡，辰星出于四孟，太白经天而行，无云而雷，枉矢夜光，荧惑袭月，孽火烧宫，野禽戏庭，都门内崩。"这些记载表明秦末可能有影响中国气候的火山大爆发发生，其中"色赤如鸡血"是火山爆发后的一个典型天象。[1]

气候变冷以及光照不足，引发大规模的饥荒。公元前207年，关东地区就出现饥荒，据《史记·项羽本纪》记载："今岁饥民贫。"到了公元前205年，饥荒蔓延至关中，《汉书·食货志》记载："汉兴，接秦之敝，诸侯并起，民失作业而大饥馑。凡米石五千，人相食，死者过半。高祖乃令民得卖子，就食蜀、汉。"按照《汉书·食货志》的记载，西汉初年的饥荒与战争有关。不过，据《汉书·高帝纪》记载，该年的饥荒发生在关中地区，"六月，关中大饥，米斛万钱，人相食。令民就食蜀、汉"。关中地区自从郑国渠修成之后，"关中为沃野，无凶年，秦以富强，卒并诸侯"[2]。此外，关中地区在秦末时期除了"项羽引兵西屠咸阳，杀秦降王子婴，烧秦宫室"[3] 之外，没有经过长时间的战乱。公元前205年发生饥荒，气候变冷或许是一个重要原因。

这一阶段东部雨水较多。公元前209年，"九百人屯大泽乡。陈胜、吴广

① 张德二：《中国历史文献中的异常大气光象记载与世界火山活动》，《第四纪研究》2007年第3期。

②《史记·河渠书》。

③《史记·项羽本纪》。

皆次当行，为屯长。会天大雨，道不通，度已失期"①。公元前 208 年，"九月，章邯夜衔枚击项梁定陶，大破之，杀项梁。时连雨自七月至九月"②。定陶和大泽乡都在中国东部地区，在气候变冷时，东部表现为多雨。③ 公元前 207 年，"天寒大雨，士卒冻饥。项羽曰：'将戮力而攻秦，久留不行。今岁饥民贫，士卒食芋菽……'"④ 此表明，这一年天气比较寒冷。

二、汉高祖中期至汉景帝前期，气候较温暖

汉高祖中期至汉景帝时期，气候比较温暖，没有"阴阳失序"之类的记载，反而出现了几次暖冬现象。惠帝五年（公元前 190 年），"冬十月，雷；桃李华，枣实"⑤。文帝六年（公元前 174 年），"冬十月，桃、李华"⑥。景帝六年（公元前 151 年），"冬十二月，雷，霖雨"⑦。由于气候比较温暖，农业灾害相对较少，收成较好。史书记载："世俗咸曰：汉文帝躬俭约，修道德，躬先天下，天下化之，故致充实殷富，泽加黎庶，谷至石数十钱，上下饶羡。"⑧

其后，大概自文帝末年开始，气候出现波动，灾害增多，收成不稳定。文帝公元前 163 年春下诏："间者数年比不登，又有水旱疾疫之灾，朕甚忧之。"⑨ 景帝在公元前 156 年正月下诏："间者岁比不登，民多乏食，夭绝天年，朕甚痛之。"

---

①《史记·陈涉世家》。

②《汉书·高祖纪上》。

③ 张利平：《气候变暖及其对我国的社会影响》，《自然杂志》2000 年第 1 期。

④《史记·项羽本纪》。

⑤《汉书·惠帝纪》。

⑥《汉书·文帝纪》。

⑦《汉书·景帝纪》。

⑧《全后汉文·桓谭·离事》。

⑨《汉书·文帝纪》。

总体上看，这一阶段气候还是比较温暖的。

三、景帝中元年间至汉武帝时期，气候变冷

景帝中元年间，气候开始变冷，低温气候也出现过，中元六年，"春三月，雨雪"①。又在后元二年春，"以岁不登，禁内郡食马粟，没入之"。

到了武帝时期，气候出现较大较快的变化，气候变得更为寒冷。主要表现在三个方面：

一是低温现象增加。据《汉书·五行志》以及《汉书·武帝纪》等记载，元光四年（公元前131年），"夏四月，陨霜杀草"。元狩二年（公元前121年），"十二月，大雨雪，民冻死"。元鼎二年（公元前115年），"三月，雪，平地厚五尺"。元鼎三年（公元前114年），"三月水冰，四月雨雪，关东十余郡人相食"。又据《西京杂记》卷二记载，元封二年（公元前109年），"大寒，雪深五尺，野鸟兽皆死，牛马皆蜷踡如猬，三辅人民冻死者十有二三"。公元前106年，据《汉书·匈奴传上》记载："其冬，匈奴大雨雪，畜多饥寒死。"又据《北堂书钞》卷一五二引《古今注》记载，征和四年，"大雪，松柏皆折"。

二是出现不熟现象。史书记载："是时，军旅数发，年岁不熟，多盗贼。"②"不熟"应该发生在卫青霍去病攻打匈奴期间，当在元狩四年（公元前119年）至元狩六年（公元前117年），这一时期，多年"不熟"。"不熟"应该是指气温偏低，导致有效积温不足，农作物并没有完全成熟。低温也导致饥荒时常发生，元鼎三年（公元前114年），"三月水冰，四月雨雪，关东十余郡人相食"。这次关东郡国饥荒，与低温导致收成减少有很大关系。征和四年（公元前89年），《汉书·匈奴传》记载："会连雨雪数月，畜产死，人民疫病，谷稼不熟。"

三是由于年均气温变化幅度较大，传统的二十四节气顺序发生改变。这一点，后文将有比较详细的叙述，这里不再论述。

---

① 《汉书·景帝纪》。

② 《汉书·吾丘寿王传》。

四、昭宣时期，气候转暖

昭帝和宣帝时期，气候比武帝时期稍暖，低温气候较少，除了本始二年（公元前 72 年）乌孙统治区域，"会天大雨雪，一日深丈余，人民畜产冻死，还者不能什一"①外，其他年份并未见低温记载。反而在昭帝始元元年（公元前 86 年），"冬，无冰"②，始元二年（公元前 85 年）"冬，亡冰"③。此外，《汉书·昭帝纪》还记载，元凤五年（公元前 76 年），"冬十一月，大雷"。这些都可以说是气候转暖的标志。由于气候转暖，虽然发生了不少水旱灾害，但收成还是比较可观。《汉书·昭帝纪》记载，始元六年（公元前 81 年），"秋七月，罢榷酤官，令民得以律占租，卖酒升四钱"。能放开酒禁，表明社会上有足够的粮食，除了满足口粮需要外，还有大量余粮用来酿酒。《汉书·昭帝纪》也记载元凤六年（公元前 75 年）夏，因为多年丰收，汉昭帝下诏说："夫谷贱伤农，今三辅、太常谷减贱，其令以叔粟当今年赋。"到了元康四年（公元前 62 年），"比年丰，谷石五钱"。

《汉书·食货志》总结说："至昭帝时，流民稍还，田野益辟，颇有蓄积。宣帝即位，用吏多选贤良，百姓安土，岁数丰穰，谷至石五钱，农人少利。"可知这一时期气候转暖，有利于粮食生产。

五、元帝成帝时期，气候转冷

汉元帝时期，气候突然转冷。汉元帝统治期间，多次出现类似"阴阳不调"的记载。初元元年（公元前 48 年）九月，汉元帝下诏书说："间者，阴阳不调，黎民饥寒，无以保治，惟德浅薄，不足以充入旧贯之居。"初元二年（公元前 47 年）七月，下诏称："阴阳不和，其咎安在？公卿将何以忧之？其悉意陈朕过，靡有所讳。"初元四年（公元前 45 年）六月，下诏说："盖闻安

---

①《汉书·匈奴传上》。

②《汉书·昭帝纪》。

③《汉书·五行志中》。

民之道，本由阴阳。间者阴阳错谬，风雨不时。朕之不德，庶几群公有敢言朕之过者，今则不然。偷合苟从，未肯极言，朕甚闵焉。"初元五年（公元前44年），也下诏称："朕之不逮，序位不明，众僚久旷，未得其人。元元失望，上感皇天，阴阳为变，咎流万民，朕甚惧之。乃者关东连遭灾害。饥寒疾疫，夭不终命。"永光二年（公元前42年）二月的诏书称："然而阴阳未调，三光暗昧。元元大困，流散道路，盗贼并兴。"三月还下诏说："惟阴阳不调，未烛其咎，娄敕公卿，日望有效。至今有司执政，未得其中，施与禁切，未合民心，暴猛之俗弥长，和睦之道日衰，百姓愁苦，靡所错躬。是以氛邪岁增，侵犯太阳，正气湛掩，日久夺光。"建昭四年（公元前35年）的诏书中也透漏"间者阴阳不调，五行失序，百姓饥馑"①。"阴阳不调"这类的记载增加，表明气候已有较大的变化。

此外，还出现了低温现象，永光元年（公元前43年）三月，"是月雨雪，陨霜伤麦稼，秋罢"。而又据《汉书·五行志上》记载："元帝永光元年三月，陨霜杀桑；九月二日，陨霜杀稼，天下大饥。"《汉书·五行志下》也记载："元帝永光元年四月，日色青白，亡景，正中时有景亡光。是夏寒，至九月，日乃有光。"建昭二年（公元前37年），"冬十一月，齐、楚地震，大雨雪，树折屋坏"。这一年，京房对元帝说："今陛下即位已来，日月失明，星辰逆行，山崩，泉涌，地震，石陨，夏霜，冬雷，春凋，秋荣，陨霜不杀，水、旱、螟虫，民人饥、疫，盗贼不禁，刑人满市，《春秋》所记灾异尽备。"② 又据《汉书·五行志下》记载，建昭四年，"三月，雨雪，燕多死"。可见气候比较寒冷。汉元帝时期，饥荒与收成不好的记载也颇多，初元二年，"六月，关东饥，齐地人相食"。永光二年，夏六月下诏说："间者连年不收，四方咸困。元元之民，劳于耕耘，又亡成功，困于饥馑，亡以相救。"③

这一系列的变化，或许与公元前42年西西里埃特纳火山爆发有关。④

---

① 《汉书·元帝纪》。

② 《资治通鉴·汉纪二十一》。

③ 《汉书·元帝纪》。

④ （美）阿尔·戈尔著，陈嘉映等译：《濒临失衡的地球——生态与人类精神》，

　　中央编译出版社1997年版，第18页。

汉成帝时期，气候进一步变冷。建始四年（公元前 29 年），"夏四月，雨雪"。这一年有可能是西汉时期气候最寒冷的年份之一，"秋，桃、李实"。秋天桃李才成熟，表明该年前期气候偏冷，有效积温不足，桃李到秋天才成熟，应该是气候寒冷的标志。阳朔二年（公元前 23 年），"春，寒"①。阳朔四年（公元前 21 年），《汉书·五行志下》记载："四月，雨雪，燕雀死。"阳朔年间气候比较寒冷，据扬雄《反离骚赋》中说："汉十世之阳朔兮……愍吾累之众芬兮，扬烨烨之芳苓，遭季夏之凝霜兮，庆夭悴而丧荣。"② 永始三年（公元前 14 年），当时的丞相翟方进和御史孔光曾因为气候问题上书说："丞相方进御史臣光昧死言，明诏哀闵元元，臣方进御史臣光往秋郡被霜，冬无大雪，不利宿麦，恐民□。"③ 可见当时早霜比较严重。此外，汉成帝年间，还出现"桂树华不实"④ 的现象，表明气候寒冷，有效积温不足，桂树只开花不结果。

公元前 86 年至公元前 7 年这一时期总体气温偏低，在这八十年中，居然没有一次蝗灾的记载，其中的原因值得考虑。蝗虫的发生与气候密切相关，蝗虫的繁衍有一定的温度范围，在此范围之类，生命力最旺盛，发育、繁殖能正常进行，环境温度过高或过低，均会抑制其发育。如果蝗卵孵化盛期（5—6 月）的月均气温偏高，该年很可能为蝗虫大灾年份；如果偏低，该年蝗虫未成灾。⑤ 也有研究表明，影响蝗灾的两个气候因素是降水与气温。就降水而言，每年 4 月至 9 月的降水多寡直接影响到孵化期及孵化后出土蝗虫的成活率。降水的影响主要包括三方面：其一，降水量增多形成低温多湿的环境能直接延缓或抑制蝗虫发育，并间接有利于病菌的繁殖，从而降低种群密度。其

① 《汉书·成帝纪》。

② 《汉书·扬雄传》。

③ 士史猛：《〈永始三年诏书〉简册释文》，《西北师大学报》（社会科学版）1983 年第 4 期；甘肃简牍博物馆：《肩水金关汉简》（肆），中西书局 2015 年版，第 140 页。

④ 《汉书·五行志下》。

⑤ 吴瑞芬等：《蝗虫发生的气象环境成因研究概述》，《自然灾害学报》2005 年第 3 期。

二, 强度大的降水对幼蝻或正在脱皮的蝗蝻有显著的机械杀伤作用。其三, 降水量过大可造成洼地及湖泊的积水增多, 也可以淹没一部分有蝗卵地区而增加蝗卵的死亡率。因此, 降水是影响蝗虫数量及其发生动态变化的重要因素。如果上一年冬季出现低于零下 10℃ 和零下 15℃ 气温的天数分别多于 15 天和 5 天时, 虫卵就有被冻死的可能。因此冷冬次年蝗灾爆发的可能性就会降低, 反之, 暖冬次年蝗灾爆发的可能性就会提高。① 公元前 86 年至公元前 7 年间, 发生水灾不到两次, 因此, 可以推断公元前 87 年至公元前 7 年没有发生蝗灾, 说明在这一时期气温偏低, 至少冬季与夏季温度较低, 不利于蝗虫的越冬与繁衍。

《氾胜之书》中记载的农事活动以及物候等现象也表明这一时期气候比较寒冷。据刘向《别录》记载, 成帝时 "致用三辅, 有好田者师之"。《晋书·食货志》志记载: "昔汉遣轻车使者氾胜之督三辅种麦, 而关中遂穰。" 因此, 《氾胜之书》主要记载成帝前后关中等地的农事活动和物候现象。《氾胜之书》提到: "春候地气始通: 椓橛木长尺二寸, 埋尺, 见其二寸: 立春后, 土块散, 上没橛, 陈根可拔。此时二十日以后, 和气去, 即土刚。" 可知当时土壤解冻在立春之后, 也就是在阳历 2 月 4 日或 5 日之后; 而 1980 年左右, 西安土壤 10 厘米深度解冻平均日期为 1 月 31 日。洛阳地区土壤开始解冻平均日期在 2 月 9 日②。可见当时土壤解冻比 1980 年要晚, 气候也稍冷。《氾胜之书》又记载: "稙禾, 夏至后八十九十日, 常夜半候之, 天有霜若白露下, 以平明时, 令两人持长索相对, 各持一端, 以概禾中, 去霜露, 日出乃止。" 夏至时间是 6 月 22 日前后, 此后八十九十日, 即在 9 月 10 日至 20 日之间, 是当时初霜的时间, 而 1980 年左右西安与洛阳地区, 初霜平均日期均为 10 月 29 日。③ 可知当时初霜时间, 比 1980 年前后提前至少 30 天, 可知当时气候比较寒冷。《氾胜之书》还提及: "夏至后七十日, 可种宿麦……至五月收, 区一百。" 夏至后七十日, 即是 9 月 1 日前后, 当时冬小麦播种在 9 月 1 号, 收割

---

① 李钢:《历史时期中国蝗灾记录特征及其环境意义集成研究》, 兰州大学 2008 年博士论文, 第 131—132 页。

② 宛敏渭主编:《中国自然历选编》, 科学出版社 1986 年版, 第 390、271 页。

③ 宛敏渭主编:《中国自然历选编》, 科学出版社 1986 年版, 第 386、269 页。

在 6 月。而 1980 年左右西安冬小麦播种平均日期在 10 月 10 日，开始收割平均日期在 6 月 5 日。① 可知 1980 年左右西安地区小麦播种时间比《氾胜之书》记载晚了近 40 天，而成熟时间差不多，故也是当时气候比较寒冷的表现。

六、哀帝、平帝至王莽统治前期，气候短暂回暖

哀帝和平帝时期，气候一度又有所回暖。绥和二年（公元前 7 年），李寻还说："间者日尤不精，光明侵夺失色，邪气珥蜺数作。"② 表明气候还比较寒冷。但此后气候有所回暖，表现在低温事件以及"阴阳失序"记载的减少。建平四年（公元前 3 年），鲍宣上书说："阴阳不和，水旱为灾。"元寿元年（公元前 2 年），"乃二月丙戌，白虹蚜日，连阴不雨"③。表明气候还在波动。但这一时期饥荒发生也比较少，人口持续增长，《汉书·食货志上》记载，哀帝和平帝时期，"宫室、苑囿、府库之藏已侈，百姓訾富虽不及文、景，然天下户口最盛矣"。财富的积累，使得国家到了王莽篡位时还很富有，"王莽因汉承平之业，匈奴称籓，百蛮宾服，舟车所通，尽为臣妾，府库百官之富，天下晏然"④。王莽始建国二年（公元 10 年），"冬，雷，桐华"。二年，"十二月，雷"。这一年，"莽恃府库之富，欲立威匈奴"⑤。

这一时期气候变化，从刘歆的《三统历》可以看出来。《汉书·律历志》记载："至孝成世，刘向总六历，列是非，作《五纪论》。向子歆究其微眇，作《三统历》及《谱》以说《春秋》，推法密要，故述焉。"《三统历》的一个变化，体现在二十四节气顺序上。孔颖达在《礼记正义·月令》中指出："前汉之末以汉之时立春为正月节，惊蛰为正月中气，雨水为二月节，春分为二月中气。至前汉之末，以雨水为正月中，惊蛰为二月节，故《律历志》云：'正月立春节，雨水中。二月惊蛰节，春分中。'是前汉之末，刘歆作《三统

---

① 宛敏渭主编：《中国自然历选编》，科学出版社 1986 年版，第 384、377 页。

②《资治通鉴·汉纪二十五》。

③《汉书·鲍宣传》。

④《汉书·食货志上》。

⑤《资治通鉴·汉纪二十九》。

历》，改惊蛰为二月节。郑以旧历正月启蛰，即惊也，故云'汉始亦以惊蛰为正月中'。但蛰虫正月始惊，二月大惊，故在后移惊蛰为二月节，雨水为正月中，凡二十四气。按《三统历》：'正月节立春，雨水中。二月节惊蛰，春分中。三月节谷雨，清明中……'"① 对于这种变化，郑玄认为是"至在后以来，事稍变改，故《律历志》云雨水为正月中，惊蛰为二月节，由气有参差故也"。此外，在《春秋左传正义·桓公五年》中，孔颖达引用了《夏小正》的说法："故汉氏之始以启蛰为正月中，雨水为二月节。及大初以后，更改气名，以雨水为正月中，惊蛰为二月节，以迄于今，踵而不改。"

此外，清代的赵翼也注意到节气顺序及时间设置的变化："汉初亦以惊蛰为正月，是汉初惊蛰犹在雨水前。其后改雨水在正月，惊蛰在二月者，邢昺疏谓始于刘歆作《三统历》。然《淮南子》已先雨水后惊蛰，则汉武时已改。顾宁人谓起于《四分历》，当是也……按汉已改雨水在惊蛰之前，而新旧《唐书》又先惊蛰后雨水，至《宋史》始雨水在前，惊蛰在后。此不知何故，岂唐又改从古法，至宋而定今制耶？又《汉书·历志》先谷雨后清明，新旧《唐书》则皆先清明后谷雨，《宋史》亦同。"我国古代春季节气，如出现先"惊蛰"后"雨水"，必代表气候较暖，因而必伴随先"谷雨"后"清明"，以保证春播的提早。反之，如出现先"雨水"后"惊蛰"，必代表气候较冷，因而必伴随先"清明"后"谷雨"，以推后春播，便于保证幼苗不受霜冻，而顺利生长。② 西汉末年这次节气变动，可知当时气候比较温暖。

七、王莽统治期间至光武帝前期（约公元10年至公元31年左右），气候寒冷

王莽统治时期，气候突然转冷。低温事件记载颇多，始建国三年（公元11年），王莽下诏说："今天下遭阳九之厄，比年饥馑，西北边尤甚"。表明气候开始转变。天凤元年（公元14年），"四月，陨霜，杀草木，海濒尤甚"。天

---

① （汉）郑玄注，（唐）孔颖达正义，吕友仁整理：《礼记正义》卷一五《月令》，

上海古籍出版社 2008 年版，第 532 页。

② 王鹏飞：《节气顺序和我国古代气候变化》，《南京气象学院学报》1980 年第 1 期。

凤三年（公元16年），"二月乙酉，地震，大雨雪，关东尤甚，深者一丈，竹柏或枯"①。天凤四年（公元17年），"是岁八月，莽亲之南郊，铸作威斗……铸斗日，大寒，百官人马有冻死者"。地皇元年（公元20年）七月，王莽下诏说："惟即位以来，阴阳未和，谷稼鲜耗。"七月，"是月，大雨，六十余日"②。这种情况应该是冷空气提前南下，冷气团势力不足，冷暖气团长期交汇的结果。地皇二年（公元21年），"秋，陨霜杀菽，关东大饥，蝗"③。到了王莽末年，"天下旱霜连年，百谷不成"④。由于低温持续时间比较长，王莽统治时期，"常苦枯旱，亡有平岁，谷贾翔贵"。王莽也发布诏书说："予遭阳九之厄，百六之会，枯、旱、霜、蝗，饥馑荐臻，蛮夷猾夏，寇贼奸轨，百姓流离。予甚悼之，害气将究矣。"⑤

连年干旱，国库空虚。天凤三年（公元16年）五月王莽下书说："予遭阳九之厄，百六之会，国用不足，民人骚动。"最终导致了农民起义。王莽末年农民起义，南方是比较早起义的地方。天凤五年（公元18年），荆州牧费兴说："荆、扬之民……连年久旱，百姓饥穷，故为盗贼。""关东饥旱连年，刁子都等党众浸多，至六七万。"实际上老百姓起初都不愿意为盗贼，"初，四方皆以饥寒穷愁起为盗贼，稍稍群聚，常思岁熟得归乡里，众虽万数，不敢略有城邑，转掠求食，日阕而已"⑥。由于收成不好，故流民越来越多，地皇三年（公元22年），"关东人相食"，由于国库空虚，"莽又多遣大夫、谒者分教民煮草木为酪，酪不可食，重为烦费"。此后，"流民入关者数十万人，乃置养赡官禀食之，使者监领，与小吏共盗其禀，饥死者什七八"⑦。国库空虚加之收成不好，流民越来越多，"末年，天下大旱，蝗虫蔽天，盗贼群起，四

---

①《汉书·王莽传中》。

②《资治通鉴·汉纪三十》。

③《汉书·王莽传下》。

④《东观汉记·帝纪一·世祖光武皇帝》。

⑤《汉书·食货志上》。

⑥《资治通鉴·汉纪二十九》。

⑦《资治通鉴·汉纪三十》。

方溃畔……天下扰乱饥饿，下江兵盛"①。最终形成兵乱，导致王莽政权灭亡。

　　东汉初年，气候延续王莽末年的寒冷。建武二年（公元 26 年），"九月，眉至阳城番须中，逢大雪，坑谷皆满，士多冻死"②。建武四年（公元 28 年），史书记载："自王莽末，天下旱霜连年，百谷不成。元年初，耕作者少，民饥馑，黄金一斤易粟一石。至二年秋，天下野谷屡成，麻菽尤盛，或生菰菜果实，野蚕成茧被山，民收为絮，采获谷果以为蓄积。至是岁，野谷生者稀少，而南亩亦辟矣。"③ 可知直到建武四年（公元 28 年），还是低温气候。建武七年（公元 31 年），气候还是比较寒冷，《后汉书·郑兴传》记载："四月，今年正月繁霜，自尔以来，率多寒日。"可见，下霜的时间持续了大概三个月，快到夏季才停止。

　　文献、考古以及自然证据表明在公元前后华北等地有一段明显的降温时间。④ 气候变化的原因，一方面在公元前 50 年至公元 50 年之间，太阳黑子周期处于慢周期之中。而当太阳黑子处于慢周期时，北半球气温低。⑤ 另一方面是这一时期火山集中爆发。公元 20 年左右，长白山有过一次火山爆发，公元初年前后，秘鲁、冰岛、俄罗斯、美国、日本、危地马拉都有火山爆发，公元 50 年左右，新西兰也有火山爆发的记录。⑥ 此外，龙岗火山群在公元前 15 年至公元 26 年之间也有过火山爆发的记录。⑦ 如此集中的火山爆发，使得较多

① 《东观汉记·帝纪一·世祖光武皇帝》。

② 《资治通鉴·汉纪三十二》。

③ 《东观汉记·帝纪一·世祖光武皇帝》。

④ 王顺兵等：《中国 2kaBP 前后的气候及其影响》，《海洋地质与第四纪地质》2006 年第 4 期。

⑤ 冯松、汤懋苍：《2500 多年来的太阳活动与温度变化》，《第四纪研究》1997 年第 1 期。

⑥ 于革等：《全球 12000aBP 以来火山爆发记录及对气候变化影响的评估》，《湖泊科学》2003 年第 1 期。

⑦ 毛绪美等：《金川泥炭沉积中火山喷发物的发现及其意义》，《矿物学报》2002 年第 1 期。

的火山灰进入平流层滞留后随着大气环流扩散成为太阳辐射的屏障层，从而使地表降温。因此，公元前后的火山集中爆发，是这次降温的主要原因之一。

八、光武帝中后期到明帝时期，气候逐渐回暖

这一时期气候回暖的主要表现是低温事件较少，只在公元 69 年，洛阳发生一次大的降雪事件，"汉时大雪积地丈余，洛阳令自出案行，见民家皆除雪出，有乞食者至袁安门，无有行路，谓安已死。令人除雪入户，见安僵卧，问何不出？安曰：'大雪，人皆饿，不宜干人。'令以为贤，举为孝廉"①。公元 60—70 年间，气温明显上升，雨水也丰富，收成较好。史书记载："显宗即位，天下安宁，民无横徭，岁比登稔。永平五年作常满仓，立粟市于城东，粟斛直钱二十。草树殷阜，牛羊弥望，作贡尤轻，府廪还积，奸回不用，礼义专行。"②《后汉书·明帝纪》中也说："是岁，天下安平，人无徭役，岁比登稔，百姓殷富，粟斛三十，牛羊被野……故吏称其官，民安其业，远近肃服，户口滋殖焉。"永平九年（公元 66 年），"是岁，大有年"③。永平十年（公元 67 年），夏四月戊子，下诏说："昔岁五谷登衍，今兹蚕麦善收，其大赦天下。方盛夏长养之时，荡涤宿恶，以报农功。百姓勉务桑稼，以备灾害。吏敬厥职，无令愆堕。"

九、章帝至顺帝初期，气候逐渐变冷

明帝后期，气候有所变化。阴阳不协记载开始出现。永平十八年（公元 75 年），夏四月己未，下诏说："自春已来，时雨不降，宿麦伤旱，秋种未下……千石分祷五岳四渎。郡界有名山大川能兴云致雨者，长吏各洁斋祷请，冀蒙嘉澍。"④ 章帝时期，气候逐渐变冷。章帝建初元年（公元 76 年），"是时

---

①《太平御览》卷一二《天部·雪》引《录异传》。

②《晋书·食货志》。

③《资治通鉴·汉纪三十七》。

④《后汉书·明帝纪》。

天小旱，谷贵民饥。丙寅，诏曰：'比年饥旱，民频流亡，朕甚惧之。'"① 此外，《后汉书·杨终传》也记载："建初元年，大旱谷贵。"这次"谷贵民饥"，"天小旱"不是最终原因，应该是气候变冷，导致作物歉收，最终才导致粮食价格上涨。建初二年（公元 77 年）下诏说："比年阴阳不调，饥馑屡臻。"② 建初五年（公元 80 年），"冬，始行月令迎气乐"。这个诏令表明当时阴阳失调情况已经比较严重。元和二年（公元 85 年），"二月甲寅，始用《四分历》"。相对于《三统历》，《四分历》的一个变化，就是二十四节气顺序发生了一定的变化，就是"先雨水后惊蛰，先清明后谷雨"，按照王鹏飞先生的观点，这一节气顺序的出现，表明当时气候比较寒冷。③

章帝元和元年（公元 84 年），因为盛夏多寒，韦彪上疏劝谏说："臣闻政化之本，必顺阴阳。伏见立夏以来，当暑而寒。"④《古今图书集成·庶征典》记载："章帝建初初年夏寒。"⑤ 很多学者认为这期间夏寒持续时间很长，达六七年之久。实际上，《古今图书集成》中所记载的夏寒还是依据韦彪上书来判断的，不可能持续六七年之久，也不是建初初年，而是元和初年，应是针对公元 84 年夏寒来说的。这年的夏寒，可能与火山爆发有关。笔者认为在公元 82 年冬或者公元 83 年春有一次较大规模的火山喷发⑥，究其原因，一是这年夏

---

① 《后汉纪·孝章皇帝纪下》。

② 《后汉书·章帝纪》。

③ 王鹏飞：《节气顺序和我国古代气候变化》，《南京气象学院学报》1980 年第 1 期。

④ 《汉书·韦彪传》。

⑤ 《古今图书集成·庶征典·寒暑异部》。

⑥ 规模较大的火山爆发后，在第 8 个月和第 18 个月有两次降温，而且第二次降温比第一次强烈得多。详见张先恭《火山活动与我国旱涝、冷暖的关系》（《气象学报》1985 年第 2 期）。火山活动对气候的影响，可分为短期即 5 年左右，长期为几十年以上。详见李晓东等：《火山活动对气候影响的数值模拟研究》（《应用气象学报》1994 年第 1 期）。

季寒冷，与后世有文献记载的坦博拉火山爆发的影响相似，主要表现在夏季低温。① 其次，1992 年在河南偃师出土的《肥致碑》介绍，活动在章和二帝时期（公元 76—105 年）的肥致，"常舍止木树上，三年不下，与道进遥行成名立，声布海内，群士钦仰，来集如云。时有赤气，著钟连天，及公卿百僚以下无能消者。诏闻梁枣树上有道人，遣使者以礼聘君。君忠以卫上，应时发算，除去灾变"②。其中，"时有赤气，著钟连天"，非常符合张德二研究的后世有关火山爆发后天空颜色的记载；从"公卿百僚以下无能消者。诏闻梁枣树上有道人，遣使者以礼聘君。君忠以卫上，应时发算，除去灾变"的记载来看，天空异常状态的时间比较长，可知这次火山爆发比较猛烈，喷发物比较多。

这次火山爆发对中国的影响时间比较长。元和二年（公元 85 年），章帝根据"《月令》冬至之后，有顺阳助生之文，而无鞠狱断刑之政。朕咨访儒雅，稽之典籍，以为王者生杀，宜顺时气。其定律，无以十一月、十二月报囚"③。这个措施在后来引起了很大争议，鲁恭对此评价说："然从变改以来，年岁不熟，谷价常贵，人不宁安。"此外，元和三年（公元 86 年）前后，收成一直不好，"是时岁比不登"。何敞也说："今比年伤于水旱，民不受。"④ 和帝永元元年（公元 89 年），鲁恭还上书说："数年以来，秋稼不熟，人食不足，仓库空虚，国无畜积。"⑤ "年岁不熟""秋稼不熟"，正是夏季低温所致。粮食减产，导致和帝在永元五年（公元 93 年）下诏："郡县劝民蓄蔬食以助五谷。"永元六年（公元 94 年），下诏说："阴阳不和，水旱违度。"这一年，秋七月，京都洛阳一带发生干旱。张奋上书说："岁比不登，人食不足。今复旱，秋稼未立，阳气垂尽，日月迫促。"⑥ 可知当年夏季低温，粮食作物有效积温不足，庄稼没有成熟，或者是产量极低。反映的就是这种情况。永元十二

① 杨煜达等：《嘉庆云南大饥荒（1815—1817）与坦博拉火山喷发》，《复旦学报》（社会科学版）2005 年第 1 期。

② 樊有升：《偃师县南蔡庄乡汉肥致墓发掘简报》，《文物》1992 年第 9 期。

③《后汉书·章帝纪》。

④《后汉纪·孝章皇帝纪下》。

⑤《后汉书·鲁恭传》。

⑥《后汉纪·孝和皇帝纪上》。

年（公元 100 年）三月丙申，诏曰："比年不登，百姓虚匮。"① 和帝末年（公元 104 年），"自三月以来，阴寒不暖，物当化变而不被和气"②。可知该年春季比较寒冷。殇帝延平元年（公元 106 年），"自夏以来，阴雨过节，暖气不效"③。《东观汉记》中记载这一年六月的诏书提到："自夏以来，阴雨失节。"④ 造成这种天气的原因，就是冷气团长期控制该区域，北上的暖气团力量弱小，无法驱除冷气团，冷暖气团长期交错，导致降水过多。因此本应该是炎热的夏季，出现"暖气不效"的低温现象，可见这一年的气温也比较寒冷。永初元年（公元 107 年），这种情况再次发生，"是时水雨屡降，灾虐并生，百姓饥馑，盗贼群起"⑤。

低温气候影响到收成，安帝永初四年（公元 110 年），"连年不登，谷石万余"⑥。永初七年（公元 113 年），又出现夏凉的情况，"顷季夏大暑，而消息不协，寒气错时，水涌为变"⑦。安帝延光元年（公元 122 年），陈忠上奏弹劾中侍伯荣，其理由是："故天心未得，隔并屡臻，青、冀之域，淫雨漏河，徐、岱之滨，海水盆溢，兖、豫蝗蟓滋生，荆、扬稻收俭薄，并、凉二州，羌戎叛戾。加以百姓不足，府帑虚匮，自西徂东，杼柚将空。"⑧ 可知至少在荆、扬一带，水稻歉收。

顺帝永建二年（公元 127 年），因为连年灾异，黄琼上书说："间者以来，卦位错谬，寒燠相干，蒙气数兴，日暗月散。"可知在公元 127 年的前几年都出现过低温现象。永建三年（公元 128 年），黄琼上书提及："自癸巳以来，

---

①《后汉书·和帝纪》。

②《后汉书·鲁恭传》。

③《后汉书·殇帝纪》。

④《东观汉记·孝殇皇帝纪》。

⑤《后汉纪·孝安皇帝纪上》。

⑥《后汉书·庞参传》。

⑦《后汉书·陈忠传》。

⑧《资治通鉴·汉纪四十二》。

仍西北风，甘泽不集，寒凉尚结。"① 可知该年春夏低温。阳嘉二年（公元133年）郎颛两次上书，提到："窃见正月以来，阴暗连日……又顷前数日，寒过其节，冰既解释，还复凝合。夫寒往则暑来，暑往则寒来，此言日月相推，寒暑相避，以成物也。今立春之后，火卦用事，当温而寒，违反时节……数年以来，谷收稍减，家贫户馑，岁不如昔。"② 可知在公元133年春季比较寒冷，而在此之前的几年，收成又不好。总之，自公元84年至公元133年近50年时间，经常出现低温与收成下降的情形，正是这次火山爆发带来的影响。

十、顺帝至桓帝中期，气候小幅回暖

公元133年后的二十多年间，气候一度有所回暖，但幅度并不大。质帝本初元年（公元146年）朱穆给梁冀的奏议中提到："今年九月天气郁冒，五位四侯连失正气，此互相明也。夫善道属阳，恶道属阴，若修正守阳，摧折恶类，则福从之矣。"可知当年气候比较炎热。这一时期极端气候虽然没有出现，但旱灾、水灾、蝗灾仍然比较频繁。

成书于这一时段的《四民月令》，可以反映出这一时期的气候状况。《四民月令》的生产活动和社会活动都是就洛阳地区来安排的，一般认为是崔寔居洛阳之时撰写成的。而崔寔中年以前居家涿郡安平，汉桓帝元嘉元年（公元151年）由原郡荐举出仕为郎，同年转为议郎。不久（在公元151年至159年间）出任五原太守，后因病去职，再任议郎。公元163年左右，任辽东太守，公元167年至169年任尚书，数月免归，公元170年去世。③ 从崔寔活动经历来看，《四民月令》成书年代在公元160年左右，因而本书记载的农事活动反映了公元160年左右洛阳一代的气候特征。

《四民月令》记载："雨水中，地气上腾，土长冒橛，陈根可拔，急菑强土黑垆之田。"表明土壤在雨水时节开始解冻，可以进行耕作，雨水在2月中

---

① 《后汉书·黄琼传》。

② 《后汉书·郎颛传》。

③ 董恺忱、范楚玉主编：《中国科学技术史（农学卷）》，科学出版社2000年版，第208—211页。

下旬；而 1980 年左右洛阳地区土壤解冻的平均时间为 2 月 9 日。但《四民月令》中还记载："春分中，雷乃发声，先后各五日。"春分即 3 月 21 日左右，而 1979—1980 年洛阳地区第一次闻见雷声在 3 月 29 日。① "九月九日，可采菊华，收枳实。"九月九日为阳历 10 月 17 日左右，而 1980 年左右的洛阳地区，菊花开花盛期平均日期为 10 月 25 日。② 可知这一时期气候与 1980 年左右的气候差不多，这一时期气温比王莽统治时期要稍高些。

十一、桓帝后期至献帝时期，气候逐渐变冷

到了桓帝统治后期，即公元 159 年前后，气温又开始下降。陈蕃指出："阴阳谬序，稼用不成，民用不康……又比年收敛，十伤五六，万人饥寒。"③ 公元 162 至公元 164 年间，春夏气温偏低，寇荣指出："臣奔走以来，三离寒暑，阴阳易位，当暖反寒，春常凄风，夏降霜雹，又连年大风，折拔树木。"④ 延熹七年（公元 164 年），在洛阳地区，"其冬大寒，杀鸟兽，害鱼鳖，城傍竹柏之叶，有伤枯者"⑤。延熹八年（公元 165 年），陈蕃上书说："前入春节连寒，木冰，暴风折树，又八九州郡并言陨霜杀菽。"⑥ 可知该年春天比较寒冷。延熹九年（公元 166 年），春夏气温较低，冬天气温极低，史书记载："今冬大寒过节，毒害鸟兽，爰及池鱼，城傍松竹，皆为伤绝。"⑦ 连年低温，也导致收成不好，也是在延熹九年（公元 166 年）正月时，汉桓帝还下诏说："比岁不登，民多饥穷……其令大司农绝今岁调度征求，及前年所调未毕者，

---

① 中国科学院地理研究所编：《中国动植物物候观测年报第 7 号（1979—1980）》，地质出版社 1988 年版，第 121 页。

② 宛敏渭主编：《中国自然历选编》，科学出版社 1986 年版，第 268 页。

③《后汉书·陈蕃传》。

④《后汉书·寇荣传》。

⑤《后汉书·襄楷传》。

⑥《全后汉文·陈蕃·因火灾上疏》。

⑦《后汉书·桓帝纪》。

勿复收责。"可知在公元 166 年前的几年，收成都不好，老百姓无力缴纳赋税。

灵帝时期，史书中有关气温变化的记载比较少，据《述异记》记载："耆旧说，桓灵之世，汝颍间，桑麻为蒿莠，桃李不实，花而复落，落而复花。"可知在桓帝和灵帝时期，气温比较寒冷，桑麻因为气候偏冷无法生长，其地长满了野草；桃李因为有效积温不够而不能成熟。到了光和六年（公元 183 年），"冬，东海、东莱、琅邪井中冰厚尺余"。可知，这年冬季比较寒冷。当然也不排除有些年份气温有所回升，也是在光和六年（公元 183 年），这一年是《大有年》。可知收成较好，当是气温回暖的表现。不过，整体而言，灵帝时期是比较寒冷的。如前所提及，张德二先生认为，灵帝时期，可能有一次规模较大的火山爆发，史书记载："灵帝时，日数出东方，正赤如血，无光，高二丈余乃有景。且入西方，去地二丈，亦如之。其占曰，事天不谨，则日月赤。是时，月出入去地二三丈，皆赤如血者数矣。"这种天象异常现象，或许是火山爆发的标志之一。

献帝时期，气候进一步降温，初平四年（公元 193 年）六月，"寒风如冬时"。"大雨昼夜二十余日，漂没人庶，又风如冬时。"[1] 兴平元年（公元 194 年），春夏气温比较低，史书记载："三辅大旱，自四月至于是月（指七月）。帝避正殿请雨，遣使者洗囚徒，原轻系。是时谷一斛五十万，豆麦一斛二十万，人相食啖，白骨委积……九月，桑复生椹，人得以食。"[2] 又据《异苑》卷二记载："汉兴平元年九月，桑再椹时，刘玄德军于沛，年荒谷贵，士众皆饥，仰以为粮。""桑再葚"，好像是气温较好的情况，根据《四民月令》等记载，桑葚成熟在四月左右，如果该年桑葚成熟，老百姓可以通过食用桑葚来度过饥荒，不至于出现食人的现象。故可知该年桑生葚后，气温比较寒冷，加之干旱，到四月左右桑葚并没有成熟，直到九月气温回升，桑再生葚成熟。因此在公元 194 年春夏低温。兴平二年（公元 195 年）冬，"其宫女皆为催兵所掠夺，冻溺死者甚众"[3]。建安二年（公元 197 年），"术闻大骇，即走度淮……

---

[1]《续后汉书·五行志三》《后汉书·董卓传》。

[2]《后汉书·献帝纪》。

[3]《后汉书·董卓传》。

术兵弱，大将死，众情离叛，加天旱岁荒，士民冻馁，江、淮间相食殆尽"①。建安十三年（公元208年），曹操南下攻讨孙刘等地方势力，周瑜认为："（曹军）且舍鞍马，仗舟楫，与吴越争衡，本非中国所长。又今盛寒，马无蒿草，驱中国士众远涉江湖之闲，不习水土，必生疾病。"② 此事发生在建安十三年九月，可知当年比较寒冷。

---

① 《后汉书·袁术传》。

② 《三国志·吴书·周瑜传》。

第三节　考古所反映的秦汉时期的气候状况

研究历史时期的气候，在自然科学领域，可以通过花粉、树木年轮、冰芯、湖泊沉积等方法来研究一个时期气候变化的大致情况。随着技术的提高，近年来，可以通过洞穴中石笋的氧同位素分析，来揭示过去气候变化，特别是低纬度气候变化过程。

一、青藏高原地区

青藏高原是世界上对全球气候变化比较敏感的地区之一，它可以提供区域乃至全球性气候信号，在大尺度气候变化研究中受到越来越多的重视。和其他代用资料相比，树木年轮具有定年准确、分辨率高、连续性强和分布范围广等特点，是研究十年和百年尺度气候变化的首选代用资料。青藏高原树木样本分布范围广，且对气候变化敏感，很早就被用来研究历史时期的气候变化。不过由于西藏地区建立树木年轮序列比较困难，利用这种技术研究西藏地区历史时期气候变化的成果并不多见。

在西藏大昭寺有一段古木，其年轮序列被定位为公元初年至公元六世纪。对这段古木的研究表明："青藏高原在公元初年曾比较寒冷，但很快变暖和，第二第三世纪可比现今平均气温高1度以上。但第三世纪后期直到第五世纪，中间虽有波动，总的来说一直持续甚为寒冷。比现今低1度左右。""这五百年的温度等级变化，与我国其他地区，主要是东部地区的温度状况大致是一致的。公元初年曾是黄河流域和江淮一带的一个冷期，此后的暖期以及东汉后期，经过三国、两晋和南北朝前期，东部地区基本维持长时期寒冷，这与青藏高原的气候变化很相近。从第六世纪开始，我国广大地区的气温状况都呈现回升的趋势。"①

近年来，有学者从西藏地区六座建于唐朝时期的古墓里采集了180多棵祁连圆柏样本建立了一个树轮年表，这个考古树轮年表始于公元前484年止于公元804年。对这些材料进行研究后，有学者认为，从公元前的几个世纪到公元350年这个长达700年的时段内，该地区温度有一个缓慢的变冷趋势，显示出了较强的年代温度变化。但整体上该时期温度高于平均值，其间的公元前200年、公元前135年、公元前50年、公元75—120年出现短暂的寒冷气候。

青海都兰树轮记录表明，在近两千年中，气温可分为5个阶段，公元230年前为高温期，其中还出现两次极高温事件和一次高温事件。在持续达57个年代的时段内，3个极低温年代均出现于此期，近两千年中的22个低温事件有11个发生于此期，1个极端高温事件和4个高温年代也发生在这一时期，这指示出该时段变冷趋势下的奇寒暴暖事件。不过康兴成等人的研究表明，公元159—240年。古里雅冰芯公元初年是一个温度降低和降水减少的时期，自那以后，温度和降水，都在波动中趋于升高和增多，这是总的趋势。②

敦德冰芯氧同位素记录表明，公元前200年左右至公元前100年左右，气温下降；公元前100年至公元元年，气温下降；公元元年至公元110年，气温上升；公元110年至公元290年左右，气温下降。③

根据花粉组合分析，结合沉积速率年代推算，西门错地区在公元前169至公元44年，为气候相对温偏干时期；公元44至公元272年，为相对温偏干

① 吴祥定等：《青藏高原近二千年来气候变迁的初步探讨》，中央气象局气象科学研究院天气气候研究所编：《全国气候变化学术讨论会文集（一九七八年）》，科学出版社1981年版。

② 姚檀栋：《古里雅冰芯近2000年来气候环境变化记录》，《第四纪研究》1997年第1期。

③ 姚檀栋等：《敦德冰芯记录与过去5ka温度变化》，《中国科学》（B辑）1992年第10期。

时期。①

距今 3200 年来，则普冰川新冰期出现了三次冰进。公元初年左右，是大拿顶冰进时期，新冰期盛时，则普冰川比现代长 6.9 千米，面积大 17.10 平方千米，雪线高度降低约 157 米，温度降低 1.0℃—1.9℃。② 青海湖在公元前 150 年至公元 150 年间，气候冷干。

二、西北地区

新疆博斯腾湖记录表明，在公元 100 年至公元 300 年间，香蒲属粉百分比含量高，平均达到 12.8%。这说明该时期气候比较湿润，湖沼湿地面积增大；而这阶段盘星藻的质量含量是整个岩芯最低的，碳酸盐含量虽然有起伏，但平均含量仍高达 36.8%，表明这一时期西北干旱地区气候温暖湿润，湖泊盐度较高。③

公元前 550 年到公元 50 年，相当于东周中后期到秦汉时期，尼雅剖面地化元素比值曲线、地化元素干湿指标 C 值、氧同位素和 Xlf 及孢粉 A/C 值峰值的出现，反映了南疆地区处于相对湿润的环境时期。相对冷湿的环境特征有利于南疆地区农业作物的栽培生长，禾本科孢粉含量于 1.80 米—1.60 米处出现全剖面的两个高值，显然与当时人类农业活动增强密切相关。

公元 50 年至公元 550 年，我国东汉至魏晋南北朝大部分时期。地化元素比值、氧同位素与 Xlf 含量的变化都显示了此时期明显的暖干气候特征的存在。暖干的环境特征导致河流水量减少，农业生产受到限制，与剖面中禾本科

---

① 羊向东：《西门错地区 2000 年来的花粉组合与古气候》，《微体古生物学报》1996 年第 4 期。

② 焦克勤等：《3.2kaBP 以来念青唐古拉山东部则普冰川波动与环境变化》，《冰川冻土》2005 年第 1 期。

③ 周刚：《新疆博斯腾湖记录的我国西北干旱区过去 2000 年气候变化研究》，兰州大学 2011 年硕士论文，第 35 页。

花粉含量出现谷值相吻合。[①]

策勒地区孢粉记录表明，距今4000年至2000年期间，相对湿润，后期变干；距今2000年至1500年期间，即相当公元初年至公元500年时期，前期较干，中期相对较湿，且干湿频繁，快速交替，后期转干。[②]

苏干湖沉积碳酸盐稳定同位素记录的气候变化分析表明，公元初年至公元190年，碳氧同位素均为高值段，表明研究区为暖干气候，流域有效湿度较低，冬半年气温偏高。公元190年至公元580年，氧同位素值在公元190年出现一次强烈偏负，但是历时短暂，其他时期氧同位素为高值，表明在公元190年前后有效湿度增加，其他时段为干旱气候。氧同位素值也在公元190年前后出现强烈的偏负，在公元280年前后达到最低值，之后在公元320年至公元450年渐次偏正，但不及前阶段的水平。在公元500年前后总体上再次偏负，氧同位素指示了本阶段寒冷的气候，但在公元320年至450年期间气温有所回升。本时期总体为冷干气候。[③]

罗布泊盐湖沉积物表明公元51年至公元86年为较暖时期；公元87年至公元106年，气温下降，为相对寒冷时期；公元107年至公元145年气温上升，为稍暖时期；公元146至公元220年，气温下降，为相对寒冷时期。[④]

大保当汉代城址的西南城垣外侧约22米处钻探发现了一段壕沟，这段壕沟与西面城垣基本平行。壕沟里发现了九层堆积，黄沙与淤泥间隔分布。该壕

① 舒强：《历史时期以来南疆地区的气候环境演化与人地关系研究》，新疆大学2001年硕士论文，第51—54页。

② 钟巍、熊黑钢：《塔里木盆地南缘4kaB.P.以来气候环境演化与古城镇废弃事件关系研究》，《中国沙漠》1999年第4期。

③ 强明瑞等：《2ka来苏干湖沉积碳酸盐稳定同位素记录的气候变化》，《科学通报》2005年第13期。

④ 谢连文：《罗布泊现代盐湖沉积与近两千年气候变化遥感研究》，成都理工大学2004年博士论文，第110—114页。划分标准为标差。公元51—86年，标准差为0.2左右；公元87—106年，标差为0.3左右；公元107—145年，标差为0.2左右；公元146—公元220年，标差为0.3左右。

沟是修筑城垣时取土形成的，它的发现对于我们了解当时的地理环境及气候状况提供了重要依据。护城壕沟内的层状堆积说明这个地区汉代时至少在东汉时已经盛行大规模的间歇期风沙，气候开始恶化，壕沟内的沙子就是若干年爆发一次的大风带来的。① 大保当城大约始建于西汉中晚期，历经新莽，到东汉中后期由于战乱遭弃。这表明两汉时期气候发生了明显的变化。

三、东北地区

通过对黑龙江鸡西密山地区杨木泥炭记录的研究，夏玉梅等指出：公元前1450 年至公元 10 年，即商朝中后期至西汉时期，该地区云杉、冷杉增加而阔叶树明显减少，喜湿的禾本科和地榆、铁线莲、唐松草增加，说明当时气候由前期的偏干向凉偏湿转化，阔叶林减少，湿草甸植被在扩大；公元 10 年至860 年，即西汉末年至唐朝后期，以栎为主的喜温干阔叶树急剧增加，而松、云杉、冷杉花粉含量下降，反映出随着气温升高，喜冷针叶树向山地推进，喜温阔叶树大幅度增加，说明当时气候总体偏向温干。②

吉林金川泥炭 $\delta^{18}O$ 分析表明，在公元初年左右，气温有所下降，但仍是较高温时期，特别是随后气温迅速回升，并在公元 275 年左右达到 $\delta^{18}O$ 温度代用曲线上的最高纪录。

吉林省敦化盆地泥炭记录也反映出这一时期的气候变化：公元前 245 年至公元前 95 年，盆地周围植被为以松木为主的山地针叶林，相当于目前海拔 1100米以上的植被。公元前 95 年至公元 205 年，植被变化为桦、榛、胡桃等阔叶树和针阔混交林。公元 205 年至公元 1245 年，演变为以榛、鹅耳枥和松为主的针阔混交林。依据孢粉组合，结合地层特征、沉积物理化性质，推断大桥泥炭地是从森林发展为湿草甸、沼泽后形成的。相应的，气候经历了冷干（公元前 245 年至公元前 95 年）、暖湿（公元前 95 年至公元 205 年）、温湿（公元205 年至公元 1245 年）和冷湿（公元 1245 年至 1950 年）四个时期。根据目

① 孙周勇：《大保当汉代聚落的考古学观察》，《文博》1999 年第 6 期。

② 夏玉梅、汪佩芳：《密山杨木 3000 多年来气候变化的泥炭记录》，《地理研究》

　2000 年第 1 期。

前该区山地植被分布规律与气温的关系，推断距今 2200 年以来气温变化规律为：公元前 245 年至公元前 95 年，年平均气温 2℃以下；公元前 95 年至公元 205 年，年均气温 3℃左右；公元 205 年至公元 1245 年，年均温 2.5℃—3℃；公元 1245 年至 1950 年，年均温 2℃左右。该气候变化规律与竺可桢先生提出的中国东部的物候温度曲线趋势基本一致。[1]

四、华北地区

对内蒙古居延海湖泊沉积物色素含量的研究表明：①公元前 360 至公元前 120 年，该阶段沉积物色素中颤藻黄素和蓝藻叶黄素出现峰值，反映水温偏高。颤藻与蓝藻等藻类发育，腐殖酸含量达 0.7%，芳构化程度高，湖泊营养条件改善。元素 Sr/Ba 比与碳酸盐含量变化呈下降趋势，表明湖泊来水量增加，湖泊扩张，湖水淡化；介形类化石组合由下部的高盐介形组合向较低盐介形组合变化，沉积物颗粒变细，导致频率磁化率上升。这表明该段在暖湿气候背景下，湖泊的扩张。②公元前 120 年至公元 400 年，湖泊沉积物色素含量在整个剖面上为最低段，反映湖泊环境条件不适合湖泊生物的生存，湖泊生产力低，腐殖酸含量仅为 0.15%。结合其他环境指标进行分析的结果均显示气候由冷湿向冷干转换，湖泊开始萎缩。

距今 2300—1500 年间，对北京地区瓮山泊—昆明湖沉积物的研究表明，此期的初期阶段乔木花粉明显增加，这种以松为主的针叶和落叶阔叶混交林的存在，反映了该地区当时仍处于战国至秦汉的温暖时期。而到这一时段的后期，蒿属花粉增加，落叶阔叶林树种花粉减少，落叶松、冷杉和云杉等寒温性针叶树种花粉增加，则表明气候向干冷方面转化，此时段相当于东汉至六朝的寒冷时期。[2]

济州岛西南泥质区环境敏感粒度组分表明东亚季风变化，在公元 50 年之

---

[1] 赵红艳等：《泥炭记录的近 2200 年吉林省敦化盆地的气候变化》，《东北师大学报》（自然科学版）2005 年第 4 期。

[2] 张丽华等：《北京地区 3500a 来的气候与环境变迁——兼论昆明湖的沧桑》，《中国煤田地质》2003 年第 5 期。

前，是较弱的冬季风阶段，反映出气候比较温暖。[①]

五、西南地区

贵州荔波地区 2000 年来石笋高分辨率的气候记录分析表明，在距今 2300—1800 年期间，持续时间大约 500 年，相当于战国中后期至东汉末。本阶段显示东亚夏季风减弱，东亚冬季风增强，有效降水相对减少，不利于木本植被生长，以 C4 植物为主（C4 植物占 90％以上），表明这一阶段是以干旱寒冷为主的气候环境。[②]

磁化率也能反映出气候的变化情况。物质的磁性是指当时该物质处于外加磁场中时，所产生的磁化强度与外加磁场的磁场强度之比。成壤作用产生次生的超微粒磁性矿物，降水量的大小对磁性矿物的产生则更为重要。研究结果表明，降水量越大，土壤中生物量也越大，生化反映也越活跃，也越有利于磁性矿物的产生，降水的大小及其季节变化是古土壤磁化率升高的重要因素，同时磁化率高值也指示一种较温暖的气候环境。重庆巫山张家湾遗址文化层第 9 层与第 10 层，即东汉文化层和西汉文化层之间，有一个明显的谷值，单从磁化率值的变化来看可能是一个干冷的气候突变事件，该地区在当时经历气候变干、变冷的突变事件。第 9 层磁化率高值是由于该层受人类生产、生活及用火的影响而使磁化率升高，同时也表明这一时期气候温暖湿润，也正是这一气候适宜期使得该区在东汉时期产生了发达的人类文明。在中国的东部地区正处于寒冷期时该区却是温暖的气候，这是由该区所特有的地貌条件所引起的。该区西北有大巴山，东南部有巫山遮挡，其地势南北高而中间低，这一特殊的地貌特征使该区受北方来的冷空气影响较小，而主要受夏季风的影响。故而造成该

---

① 向荣等：《济州岛西南泥质区近 2300a 来环境敏感粒度组分记录的东亚冬季风变化》，《中国科学》（D 辑）2006 年第 7 期。

② 张美良等：《贵州荔波地区 2000 年来石笋高分辨率的气候记录》，《沉积学报》2006 年第 3 期。

区在东汉时期气候仍具温暖湿润的气候特征。[①]

六、华南地区

湖泊的海藻沉积物中盘星藻含量变化可以反映湖泊水环境特征。盘星藻一般生活在水深 15 米以下的湖泊中，水体中它的含量在一定程度上与水质和湖水的深浅有关，水体深浅变化又在一定程度上反映了降雨量的变化，同时与季风的强弱变化也存在相关性。而降雨量变化与气温有一定关联。

海南岛盘星藻记录表明，在公元前 300 年至公元 200 年间，是一次比较重要的丰雨期，表明气候比较温暖。[②]

通过华南沿海两个钻孔剖面的孢粉分析，并用 14 种热带、南亚热带木本植物花粉含量之和与 5 种中、北亚热带和暖温带木本植物花粉含量之和的比值作为冷热变化的温度半定量曲线。可以发现，在华南地区，秦汉时期气候也有几次明显的变化。秦朝至公元前 100 年左右，气候呈现下降趋势；公元前 100 年前后至公元 100 年前后，气候一度回升；公元 100 年前后至公元 200 年左右，气候小幅下降；到了东汉末年，气候又缓慢上升。[③] 广州地区历史上气候变化与亚热带地区并不同步，亚太平洋时期广州有过一个凉期的存在（战国到汉），表示冬季风加强的结果。[④]

---

① 张强等：《重庆巫山张家湾遗址 2000 年来的环境考古》，《地理学报》2001 年第 3 期。

② 张华等：《海南岛近 2500a 来盘星藻记录的周期性气候变化》，《热带地理》2004 年第 2 期。

③ 李平日：《2000 年来华南沿海气候与环境变化》，《第四世纪研究》1997 年第 1 期。

④ 曾昭璇：《广州历史地理》，广东人民出版社 1991 年版，第 151 页。

七、华中地区

长沙马王堆一号汉墓中出土的环颈雉、斑鸠、喜鹊、麻雀等体型普遍比现代小。[①] 生物学中有一条贝格曼定律，即在气候较暖的环境中，动物体型趋向于变小。这一定律通常适用于栖息范围跨越多个纬度或经度的物种。譬如说，与栖息在低纬度地区或低地中的动物个体相比，栖息在高纬度地区或气温较低的高山区的动物个体体型略大。因此，当时的气候应该比现在温暖。[②] 孢子花粉分析表明，马王堆表土样中松属花粉含量比填土样中松属花粉含量有明显的增高，因此，现在长沙地区的气候也许比 2000 多年前的西汉时代要凉爽一些。[③]

神农架地区石笋氧同位素的记录表明，公元 380 年前的一段时期，年平均气温是近两千年的最高阶段。其中也经历了两峰两谷，公元前 600 年至公元前 110 年，公元前 110 年至公元 380 年，主要特征是迅速升温，然后缓慢下降。[④]

[①]《长沙马王堆一号汉墓出土动植物标本的研究》，文物出版社 1978 年版，第 66、69、72、73 页。

[②] 不过，同样在马王堆一号汉墓，椁室杉木每厘米的年轮平均为 13.3 个，而现在湖南各地杉木每厘米年轮平均数为 3.6 个。如果这样的话，可推断当时杉木生长速度比现在慢，气温比现在低，降水比现在少。但在测定年轮时椁室杉木晚材率又比现代杉木的完成率高，则反映出当时日照时间长，气温较高，降水较多。产生这种矛盾的原因，有待进一步研究。（《长沙马王堆一号汉墓出土动植物标本的研究》，文物出版社 1978 年版，第 93、94 页。）

[③] 胡济民：《长沙马王堆汉墓填土的孢子花粉研究及其考古意义》，《湖南地质》1993 年第 2 期。

[④] 况润元：《湖北神农架近 2000 年来的石笋气候记录》，南京师范大学 2003 年硕士论文，第 31 页。

八、关中地区

根据对秦俑一号坑沉降下陷的研究，可将一号坑下陷分三个时期。第一时期，从俑坑复土结束到俑坑被焚塌陷止，估计约四五年时间。此一时期的特点是俑坑内有足够的空间，能容纳大量的水，每一次进水，隔墙都有相应的沉降。从发掘现状来看，俑坑在未焚烧前已有大量的进水现象，进水原因导致的坍塌已经埋住了许多兵器和陶制文物。淤土厚度表明，这一时期大水灌溉的情形起码有过十多次，因而无疑也是俑坑下沉最为迅速的时期。第二时期，为俑坑焚烧塌陷以后至棚木完全腐朽止，时间较难估计，按照一般规律，需要十多年甚至二十年。此一时期内俑坑内有两种情况会影响到俑坑墙壁的沉降：一是俑坑初塌，内部结构疏松，较易容水；二是坍塌后在上部形成一些池状积水地形，一定条件下也会影响到俑坑地基。这一时期虽然较前一时期长，但隔墙的下沉程度一定小得多，原因是此一时期容水空间大大减少，水浸时间相对较少。这一时期沉降幅度比第一时期要小。第三时期，为俑坑地理变化的相对稳定时期，直贯千年历史至今。

这一时期俑坑坍塌过程似已结束，自然的冲积淤塞已使俑坑内空间无几，土质密度差异甚小，造成沉降的两个主要条件已经消失，沉降变化总体而言可以不计。综合各种因素分析，第一时期的年沉降率为 30 厘米左右，第二时期年沉降率为 2 厘米左右。一号俑坑出现淤积、沉降和坍塌，表明秦末时期，关中气候相当温暖、湿润、多雨。[①]

由于受到陵寝制度以及埋葬习俗的影响，西汉时期的帝王陵寝以及陪葬墓和陵园建设中使用了大量的木材，在西汉时期，这些木材应为就地取材。通过分析这些木材的种类，可以了解西汉时期西安地区地面植被情况以及气候状况和环境变迁。汉阳陵为西汉第四个皇帝即汉景帝刘启的陵墓，从帝陵南阙门遗址以及帝陵东侧封土葬坑、陪葬墓中提取了三个标本进行了鉴定，鉴定的结果

---

① 张仲立：《秦俑一号坑沉降与关中秦代气候分析》，《秦文化论丛》1996 年年刊。

为铁杉属和松属硬松木材两类。[①] 在中国大陆地区，铁杉属分布在亚洲季风区的 85.9°E—119.4°E、23.9°N—34.0°N 之间地区，年降水量范围为 720mm—2103mm，平均值为 1457mm，生长季降水量范围为 635mm—1489mm，平均值为 1028mm。整体上，铁杉属分布区的水分条件优越，环境湿润。铁杉属分布区的年均温度范围为 5.8℃—18.2℃，平均值为 13.1℃，冬季月均温度为-2.7℃—11.5℃，年最冷月均温为-3.7℃—10.9℃，年最暖月均温为 13.0℃—28.2℃，气温年较差为 9.7℃—25.4℃。亚洲季风区气候温暖，降水条件能满足铁杉属的生长，气温条件，尤其是冬季月均温、年最冷月均温和气温年较差成为铁杉属在东亚季风区生长的限制条件。[②] 这表明，在西汉初年，西安一带气候温暖，降水较多。

[①] 李库等：《汉阳陵考古发掘出土西汉时期木材的树种鉴定》，广西壮族自治区博物馆等编：《全国第十届考古与文物保护化学学术研讨会论文集·文物保护研究新论》，文物出版社 2008 年版。

[②] 杨青松等：《亚洲季风区铁杉属现代分布区及其气候特征》，《云南植物研究》2009 年第 5 期。

第二章
秦汉时期的水环境

第一节　秦汉时期的降水情况

气候变化与降水之间存在密切关系，张家诚研究表明，年均气候变化 1℃，年均降水也会发生 100 毫米左右的波动。[1] 王开发等人的研究也表明气候变化导致了降水的变化。[2] 研究降水情况，可以依靠干湿情况以及考古与文献等资料来综合分析。

一、干湿状况反应的降水情况

衡量一个时期或地区的气候，干湿状况是一个重要指标。对于历史时期干湿状况的研究，必须要对历史时期旱涝资料进行参数化处理。目前历史旱涝资料参数化的方法一般有比值法、湿润指数法、差值法和旱涝等级法等。其中比较常用的是湿润指数法和旱涝等级法。

湿润指数法是从概率统计观点出发，把所研究地区在某个时期内的若干府、州（县）发生的水旱次数当作水旱事件的总体，而把收集到的水旱记录次数看作总体的样本。把历史资料本身存在漏记、断缺、散失等情况当作随机的，现存的水旱记载被看作历史上发生的水旱中的一个随机样本。因此统计所得的水旱灾害的比值可以看作总体的水旱比值的统计数值。计算公式如下：

$I = F \times 2 / (F + D)$

式中 I 为湿润指数，它介于 0 到 2 之间；F 为某区某年的水灾记载次数；

---

[1] 张家诚：《气候与人类》，河南科学技术出版社 1986 年版，第 124—125 页。

[2] 王开发等：《根据孢粉分析推断上海地区近六千年以来的气候变迁》，《大气科学》1978 年第 2 期。

D 为相应的旱灾次数。当水旱记载数相等时，I 为 1。①

这一时期对历史气候资料的记载并不详细，有些干旱记录还值得分析，②因此，我们不可能完全得出这一时期气候的干湿真实状况，但在一定时期内若干干湿的基本情况还是可以反映出来的。

公元前 205 年至公元前 190 年。这几年有关气候资料记载比较少，只是公元前 193 年和公元前 190 年记载有干旱，气候偏干燥。

公元前 189 年至公元前 161 年。这些年有水灾记录 6 次、旱灾 3 次，湿润指数为 1.33，处于比较明显的湿润阶段。

公元前 160 年至公元前 87 年。这一阶段有水灾 4 次、旱灾 15 次，此外还有与旱灾没有重合的蝗灾 10 次，考虑到蝗虫灾害基本上是由于旱灾引起的，所以也可将有蝗虫灾害的年份算作旱灾，这样下来，这一时期的湿润指数为 0.28，属于比较明显的干旱阶段。不过这一时期干旱主要集中在这一阶段的后期，也就是武帝元鼎之后，即公元前 115 年后。

公元前 86 年至公元前 7 年。这一阶段有水灾 17 次、旱灾 11 次，湿润指数为 1.21，属于干湿均匀阶段。

公元前 6 年至公元 24 年。这一阶段有水灾 1 次、旱灾 7 次，湿润指数为 0.25，属于干旱阶段。

公元 25 年至公元 55 年。也就是在光武帝统治期间，有水灾 8 次、旱灾 11

---

① 龚高法等编著：《历史时期气候变化研究方法》，科学出版社 1983 年版，第 46 页。当然，运用这个方法有一定的局限性。在人口密度较低，湖泊河流沼泽较多的时期，人们对干旱的感受较深。故人们对干旱记载较多，对水灾记载较少。当人口增加，人口密度上升，围湖造田导致排水不畅，水灾记载就多起来。这种情况越到后期表现越明显，历史上一些地区旱灾记载次数在不同时期变化不大，但是水灾差距很大，其道理便是如此。故而运用湿润指数法这种方法时要考虑到其局限性。

② 实际上，随着农业上的进步，熟制的变化，在一年一季收获农作物时，有些灾害可能不是灾害，但当农作物变为二年三熟或者一年二熟时，灾害的记录可能会提高。因此在运用这个方法时候还要考虑到不同年代农作物种植制度的变化。

次，加上有记载旱灾的蝗灾年份 3 年，时间上可看作旱灾为 14 次，湿润指数为 0.73，属于偏干阶段。

公元 56 年至公元 97 年。这一阶段有水灾 5 次、旱灾 19 次，加上没有记载旱灾的蝗灾年份 4 年，实际上可看作旱灾为 23 次。湿润指数为 0.36，属于干旱阶段。

公元 98 年至公元 144 年。这一阶段有水灾 21 次、旱灾 25 次，加上没有记载旱灾的蝗灾年份 2 年，实际上可以看作旱灾有 27 次，湿润指数为 0.88，基本属于偏干时期，但这一阶段水旱不均匀，这一阶段的前期气候湿润，后期气候偏干。

公元 145 年至公元 220 年。这一阶段有水灾 25 次、旱灾 20 次，加之没有记载旱灾的蝗灾年份 7 年，基本上可以判断旱灾为 27 次。湿润指数为 0.96，属于水旱均匀时期。这一阶段气候波动比较大，后期多雨。

二、文献与考古所反映的秦汉时期降水情况

秦汉时期降水的变化，可以通过文献与考古等材料来推断。秦人在建造始皇陵时，为了防止山洪冲击始皇陵，筑起了防洪大堤，使雨水流入渭河。这道防洪堤的修建，表明此地区水系较发达，降雨量较多，并经常引发山洪。

在秦始皇兵马俑的一号坑和二号坑发掘过程中，发现了厚薄不均的淤泥。一号坑底部普遍覆盖着厚 10—44 厘米的淤泥，约可分为 10—14 层。从一号坑的土层叠压情况来看，隔墙的坍塌土覆盖在坑底的淤泥上；红烧土和炭迹压在隔墙土上面，坍塌土的表面被火烤红，其下为纯黄色土。凡是被隔墙塌土掩埋的遗物，不见被火烧的迹象。这表明淤泥土层的形成时间最早。始皇陵从建成到地面建筑被焚烧，时间比较短。在如此短的时间形成多层次较厚的淤泥，说明当时的降雨量很大。由于有防洪堤的阻挡，外面的水不可能进入陵区。因而当年必有两种特殊情况：一是雨下得大，来不及渗入地下或排入其他地区，形成洪积现象；二是大雨频繁，在俑坑建成之初几年内即有至少十多次大的降水。这表明当时气候是和暖、湿润的，降水量比较大。

此外，在秦始皇兵马俑二号坑西部约 150 米处的自然露头，经过清除表面的风化层和向下部挖掘，清理出 259 厘米厚的地层表面，根据岩性变化，可分为 7 层。根据磁化率以及蜗牛化石组合综合分析，从 80 厘米到 50 厘米（对应

春秋战国到秦汉历史时期），年均温度和年均降水量开始下降，年均温度下降到 12℃—13℃左右，年均降水量降到 600 毫米至 1700 毫米。尽管这一时期处于降温过程，但气候状况仍然比现在温暖湿润，平均年降水量仍比现在高出50 毫米至 100 毫米。[①]

青海都兰地区的树木年轮表明，公元 51 年至 375 年之间是一个比较长的干旱时期。[②]

西汉末年鸿隙大陂的遭遇，是秦汉时期降水变化的一个很好事例。史书记载："初，汝南旧有鸿隙大陂，郡以为饶，成帝时，关东数水，陂溢为害。方进为相，与御史大夫孔光共遣掾行视，以为决去陂水，其地肥美，省堤防费而无水忧，遂奏罢之。及翟氏灭，乡里归恶，言方进请陂下良田不得而奏罢陂云。王莽时常枯旱，郡中追怨方进，童谣曰：'坏陂谁？翟子威。饭我豆食羹芋魁。反乎覆，陂当复。谁云者？两黄鹄。'"[③] 这个材料表明，在西汉前期，汝南地区降水比较丰富，鸿隙大陂的一些堤防反而不利于排水，所以翟方进等人毁掉了这些堤防；但是到了王莽时期，由于干旱，需要蓄水，以前毁掉堤防的地方又常觉得蓄水不方便。这说明这一时期西汉到王莽时期，降水有减少的趋势。

王莽末年，"六年枯旱"，其结果之一就是降水不足，导致有些河流断流，《续后汉书》记载："温，苏子所都。济水出，王莽时大旱，遂枯绝。"[④] 考古资料表明在西汉末年、东汉初年前后的持续性干旱是柴达木盆地过去 2800 年

[①] 李秀珍等：《秦兵马俑坑附近剖面全新世气候记录及春秋——秦汉历史时期气候环境》，秦始皇兵马俑博物馆编：《秦俑秦文化研究》，陕西人民出版社 2000年版。

[②] 王树芝：《青海都兰地区公元前 515 年以来树木年轮表的建立及应用》，《考古与文物》2004 年第 6 期。

[③]《汉书·翟方进传》。

[④]《续后汉书·郡国志一》。

内最严重的极端干旱事件。①

　　东汉末年，"天子走陕，北渡河，失辎重，步行，唯皇后贵人从，至大阳，止人家屋中。献帝纪曰：初，议者欲令天子浮河东下，太尉杨彪曰：'臣弘农人，从此已东，有三十六滩，非万乘所当从也。'刘艾曰：'臣前为陕令，知其危险，有师犹有倾覆，况今无师，太尉谋是也。'乃止。及当北渡，使李乐具船。天子步行趋河岸，岸高不得下，董承等谋欲以马羁相续以系帝腰。时中宫仆伏德扶中宫，一手持十匹绢，乃取德绢连续为辇。行军校尉尚弘多力，令弘居前负帝，乃得下登船。其余不得渡者甚众，复遣船收诸不得渡者，皆争攀船，船上人以刃枥断其指，舟中之指可掬"②。这说明在东汉末年，降水减少，黄河水量减少，三门峡通行难度增加，并可能一度中断；从"天子步行趋河岸，岸高不得下"可知当时河水流量比以前要减少。③ 刘振和指出，公元初至公元180年，黄河壶口年径流量，在原有600多亿立方米基础上略有下降，公元180年后的350年，黄河壶口年径流量下降到360亿立方米，几乎降到了近四千年以来黄河水量的最低点。④

　　此外王邨等人研究了历史时期中原地区的降水情况，在秦汉时期，公元前221年至公元前90年，为干旱少雨的阶段；公元前89年至公元4年，为降水较多的阶段；公元5年至公元91年，为降水较多的阶段；公元92年至公元220年为湿润多雨的阶段。⑤

　　总之，随着气候的变化，秦汉时期，降水也有一定的变化。

---

① 黄磊等：《树轮记录的青海柴达木盆地过去2800年来的极端干旱事件》，《气候与环境研究》2010年第4期。

②《三国志·魏书·董卓传》。

③ 王邨等：《近五千余年来我国中原地区气候在年降水量方面的变迁》，《中国科学》（B辑）1987年第1期。

④ 刘振和：《中国第二寒冷期古气候对黄河水量的影响》，《人民黄河》1993年第6期。

⑤ 王邨编著：《中原地区历史旱涝气候研究和预测》，气象出版社1992年版，第75页。

第二节 秦汉时期海平面与湖泊的变化

一、海平面变化

秦汉时期，海平面比现今高。[1] 史书记载，渤海湾在西汉后期，发生过两次"海溢"现象。汉元帝初元元年（公元前48年），"其五月，勃海水大溢"[2]。初元二年（公元前47年），"北海水溢，流杀人民"[3]。王莽时期的大司空掾王横曾说："往者天尝连雨，东北风，海水溢，西南出，浸数百里，九河之地已为海所渐矣。"[4] 研究认为：大约在西汉晚期，渤海又开始出现一次新的由于海面上升的波动。东汉时期渤海海面最大高程为3米多，使战国至西汉的文化遗存重新被海水淹没，影响的范围比全新世中期海进要小。[5] 有学者认为是地震导致的大海浸，海浸引起渤海西岸西移，后来地壳又上升，海水后退，又逐渐恢复到原来的状况。[6] 当然也有学者认为渤海湾西部在东汉末年并

---

① 王靖泰、汪品先：《中国东部晚更新世以来海面升降与气候变化的关系》，《地理学报》1980年第4期。

②《汉书·天文志》。

③《汉书·元帝纪》。

④《汉书·沟洫志》。

⑤ 高善明、李元芳：《渤海湾北岸距今2000年的海面波动》，《海洋学报》1984年第1期。

⑥ 陈可畏：《论西汉后期的一次大地震与渤海西岸地貌的变迁》，《考古》1979年第2期。

不存在海侵现象。① 但王守春认为西汉时期在莱州湾沿岸滨海地带设置的诸县在东汉时期被废弃，东汉时期，渤海西部和南部沿海地区诸郡国的县均人口数量居全国之首，其原因是海水侵入，导致滨海地带人口向内迁移，原先最临近滨海地带的县被废弃，使相对位于内地的县均人口数量大幅度增加。同时，考虑到《水经注》中记载的有关史实，此次海侵持续时间至少在一个半世纪以上。② 此外，渤海西岸发现天津郊区、黄骅北部和宁河南部仅见战国和西汉的遗存，而不见西汉晚期和东汉的遗存，再迟的就是唐宋时期遗物，文化的发展存在着不连续性，中间突出的割裂现象，可以用西汉末年遭受到的一次特大自然灾害——海侵来解释。经试掘和钻探发现，平原上的四座西汉晚期古城在西汉末年全部废弃，而且在目前所发现的汉代遗址上普遍覆盖有海生动物介壳遗骸的黑土层。整个渤海湾西岸平原，包括宁河、天津、静海的全部，宝坻、武清的东部，大致在 4 米等高线以下的范围可以看见自然灾害破坏的痕迹，所有遗址都被废弃，今距海 150 千米以上的雍奴故城和文安古城年代下限亦止于此期。上述证据足以说明西汉以后海水重返沿海低地，形成海侵灾害并导致整个天津平原西汉文化陷落的历史事实。③

　　实际上这次大海侵的证据很多，在辽东地区，据《水经注》卷五《河水五》记载："汉司空掾王璜言曰：往者天尝连雨，东北风，海水溢，西南出，侵数百里。故张君云：碣石在海中，盖沦于海水也。昔燕、齐辽旷，分置营州，今城届海滨，海水北侵，城垂沦者半。王璜之言，信而有征，碣石入海，非无证矣。"可见，汉代营州在这次海侵中，大部分都被淹没了。又据《水经注》卷一四《濡水》记载："齐桓公二十年，征孤竹，未至卑耳之溪十里……今自孤竹南出则巨海矣。而沧海之中，山望多矣，然卑耳之川，若赞溪者，亦

---

① 陈雍：《渤海湾西岸东汉遗存的再认识》，《北方文物》1994 年第 1 期；《渤海湾西岸汉代遗存年代甄别——兼论渤海湾西岸西汉末年海侵》，《考古》2001 年第 11 期。

② 王守春：《公元初年渤海湾和莱州湾的大海侵》，《地理学报》1998 年第 5 期。

③ 韩嘉谷：《西汉后期渤海湾西岸的海侵》，《考古》1982 年第 3 期；韩嘉谷：《再谈渤海湾西岸的汉代海侵》，《考古》1997 年第 2 期；汤卓炜：《环境考古》，科学出版社 2004 年版，第 284 页。

不知所在也。昔在汉世，海水波襄，吞食地广，当同碣石，苞沦洪波也。"这也说明辽东沿海地区，很多地方都已沦陷在海中。

申洪源等根据盐城地区东汉至明代古水井变化，指出盐城地区自东汉至明代海面变化总的趋势是上升的，但存在 200 年尺度的升降波动，期间有 4 次峰值和 3 次谷值，其中秦汉时期为高海面时期。硕项湖的变化也可以反映出这一时期海平面变化。硕项湖为苏北平原上的一个大湖，大致位于今阜宁县境内。据《太平寰宇记》卷 22 记载，北齐天统年间，"此湖遂竭，西南隅有小城，遗址犹存，绕城有古井数十处，又有铜铁瓦器……乃知城没非虚"。这条记载反映出该地区在秦汉时代为陆，而后被水淹没，直至北朝时期湖底出露，湖水干涸的原因应与海面下降、河流侵蚀基准面有关。[①]

在江苏射阳湖地区，"射阳湖东部临海在秦汉就设县，四县有大量汉代遗址，但是在汉代遗址之上很多遗物是唐宋之后的"[②]。在洪泽湖地区的遗址调查之中，发现了青莲岗文化遗址以及汉代、宋代遗址。这一地区汉代文化遗址很多，但在汉代遗址之上是隋代以后的文化遗址。这表明这一地区的遗址在魏晋出现了文化断层。[③]

在江苏北部的赣榆县境内，地表有 4 条大体与海岸线平行、大致为南北走向的沙堤或含贝壳沙堤分布，在大沙村沙堤两侧秦汉以前的文化遗存为后来的海相淤泥层所覆盖，说明大约在秦汉时期，海水有过一次较大规模的西侵。从古遗址分布情况来看，据不完全统计，上海境内春秋战国时的遗址有 16 处，而西汉时期的仅 2 处，近海戚家墩遗址的人类居住时间恰在西汉中期之前；张家港市境内西汉中期之前的遗址有十处之多，而西汉晚期的遗址仅有一处。从苏北的古遗址分布情况来看，战国时代，人们尚可在较低的地方活动，西汉时期聚落、墓地都迁往高处了。盐城麻瓦坟遗址实际上没能长期作为汉盐渎县的治所，遗址上缺少西汉晚期到东汉时期的遗存，分布在盐渎县以南的墓葬也大多为西汉早中期的遗存，西汉晚

① 申洪源、朱诚：《盐城地区东汉至明代古水井变化与海面波动 NSH》，《海洋地质动态》2004 年第 3 期。

② 黎忠义、尤振尧：《江苏射阳湖周围考古调查》，《考古》1964 年第 1 期。

③ 尹焕章等：《洪泽湖周围的考古调查》，《考古》1964 年第 5 期。

期的极少。盐城县址很可能是西汉中期以后内迁的盐城治所，可能是因旧县址水患严重而西迁。这说明在这一带由于海平面上升而导致许多定居点被放弃。[①]

广州西湾路旧水泥厂发掘出汉代及南朝墓葬群，中间的历史跨度有六七百年。但缺失了西汉中晚期及东汉和两晋时期的历史遗迹。广东西樵山遗址表明，在距今 2500 年至 2000 年前，又发生了一次幅度较小的海侵，造成了地面下 1 至 3 米处的含汉代遗物、现代动植物遗骸的淤泥、泥炭层以及它上面的大约自唐宋以来沉积的粉砂壤土层。[②]

由此看来，在全国沿海地区，西汉晚期都发生海侵，海侵发生的原因则是西汉晚期海面上升，这次海面上升与前期较暖的气候有关。这一次高海面大约从西汉晚期持续到晋朝。

二、湖泊变化

历史时期，由于气候波动和人类活动，湖泊也处于不断变化之中。过去三千年来，中国湖泊扩张时期之一是发生在公元前 500 年至公元初年，其主要原因是气候波动与洪水事件。[③]

北京地区昆明湖，距今 2300 年至 900 年间，湖区水量减少，湖水变浅，湖面缩小。[④]

西北地区在秦汉时期还存在较多湖泊，《史记·匈奴列传》记载，汉文帝时期，大臣们都认为："单于新破月氏，乘胜，不可击。且得匈奴地，泽卤，非可居也。和亲甚便。"可知匈奴所居之地，湖泽比较多。其中较大的湖泽有

---

① 贺云翱：《夏商时代至唐以前江苏海岸线的变迁》，《东南文化》1990 年第 5 期。

② 黄慰文等：《广东南海县西樵山遗址的复查》，《考古》1979 年第 4 期。

③ Jin-Qi Fang：《Lake Evolution during the Last 3000 Years in China and Its Implications for Environmental Change》，《Quaternary Research》（Volume 39，Issue 2，March 1993）.

④ 张丽华、李钟模：《北京地区 3500a 来的气候与环境变迁——兼论昆明湖的沧桑》，《中国煤田地质》2003 年第 5 期。

盐泽、申屠泽、居延泽、休屠泽。《汉书·地理志》记载："武威郡，休屠泽在东北，古文以为猪野泽……张掖郡，居延，居延泽在东北，古文以为流沙……敦煌郡，有蒲昌海……朔方郡，朔方，金连盐泽、青盐泽皆在南。屠申泽在东……五原郡，蒲泽。"

又《汉书·西域传》记载："蒲昌海，一名盐泽者也，去玉门、阳关三百余里，广袤三四百里。其水亭居，冬夏不增减，皆以为潜行地下，南出于积石，为中国河云。"考古发现，秦汉时期，毛乌素沙地中的大多数古城池都建在当时的绿洲之中，可知当时水资源比较丰富。[1]

秦汉时期，洞庭湖水域也发生了一定变化。历史上洞庭湖的水面积发生过多次显著变化，其原因主要在于泥沙在湖底的淤积，以及江湖水位的抬升；另外，湖泊面积还随着人类在湖区的筑堤围垦工程的兴衰而发生缩小或扩大。对于不同历史时期的湖泊面积，可依历史文献中较为翔实、严格的记载加以分析和估算。

全新世开始至三四千年前的新石器时代，洞庭湖湖区在形态上继承了上更新世河网交错的平原地貌性质，为新石器时代的人类活动提供了极其广阔的活动场所。中华人民共和国成立以来，洞庭湖区范围内各县，尤其是位于湖区中心的沅江、南县、安乡等市、县的漉湖、钱粮湖、大通湖一带，有不少新石器时代遗址发现。新石器时代的人们在选择居住地的时候有个重要特点，就是喜欢选择在河流旁边的二级阶地上居住，这样既利于生产、生活用水，又可以避免遭受洪水的袭击，还能够方便交通往来。因此，单从今洞庭湖区中心地带分布有众多的新石器文化遗址这一点，我们就大体可以推断当时的洞庭湖地区应当不存在一个浩渺的巨大水体。

对先秦两汉时期的一些文献资料的综合分析也可以证实这一点。

有关平原景观的文献材料：

《庄子·天运》："帝张咸池之乐于洞庭之野。"

《庄子·至乐》："咸池九韶之乐，张之洞庭之野。"

庄子所谓"洞庭之野"，有可能是指今洞庭湖一带的平野景象，也有可能是指当时位置较远的洞庭地区。

《楚辞·九歌》："袅袅兮秋风，庭波兮木叶下。"表明当时湖尚未形成，

或者仍属于无名小湖。

有关湘资沅澧诸水交汇分流入江的文献材料：

战国楚怀王六年（公元前 323 年）所制《鄂君启节》铭文："自鄂往，上江，入湘，入资、沅、澧、油。"

由这些文献可知先秦两汉时期的洞庭湖平原河网密布，还没有形成大湖。西汉初年的《淮南子》没有记载洞庭湖之名，但《山海经·中山经》则记载："又东南一百二十里曰洞庭之山，帝之二女居之，是常游于江渊，澧沅之风，交潇湘之渊。"《山海经·海内东经》还记载："沅水出象郡镡城西，入下隽西，合洞庭中……湘水出舜葬东南，西环之，入洞庭下，一曰东南西泽。"说明秦汉之际，洞庭湖已扩大到湘水岳阳河段。[1]

到了东汉时期，《汉书·地理志》："湘水……北至（鄀）〔下隽〕入江；资水……东北至益阳入沅；沅水东南至益阳入江；澧水……东至下隽入沅。"而《水经注·湘水》："湘水……又北过下隽县西……又北至巴丘山，入于江；资水……又东北过益阳县北，又东与沅水合于湖中，东北入于江也；沅水……又东至长沙下隽县西北，入于江；澧水……又东至长沙下隽县西北，东入于江。"表明，西汉时期洞庭湖的面积要比东汉早期要大。

总之，在先秦秦汉时期，洞庭地区属河网交错的平原地貌，虽然局部有大小不等的湖泊存在，但大范围浩渺的水面却尚未形成。[2]

太湖约形成于距今 6000 年至 5000 年之前，太湖形成之后，水域逐渐扩大。[3] 太湖地区很早就有居民在此生活，留下了许多文化遗存。东湖底发现有新石器时代的文物，有古代石道、路等；吴县光福、无锡南方泉、吴县青口岸外 200—300 米处的湖底也发现有新石器时代的文物；湖州太湖岸边至水域 500—1000 米处发现有秦汉时代合抱粗的古柏树；宜兴县现有已淹没在湖中

① 谭其骧：《云梦与云梦泽》，《复旦学报》（社会科学版）1980 年（增刊）。

② 张修桂：《洞庭湖演变的历史过程》，《历史地理》创刊号，上海人民出版社 1981 年版；周宏伟：《洞庭湖变迁的历史过程再探讨》，《中国历史地理论丛》2005 年第 2 期；卞鸿翔：《历史上洞庭湖面积的变迁》，《湖南师范大学自然科学学报》1986 年第 2 期。

③ 景存义：《太湖的形成与演变》，《南京师大学报》（自然科学版）1988 年第 3 期。

200 米处水下的岸边道路和石桥。① 青浦县骆驼墩遗址文化层中有汉墓，还被明清时代的墓所扰乱。② 这些都说明太湖是在不断扩大的。到东汉初年，太湖沿岸的水域达到"三万六千顷"③。

先秦的历史文献之中，常常出现"云梦"与"云梦泽"两个词汇，以致有些研究者认为是同一个区域。据历史文献记载，这两个概念既有一定的相关性又是两个不同的概念。④

"云梦"泛指春秋战国时期楚王的狩猎区，包括山地、丘陵、平原和湖泊等多种地貌形态，范围相当广阔，基本上包括今湖北东南大部。"云梦泽"则专指狩猎区的湖沼。根据钻探的研究表明，"江汉—洞庭盆地间不存在一个统一的古湖，即所谓的跨江南北的古云梦泽"⑤，先秦时期的云梦泽只在荆江北岸的江汉平原境内。

秦汉时期，由于荆江三角洲不断向东发展，形成江汉陆上三角洲。因此，汉代在这里设置了华容县。县的设置是三角洲的扩展和经济发展的必然结果。这时期江汉地区的云梦泽，大体被分割为西北和东南两部分。《汉书·地理志》南郡华容县有记载："云梦泽在南，荆州薮。"秦汉时期云梦泽的主体在当时南郡华容县的南境。其东北，虽属云梦泽，但均以沼泽形态为其主体。东汉末，曹操兵败至乌林，"引军从华容道步归，遇泥泞，道不通，天又大风，悉使羸兵负草填之，骑乃得过。羸兵为人马所蹈藉，陷泥中，死者甚众"⑥。这说明，这里有可以供"步归"的华容道，但土质还比较松软，一下雨道路泥泞，淤泥很深。

黄淮平原属于华北大平原的一部分，自第三世纪以来不断下降，并由于河流沉积物的填充，形成今日的冲积平原。当时黄河下游，并没有河堤的约束，河道在太行山以东、泰山以西的冲积平原自由泛滥漫流，由于黄河含沙量太

---

① 景存义：《太湖的形成与演变》，《南京师大学报》（自然科学版）1988 年第 3 期。

② 黄宣佩、杨辉：《上海青浦县的古文化遗址和西汉墓》，《考古》1965 年第 4 期。

③《越绝书》卷二。

④ 谭其骧：《云梦与云梦泽》，《复旦学报》（社会科学版）1980 年（增刊）。

⑤ 蔡述明等：《跨江南北的古云梦泽说是不能成立的——古云梦泽问题讨论之二》，《海洋与湖沼》1980 年第 2 期。

⑥《三国志·魏书·武帝纪》引《山阳公载记》。

大，河流流经地形成了许多自然堤和河道旁的背河洼地，特别是西岸与太行山流下来的东西向河流在低洼处交互沉积，而形成一系列湖泽洼地，这样形成了一系列的湖泽。这些湖泽陂塘，其主要水源来自黄河及其支流的补给，以后黄河筑堤或者改道，水源显著减弱，甚至断绝，这些湖泽就变成了平地。有的水源地虽然没有改变，但由于下游出水口受到黄河泥沙的淤积，出水不畅，也变成了平地。有的大湖，受到黄河泥沙淤积而被分割成小湖，最后由于蒸发量过大或者开垦而成为平地。[①]

秦汉时期，黄淮平原上的湖泽有 40 余个，主要分布如下。

河北平原北部：谦泽（三河西）、夏泽（香河北）、西湖（北京西南）、督亢泽（固安、新城间）、鸣泽渚（涿县西北）、曹河泽（徐水西）、蒲水渊（完县北）、蒲泽（正定东）、天井泽（安国南）。

河北平原东南部：广麋渊（束鹿西南）、泜湖（宁晋东南）、澄湖（鸡泽东）、鸡泽（永年东）、清渊（邱县东）、泽渚（枣强北）、泽薮（武邑、阜城间）、郎君渊（武邑北）、白鹿渊（乐陵西南）、柯泽（阳谷东北）、巨鹿泽（隆尧、任县间）、武强渊（武邑西北）、张平泽（高唐东）。

豫东北鲁西南：大陆泽（修武、获嘉间）、黄泽（汤阴东）、乌巢泽（封丘西）、菏泽（定陶东北）、蒙泽（嘉祥西北）、薛训渚（嘉祥北）、泽渚（东平南）、湄湖（长清西南）、澶渊（濮阳西）、阳清湖（延津东）、白马渊（封丘西南）、雷泽（菏泽、甄城间）、大野泽（巨野、郓城间）、黄湖（巨野东北）、孟渚泽（单县、商丘间）、丰西泽（丰县西）。

鸿沟以西地区：李泽（荥阳西）、荥泽（荥阳东）、黄渊（郑州西北）、莆田泽（郑州、中牟间）、中牟泽（中牟东）、牧泽（开封东南）、龙渊（长葛西北）、大泽（通许西南）、洧渊（新郑西）、高桥渊（中牟南）、清口泽（中牟西南）、博浪泽（中牟北）。

汴颍间淮河中游地区：蒙泽（商丘东北）、乌兹渚（灵璧北）、空桐泽（虞城东南）。

汴颍间淮河上游地区：泽薮（蒙城北）、泽渚（界首北）、阳湖（淮南东南）、东台湖（寿县东南）、湄湖（怀远西南）。

---

① 张民服：《黄河下游段河南湖泽陂塘的形成及其变迁》，《中国农史》1988 年第 2 期。

　　沿海平原地区：雍奴薮（天津宝坻间）、平州渊（博兴南）、射阳湖（建湖西）、白马湖（宝应西南）、樊梁湖（高邮西北）、陆阳湖（高邮南）、武广湖（高邮西南）、津湖（宝应西南）、博芝湖（兴化北）、别画湖（潍坊东北）、巨淀湖（广饶东）。

　　此外，还有一些人工湖泊，大概有150余处。①

　　秦汉时期，由于黄河时常决堤，黄河沿岸的一些湖泽，由于泥沙淤积，面积有所缩小。内黄县有个黄泽，先秦以来就是河北平原上的重要湖泊，西汉末魏郡太守将湖滩地租给人民，以收赋税，民"起庐舍其中"，由湖滩变成耕地，由此减少了平原蓄水面积。②此外，中牟附近的莆田泽等，也出现淤积现象，"鲁恭为中牟令，宿讼许伯等争陂泽田，积年州郡不决"③。这些陂泽田反映当时这一带的湖泽出现淤积，产生无主田，因而产生了纠纷。

　　先秦时期关中水环境十分优越，关中地区有焦获泽、弦蒲泽、尧神池、扬纡、灵沼、滮池、饮凤池、滈池、饮马池等。这一时期史籍中记载湖泊数量不多，但面积较大，《尔雅·释地》记载全国十大湖泊中，关中地区就有两个。此外，在河道附近，依靠河水补给，周围有众多中小湖泊分布。秦汉时期，文献中记载的关中湖沼数量增加，有湖沼52处，比先秦时期9处多了43处；这些不一定是水资源的增加引起的，主要原因是文献记载详细而已。与先秦相比，秦汉时期关中湖沼面积大为缩小，先秦时期，周回超过20里的湖沼占全部的56%；而秦汉时期，只有不到10%。先秦时期，天然湖沼占全部的78%；秦汉时期，天然湖泊只占27%左右。秦汉时期，全国性的大泽如焦获泽和弦蒲泽已记载不明确，极可能已经消失。④

　　不过秦汉时期，关中地区水环境仍然比较好。昆明池是汉武帝时期修筑的人工湖，在元狩三年（公元前120年），"发谪吏穿昆明池"⑤。此后，昆明池还

---

① 邹逸麟：《黄淮海平原历史地理》，安徽教育出版社1997年版，第164—169页。

②《汉书·沟洫志》。

③《东观汉记》卷一三。

④ 赵天改：《关中地区湖沼的历史变迁》，陕西师范大学2001年硕士论文，第10—16页。

⑤《汉书·武帝纪》。

经过了多次扩大，"是时粤欲与汉用船战逐，乃大修昆明池，列馆环之。治楼船，高十余丈，旗织加其上，甚壮。于是天子感之，乃作柏梁台，高数十丈。宫室之修，繇此日丽"①。这一时期的昆明池可以停泊高十余丈的楼船，可见昆明池的水比较深。此外，昆明池的面积比较大，"通过钻探和测量，得知昆明池遗址大体位于斗门镇、石匣口村、万村和南丰村之间，其范围东西约 4.25 公里，南北约 5.69 公里，周长约 17.6 公里，面积约 16.6 平方公里"②。昆明池的水源，除了自然降水可以补充一部分水源之外，还有一些人工河流将附近河水引入昆明池中。据《水经注》卷一九《渭水》记载："沆水又西北，左合故渠，渠有二流，上承交水，合于高阳原，而北迳河池陂东，而北注沆水。沆水又北与昆明故池会，又北迳秦通六基东，又北迳碣水陂东，又北得陂水，水上承其陂。东北流入于沆水。沆水又北迳长安城西，与昆明池水合。水上承池于昆明台，故王仲都所居也。"可见，昆明池还将交水等作为其水源补充。

昆明池以北的不远处，还有两个与之相连的水池——滈池和潏池，这样一来，昆明池一带水域面积更大。《水经注》记载："渭水又东北，与镐水合，水上承镐池于昆明池北……镐水又北流，西北注，与潏池合。水出镐池西，而北流入于镐。"明确记载了昆明池与滈池、潏池是呈南北分布且相连的三个水池，即滈池在昆明池之北，潏池在滈池之北；滈池之水承昆明池而流入潏池，最后，潏池之水流入滈水。

昆明池的修建，即是在汉长安城西南高地上形成了一个巨大的水面，改善了自身及周边的生态环境。其以人工湖水面为主景，布设楼台亭阁，融人工建筑于自然山水之中，形成河湖水面一望无际，殿阁亭台倒映湖中，与回廊、绿树、鲜花、雕刻交相辉映，绚丽异常的景象给长安城郊区带来了特别优美的人工环境。③

---

①《汉书·食货志》。

② 刘振东、张建峰：《西安市汉唐昆明池遗址的钻探与试掘简报》，《考古》2006 年第 10 期。

③ 李令福：《汉昆明池的兴修及其对长安城郊环境的影响》，《陕西师范大学学报》（哲学社会科学版）2008 年第 4 期。

第三节 秦汉时期的水环境与生计

秦汉时期，水资源相对丰富，众多的河流、湖泊为人民提供了各种生计之需。秦汉时期，渔采是人们生计方式主要的补充之一。吕思勉先生指出："渔、猎、畜牧、种树之利，皆较田农为饶……当时山泽多为豪强所占，古贫民享其利者甚寡，惟南方生业，不如北方之盛，故人民犹能分享其利焉。"① 侯旭东先生也指出："秦汉时期，北方气候比较湿润，野生动植物丰饶，渔猎与从商一道成为田作之外民众的其他谋生手段。"② 此外，由于能以渔采补充生计，封建统治者也往往将湖泊作为国家财富的来源之一。《汉书·食货志下》中指出："诸取众物、鸟、兽、鱼、鳖、百虫于山林、水泽及畜牧者，嫔妇桑蚕、织纤、纺绩、补缝，工匠、医、巫、卜、祝及它方技、商贩、贾人坐肆、列里区、谒舍，皆各自占所为于其所之县官，除其本，计其利，十一分之，而以其一为贡。敢不自占、自占不以实者，尽没入所采取，而作县官一岁。"此外还说："名山、大泽，饶衍之臧。"东汉时也规定："其郡有盐官、铁官、工官、都水官者，随事广狭置令、长及丞，秩次皆如县、道，无分土，给均本吏。本注曰：凡郡县出盐多者置盐官，主盐税。出铁多者置铁官，主鼓铸。有工多者置工官，主工税物。有水池及鱼利多者置水官，主平水收渔税。"③ 在这种意义上，《盐铁论·刺权》中大夫指出："今夫越之具区，楚之云梦，宋之钜野，齐之孟诸，有国之富而霸王之资也。"

秦汉时期，渔采是农民生计的重要补充手段。由于湖泽物产丰富，秦汉时

---

① 吕思勉：《秦汉史》，上海古籍出版社 1983 年版，第 554 页。

② 侯旭东：《渔采狩猎与秦汉北方民众生计——兼论以农立国传统的形成与农民的普遍化》，《历史研究》2010 年第 5 期。

③《续后汉书·百官志五》。

期，许多民众为逃脱官府控制，往往藏匿在湖泽之中。《史记·项羽本纪》记载："秦二世元年七月，陈涉等起大泽中。"而《史记·陈涉世家》则记载："二世元年七月，发闾左谪戍渔阳，九百人屯大泽乡。"可见当时的大泽乡附近应有大泽。《史记·彭越列传》记载："彭越者，昌邑人也，字仲。常渔巨野泽中，为群盗。陈胜、项梁之起……居岁余，泽间少年相聚百余人，往从彭越。"当然典型的是刘邦了，《史记·高祖本纪》记载："亡匿，隐于芒、砀山泽岩石之间。吕后与人俱求，常得之……乃令樊哙召刘季。刘季之众已数十百人矣。"王子今先生认为，山林水泽的掩护，为刘邦最初力量的聚集和潜伏提供了条件。[①] 从吕雉寻找刘邦的手段来看，王子今先生的观点无疑是非常正确的。当时刘邦聚集了"数十百人"，这些人的生活物资主要来源于何？史书没有记载，由于道路曲折，这些人的物资供应，应该是就地取材，以湖泽物产作为主要的粮食来源之一。可见，山泽不仅提供了隐蔽之所，还有可靠的物质保证。因此，秦末农民战争期间，很多农民为逃避战争，躲到了山泽中。高祖五年，发布诏书说："民前或相聚保山泽，不书名数，今天下已定，令各归其县，复故爵田宅，吏以文法教训辨告，勿笞辱。"[②] 直到汉武帝时期，仍然有许多人生活在山泽之中，国家对这些人的控制比较弱，汉武帝元狩六年六月，下诏书说："日者有司以币轻多奸，农伤而末众，又禁兼并之涂，故改币以约之。稽诸往古，制宜于今。废期有月，而山泽之民未谕。"[③] 汉武帝末年，也出现老百姓因为负担过重而逃离家园，到湖泽生活的情况，"民或苦少牛，亡以趋泽，故平都令光教过以人挽犁"。王莽末年，阶级矛盾激化，山泽之地又成为逃离官府控制的理想场所，"富者不得自保，贫者无以自存，起为盗贼，依阻山泽，吏不能禽而覆蔽之，浸淫日广，于是青、徐、荆、楚之地往往万数"[④]。

秦汉时期，水资源相对比较丰富，渔业资源丰富。《汉书·地理志》记载："青州：其山曰沂，薮曰孟诸，川曰淮、泗，浸曰沂、沭；其利蒲、鱼

① 王子今：《芒砀山泽与汉王朝的建国史》，《中州学刊》2008 年第 1 期。

②《汉书·高帝纪》。

③《汉书·武帝纪》。

④《汉书·食货志下》。

……兖州：其山曰岱，薮曰泰野，其川曰河、沛，浸曰卢、潍；其利蒲、鱼……幽州：其山曰医无闾，薮曰貕养，川曰河、沛，浸曰菑、时；其利鱼、盐。"这三州位于北方，都有薮，也就是比较大型的湖泊，所以这些地方出产鱼。《盐铁论》中指出："江、湖之鱼，莱、黄之鲐，不可胜食。"① 东汉时期的王充也指出："彭蠡之滨，以鱼食犬豕。"② 因此，食鱼之风在各地盛行，《盐铁论·散不足》记载："今民间酒食，殽旅重叠，燔炙满案，臑鳖脍鲤，麑卵鹑鷃橙枸，鲐鳢醢醯，众物杂味。"《僮约》也要求："黏雀张乌，结网捕鱼，缴雁弹凫，登山射鹿，入水捕龟。"而陈直先生指出，现在出土的汉代陶灶上多画鱼鳖形状，为汉代嗜食鱼鳖之一证。③

史书记载当时湖泽中鱼类资源丰富，"武帝作昆明池，欲伐昆吾夷，教习水战。因而于上游戏养鱼，鱼给诸陵庙祭祀，余付长安市卖之"，此外，湖泽中还出产藻类植物以及生长着水生动物，"太液池边，皆是雕胡紫箨绿节之类。菰之有米者，长安人谓之雕胡。葭芦之未解叶者，谓之紫箨；菰之有首者。谓之绿节。其间凫雏雁子，布满充积。又多紫龟绿鳖，池边多平沙，沙上鹈鹕鸬鹚鹔鹴鸿鹔动辄成群"。④《三辅黄图》卷四记载："上林苑中有六池、市郭、宫殿、鱼台、犬台、兽圈。"鱼台与养鱼观鱼有关，卷四又引《庙记》记载："池中后作豫章大船，可载万人，上起宫室，因欲游戏，养鱼以给诸陵祭祀，余付长安厨。"因此，东方朔曾经说过："又有粳、稻、梨、栗、桑、麻、竹箭之饶，土宜姜芋，水多蛙鱼，贫者得以人给家足，无饥寒之忧。故酆镐之间，号为土膏，其贾亩一金。今规以为苑，绝陂池水泽之利，而取民膏腴之地，上乏国家之用，下夺农桑之业。"⑤

因此，发生自然灾害时，朝廷往往开放国家控制的川泽，让老百姓渔采，以便度过饥荒。汉武帝元鼎二年秋九月，下诏说："仁不异远，义不辞难，今

---

① 《盐铁论·通有》。

② 《论衡·定贤》。

③ 陈直：《〈盐铁论〉解要》，《摹庐丛著七种》，齐鲁书社1981年版，第203页。

④ 《西京杂记》卷一。

⑤ 《汉书·东方朔传》。

京师虽未为丰年，山林、池泽之饶与民共之。"① 汉宣帝地节三年十月，也要求："池籞未御幸者，假与贫民。"② 汉元帝初元元年四月，下诏书说："关东今年谷不登，民多困乏。其令郡国被灾害甚者毋出租赋。江、海、陂、湖、园、池属少府者以假贫民，勿租赋。"③

东汉时期，在发生饥荒后，朝廷也向饥民开放国有水池任饥民捕鱼采集，以便度过灾荒。汉和帝永元九年，"六月，蝗、旱。戊辰，诏：'今年秋稼为蝗虫所伤，皆勿收租、更、刍稿；若有所损失，以实除之，余当收租者亦半入。其山林饶利，陂池渔采，以赡元元，勿收假税。'""（十一年）春二月，遣使循行郡国，禀贷被灾害不能自存者，令得渔采山林池泽，不收假税。""（十三年）春二月，诏贷被灾诸郡民种粮。赐下贫、鳏、寡、孤、独、不能自存者，及郡国流民，听入陂池渔采，以助蔬食。""（十五年）六月，诏令百姓鳏、寡渔采陂池，勿收假税二岁。"④ 安帝永初三年三月，因为京师发生了饥荒，安帝下诏："癸巳，诏以鸿池假与贫民。"⑤ 就是让贫民可以在鸿池中渔采。

由于渔业资源丰富，渔采成为一部分家庭的主要经济活动或者经济的补充形式，仲长统指出："鱼鳖之堀，为耕稼之场者。"⑥ 可见，当时渔业资源比较丰富。《史记·货殖列传》记载的"水居千石鱼陂"是致富的门路之一。西汉时期，"会稽人顾翱。少失父，事母至孝。母好食雕胡饭。常帅子女躬自采撷。还家。导水凿川自种。供养每有赢储。家亦近太湖。湖中后自生雕胡。无复余草。虫鸟不敢至焉。遂得以为养。郡县表其闾舍"⑦。西汉末年，刘盆子被立为皇帝后，"时掖庭中宫女犹有数百千人，自更始败后，幽闭殿内，掘庭

①《汉书·武帝纪》。

②《汉书·宣帝纪》。

③《汉书·元帝纪》。

④《后汉书·和帝纪》。

⑤《后汉书·安帝纪》。

⑥《齐民要术·序》。

⑦《西京杂记》卷五。

中芦菔根，捕池鱼而食之，死者因相埋于宫中"①。

东汉时期，渔采业在许多地区盛行。史书记载："（邓）晨兴鸿却陂数千顷田，汝土以殷，鱼稻之饶，流衍它郡。"② 汉明帝时期，"是时下令禁民二业，又以郡国牛疫，通使区种增耕，而吏下检结，多失其实，百姓患之"。针对这种情况，刘般上书说：郡国以官禁二业，至有田者不得渔捕。今滨江湖郡率少蚕桑，民资渔采以助口实，且以冬春闲月，不妨农事。夫渔猎之利，为田除害，有助谷食，无关二业也。又郡国以牛疫、水旱，垦田多减，故诏敕区种，增进顷亩，以为民也。而吏举度田，欲令多前，至于不种之处，亦通为租。可申敕刺史、二千石，务令实核，其有增加，皆使与夺田同罪。③ 据以上记载可知，东汉时期，很多地方将渔采作为重要经济补充形式，招致朝廷的反对，在自然灾害频发时期，刘般要求允许"民资渔采以助口实"，后来朝廷采纳了这个建议。东汉末年，"（郑）浑下蔡长、邵陵令。天下未定，民皆剽轻，不念产殖；其生子无以相活，率皆不举。浑所在夺其渔猎之具，课使耕桑，又兼开稻田，重去子之法。民初畏罪，后稍丰给，无不举赡；所育男女，多以郑为字"④。可知当时在经济比较发达的地区，渔采也还占据重要地位。

此外，史书也记载一些以渔采为业的个人，"（戴）昱年六十二，兄弟同居二十余年。及为宗老所分，昱将妻子逃旧业，入虞泽，结茅为室，捃获野豆，拾掇蠃蚌，以自赈给"，当时也有以鱼为主食的家庭，"夜从刘伯宣舍西垂过龚家，无饭，啖胙虾"。⑤ 据史料可知东汉人周燮便以渔采作为其重要的生计来源，"有先人草庐结于冈畔，下有陂田，常肆勤以自给。非身所耕渔，则不食也。乡党宗族希得见者"⑥。

秦汉时期居延等地湖泊众多，渔业也比较发达。居延汉简记载："余五千头宫得鱼千头在吴夫子舍……卤备几千头鱼千口食相……"（220·8；220·

①《后汉书·刘盆子传》。
②《后汉书·邓晨传》。
③《后汉书·刘般传》。
④《三国志·魏书·郑浑传》。
⑤《全后汉文·葛龚·荐戴昱》《全后汉文·葛龚·与张景略书》。
⑥《后汉书·周燮传》。

9），又载"鲍鱼百头"（263・3），鲍鱼就是咸鱼，"出鱼三十头直□"（27
4・26A）。① 居延新简也载："不责鱼廿头□□卅六……吴猪病卧武强隧仁使通
持鱼廿头遗猪余鱼三百八十仁。"（E・P・T52：80）② 居延新简还载有鱼与谷
子之间交换："一石凡四斗并付掾鱼卅头直谷三斗。"（E・P・T65：33）③ 居
延新简还记载，建武三年，"甲渠令史华商、尉史周育当为候粟君载鱼之觻得
卖。商、育不能行。商即出牛一头，黄、特、齿八岁，平贾值六十石，与它谷
十五石，为［谷］七十五石，育出牛一头，黑、特、齿五岁，平贾值六十石，
与它谷册石，凡为谷百石，皆予粟君，以当载鱼就直。时，粟君借恩为就，载
鱼五千头到觻得，贾直：牛一头、谷廿七石，约为粟君卖鱼沽出时行钱册
万……恩到觻得卖鱼尽，钱少，因卖黑牛，并以钱卅二万付粟君妻业，少八
岁。恩以大车半侧轴一，直万钱；羊韦一枚为橐，直三千；大笥一合，直千；
一石去卢一，直六百，库索二枚，直千，皆置业车上。与业俱来还，到第三
置，恩粂大麦二石付业，直六千，又到北部，为业卖肉十斤，直谷一石，石三
千，凡并为钱二万四千六百，皆在粟君所。恩以负粟君钱，故不从取器物。又
恩子男钦以去年十二月廿日为粟君捕鱼，尽今正月、闰月、二月，积作三月十
日，不得贾直"（E・P・F12：6—22）④。此外还有记载，"今自买鱼二千二百
桼十头付子阳"（E・P・T44：5），"鱼百廿头"（E・P・T44：8A）。⑤ 当时一
次性能贩卖五千头鱼，能购买到二千多头鱼，可见居延等地渔业资源比较

---

① 谢桂华等：《居延汉简释文合校》，文物出版社 1987 年版，此三处居延汉简引文
　在第 357—358、437、462 页。

② 甘肃省文物考古研究所等编：《居延新简：甲渠候官与第四隧》，文物出版社
　1990 年版，第 232 页。

③ 甘肃省文物考古研究所等编：《居延新简：甲渠候官与第四隧》，文物出版社
　1990 年版，第 421 页。

④ 甘肃省文物考古研究所等编：《居延新简：甲渠候官与第四隧》，文物出版社
　1990 年版，第 475—476 页。

⑤ 甘肃省文物考古研究所等编：《居延新简：甲渠候官与第四隧》，文物出版社
　1990 年版，第 124—125 页。

丰富。

　　秦汉时期，南方很多地方更是以渔采为主要生计来源之一。《史记·货殖列传》记载："楚越之地，地广人希，饭稻羹鱼，或火耕而水耨，果隋蠃蛤，不待贾而足无饥馑之患。地势饶食，无饥馑之患。"《盐铁论·通有》记载："荆、扬南有桂林之饶，内有江、湖之利……然民蜇窳偷生，好衣甘食。"蜇，即鲖鱼。此外，《汉书·地理志》记载"巴、蜀……民食稻鱼"，"江南地广，或火耕水耨。民食鱼稻，以渔猎山伐为"。而据《汉书·五行志》记载："吴地以船为家，以鱼为食。"可见在南方的广大地区，鱼是很多人民的重要食物来源。到了西汉末年，据《汉书·王莽传》记载："荆、扬之民率依阻山泽，以渔采为业。"此外，"王莽末，南方饥馑，人庶群入野泽，掘凫茈而食之，更相侵夺"①。可见在南方广大地区，渔采业在人们生活之中仍然占据重要地位。东汉末年，袁术的军队在南方一度以水产品为食，史书记载："袁绍之在河北，军人仰食桑葚。袁术在江、淮，取给蒲蠃。"② 可见当时江淮一带湖泽众多，水产品丰富，能满足大军的需要。

　　这一时期的北方，还存在较多的湖泊，渔猎是人们日常生活的一个重要组成部分，进而演化为一个地方的风俗习惯。在秦末农民战争之中，"陈余独与麾下所善数百人之河上泽中渔猎"③。《太平寰宇记》记载："秦灭韩，徙天下不轨之人于南阳。故其俗夸奢，尚气力，好商贾渔猎，藏匿难制。宛，西通武关，东受淮海，都会也。"《汉书·地理志》也记载："颍川、南阳……故其俗夸奢，上气力，好商贾渔猎，藏匿难制御也。""上谷至辽东，地广民希，数被胡寇，俗与赵、代相类，有渔盐枣栗之饶。"至于南方，渔业更是主要的生计方式之一。

　　湖泊周边地区地形复杂，资源众多，除了是普通百姓逃脱战乱、躲避苛捐杂税的理想场所之外，也是一些士人过隐逸生活的理想之地，史书多有记载。袁宏《后汉纪》卷四记载："（严）光字子陵，少与世祖同学。世祖即位，下诏征光。光变名姓，渔钓川泽。"《后汉纪》卷八记载："初，太原人郇恁隐居

---

①《后汉书·刘玄传》。

②《三国志·魏书·武帝纪》引《魏书》。

③《史记·陈余列传》。

山泽，不求于世。"《后汉纪》卷二二《窦武传》："（窦）武字游平，少有学行，常闲居大泽，不交世务。诸生自远方来，授业百余人，名闻关西。"《后汉纪》卷一二《朱晖传》记载："晖刚于为吏，见忌于上，故所在数被劾。去临淮，屏居野泽，布衣蔬食，不与邑里通，乡党讥其介。南阳人大饥，晖尽其家货，分宗族故旧，不问余焉。"《后汉书》卷七九《儒林传·杨伦传》记载："杨伦字仲理，陈留东昏人也……讲授于大泽中，弟子至千余人。"《后汉书》卷八一《独行传·谯玄》记载："时，亦有犍为费贻，不肯仕述，乃漆身为厉，阳狂以避之，退藏山数十余年。"

　　湖泊中除了有丰富的渔业资源以及莲藕、菱角、茭白等食物之外，还生长着大量的水藻，这就为以水泽为食物来源的动物提供了丰富的食物。猪就是这一时期水藻的主要消费者，由于这一时期湖泊资源丰富，水藻众多，这一时期猪只要在湖泊或者森林周边牧养即可成长。在《史记·货殖列传》中就有提出"泽中千足彘"，也就是拥有250头猪为秦汉时期富翁的标准之一，而"泽中千足彘"正说明当时的猪主要是牧养。很长一段时间之内，在湖泊周边地区牧猪是一个传统。《二年律令·田律》中规定：如果马、牛、羊、母猪和大猪吃了别人的庄稼，要对马、牛的主人罚款，一头牛和一匹马罚款一金，四只母猪的罚款与十只羊相当，一头大猪与一头牛的罚款相当。如果因为贫困无法缴纳罚款，官府要对他们处罚，并且还要"禁毋牧彘"[①]。可见，当时牧猪之风盛行。在汉代，很多名人曾经由于各种原因而牧猪。公孙弘因为家贫而"牧豕海上"[②]，所谓"海上"应该是指湖泊周边地区。王褒《僮约》要求仆人"后园纵养雁鹜百余，驱逐鸥鸟，持梢牧猪"。可见在当时牧猪很普遍。东汉时期的承宫，"少孤，年八岁为人牧豕"[③]。吴祐，"常牧豕于长坦泽中，行吟经书"[④]。孙期，"事母至孝，牧豕于大泽中，以奉养焉……郡举方正，遣吏

①张家山二四七号汉墓竹简整理小组：《张家山汉墓竹简〔二四七号墓〕》（修订本），文物出版社2006年版，第43页。

②《汉书·公孙弘传》。

③《后汉书·承宫传》。

④《后汉书·吴祐传》。

赍羊、酒请期，期驱豕入草不顾"①。梁鸿，"牧豕于上林苑中"②。尹勤，"南阳人……事薛汉，身牧猪豕"③。由于牧猪在两汉是很常见的事情，所以在东汉末年，"时国相徐曾，中常侍璜之兄也，（杨）匡耻与接事，托疾牧豕云"④。曹操祖父曹节，"素以仁厚称。邻人有亡豕者，与节豕相类，诣门认之，节不与争；后所亡豕自还其家，豕主人大惭，送所认豕，并辞谢节，节笑而受之"⑤。曹节的猪和邻居的猪之所以混淆，主要是放养所致，如果是圈养，混淆的可能性就比较小了。

①《后汉书·孙期传》。

②《后汉书·梁鸿传》。

③《东观汉记·尹勤传》。

④《后汉书·李杜传》。

⑤《三国志·魏书·武帝纪》引《续汉书》。

第三章

秦汉时期河道变迁与水利建设

第一节　黄河、淮河、济水与长江的变迁

一、黄河变迁[①]

黄河河道的变迁主要发生在下游，但历史上，黄河中上游的一些河段也有一定的变化。比如，兰州的东平原，从新石器时代到汉代，东平原还是黄河汉道分歧河心滩遍布的地方。此后，在人类的活动过程中，黄河河道不断北徙。[②] 据《汉书·地理志》记载：西汉时期，黄河出青山峡之后，分成东西二河，"河水别出为河沟，东至富平北入河"。二河之间，有大滩，在大滩上，惠帝四年置灵州，"有河奇苑、号非苑"。在二河之中，西河是主流，其流经地点，据《水经注·河水三》记载，主要流经富平县故城西、典农城东，也就是所谓的胡城、上河城、廉县故城东、临戎。在铜口，"有枝渠东出"。也就是说，在"铜口"，黄河分成两股。分流之后，北河向北不远，即向西溢于窳浑东为屠申泽，又北流而后曲向东流，经高阙南，阳山南，转而向南经马阴山西而南流。南河分流之后向东，经临戎县故城北，又东经临河县南境，过广牧县故城北，东流汇于北河。到了北魏时期，南河已经埋塞，所以郦道元记

---

① 本节主要参考：岑仲勉：《黄河变迁史》，人民出版社 1957 年版；张新斌：《济水与河济文明》，河南人民出版社 2007 年版；黄海军等：《黄河三角洲与渤、黄海陆海相互作用研究》，科学出版社 2005 年版；水利部黄河水利委员会《黄河水利史述要》编写组：《黄河水利史述要》，水利电力出版社 1994 年版；谭其骧：《西汉以前的黄河下游河道》，《历史地理》1981 年创刊号；《〈山经〉河水下游及其支流考》，《中华文史论丛》第七辑（1978 年）。

② 鲜肖威：《历史上兰州东平原的黄河河道变迁》，《兰州学刊》1982 年第 1 期。

载："河水又北，与枝津合。水受大河，东北迳富平城，所在分裂，以溉田圃。北流入河，今无水。"以上表明，在黄河上中游的一些河段，黄河的河道还有一定的变化，但其主河道没有多大变化。

历史时期，黄河河道变化最大的是下游。先秦时期的黄河，经过大禹治水之后，形成了诸水分河之势，这种分河的大分支，主要在北部。从现有的文献来看，已经先后形成了若干个河道，主要有《山经》河道、《禹贡》河道与《汉志》河道。到了东周时期，主河道逐渐形成，这条河道在今宿胥口以上与《山经》河和《禹贡》河相同，自此以下则是向东偏北的方向，流经的地点有戚、馆陶、聊城北、折东经高唐县南，北经东光县西，再北经黄骅入海。《史记·司马穰苴列传》记载："齐景公时，晋伐阿、甄，而燕侵河上。"《史记·田敬仲完世家》记载："吾臣有盼子者，使守高唐，则赵人不敢东渔于河。"《汉书·韩信传》中说："信引兵东，未度平原，闻汉王使郦食其已说下齐。信欲止，蒯通说信令击齐。语在《通传》。信然其计，遂渡河，袭历下军，至临菑。"这正是这一条主河道存在的写照。这条主河道形成之后，其他河道逐渐废弃，但废弃的时间不明，估计在战国末年。这条河道，《水经注》称为"大河故道"或"王莽河"。当时，该河道尚有两条分汊，各有独立的出海口。这两条汊河均位于主河道的南面。其中较北的一条，古代称漯水，由今河南的南乐分汊经武阳、聊城、禹城、济阳，至古千乘附近入海；另一条是古济水，大致由荥阳，经封丘、定陶，向北过巨野，再向东北方向经章丘、博兴于利津东南一带进入渤海。上述古漯水和古济水两条汊河的出海口相近，后来东汉王景治理黄河出海口与这两条汊河的出海口相当。根据对黄骅地区古黄河三角洲沉积学和^{14}C测年资料的研究，证明了全新世中期距今约 7000 年，这里存在古黄河三角洲。[①]

自东周黄河主河道形成之后，加之春秋战国各诸侯国采取筑堤护河的措施，淤塞的问题逐渐严重。黄河河水本身含沙量就比较大，据任美锷的研究，

[①] 周永青等：《黄骅全新世古黄河三角洲的特点及演化研究》，《海洋地质与第四地质》1995 年第 1 期。

在东周至秦朝，当时植被覆盖良好，黄河年均输沙量为 4 亿吨。① 这些沙除了大部分带入黄河之外，还有一部分沉积，造成了黄河的淤塞。到了西汉时期，河患问题成为困扰朝廷的难题之一。《汉书·沟洫志》记载："汉兴三十有九年，孝文时河决酸枣，东溃金堤，于是东郡大兴卒塞之。" 由于及时堵塞决口，黄河并没有改道，"其后三十六岁，孝武元光中，河决于瓠子，东南注巨野，通于淮、泗。上使汲黯、郑当时兴人徒塞之，辄复坏。是时，武安侯田蚡为丞相，其奉邑食鄃。鄃居河北，河决而南则鄃无水灾。邑收入多。蚡言于上曰：'江、河之决皆天事，未易以人力强塞，强塞之未必应天。'而望气用数者亦以为然，是以久不复塞也"。而据《汉书·武帝纪》记载："三年春，河水徙，从顿丘东南流入勃海。夏五月，封高祖功臣五人后为列侯。河水决濮阳，泛郡十六。发卒十万救决河。起龙渊宫。" 可见当年河水有两次决口，春天的河决，是从东郡顿丘县东南的地方，东北向章武入海；夏天的河决，系在《水经注》卷二四《瓠子河》所说的瓠河口东南，冲入巨野泽，会泗水入淮而后出海。这两次的决口很近，只是一向北走，一向南走。夏天的决口，是较早记载的黄河夺淮入海，这也可以看作当时河道的一个不大不小的变化，因为其主道还流入渤海，所以这次夺淮影响不大，持续时间也不长，只有 22 年的时间。此后，黄河多次决口，均没有改道。

　　西汉末年的王莽时期，黄河再次决口。《汉书·王莽传》记载："河决魏郡，泛清河以东数郡。先是，莽恐河决为元城冢墓害。及决东去，元城不忧水，故遂不堤塞。" 由于王莽的迷信加之东汉初年无力顾及河务，在河决之后的 60 年间，黄河在今河北、江苏、山东、河南、安徽的交界地区泛滥横流。到了东汉明帝时期，由于各方面条件具备，在王景的主导下，再次治理黄河。在治理黄河之前，王景对于黄河下游流域，从南到北的地形、地势进行了全面实地考察。发现北边老黄河地势已经淤高，南边有泰山山地阻挡，其中存在可以行河的、相对平坦低洼的有利地形，于是在这里顺着新冲击出的河道进行一系列工程治理措施，在西自河南荥阳、东至山东古千乘入海口处筑起了千余里

---

① 任美锷：《黄河输沙及其对渤海、黄海沉积作用的影响》，《地理科学》1986 年第 1 期。

河防大堤，同时大力"修渠筑堤"，实行"十里立一水门，令更相洄注"等措施，[1] 仅仅用了一年的时间就完工。自王景治河之后，经过三国、魏晋、南北朝、隋唐，历约850年，黄河下游干流河道没有发生重大灾害和变化，史称这一时期为黄河下游的"安流期"，或"千年无害"期。据《水经注·河水四》记载，东汉黄河自长寿津（今河南濮阳南）分流后，向东流经今河南范县南，以及山东阳谷西、莘县东、茌平南、东阿北，然后折向东北方向经今黄河与马颊河之间，在今山东利津县入海。根据东汉黄河与西汉黄河的对比，可以说东汉河道顺直，流程缩短，具有更多的优势，从地质结构讲，这条河也是黄河诸河道之中仅次于《禹贡》河的次优河。[2]

二、淮河变迁

淮河干流源于河南省桐柏山北麓，流经豫、皖至江苏扬州三江营入长江。据《汉书·地理志》记载："比阳，平氏，《禹贡》桐柏大复山在东南，淮水所出，东南至淮浦入海，过郡四，行三千二百四十里，青州川。"故可知自先秦两汉时期，淮河干流及其基本位置。

据《水经注·淮水》记载，当时淮河主流入海的路径为：发源于南阳平氏县胎簪山，流经桐柏山，又东过江夏平春县，过新息县南，过期思县北，又东过原鹿县南，庐江安风县，九江寿春县，东过当涂县北，又东过钟离县北，至下邳淮阴县，东至广陵淮浦县入于海。淮水的这条入海线路，在中上游与现在一致，只是下游自今盱眙以下，流经与现在不同。

三、长江变迁

秦汉时期，长江上游河道由于地震关系发生了一些改变。其主要依据如下。

其一，公元前186年之前，今嘉陵江上游诸水本是古汉水的上游。由于古

---

[1]《后汉书·王景传》。

[2] 胡一三主编：《黄河防洪》，黄河水利出版社1996年版，第56页。

汉水上游河道壅塞,此间在今陕西略阳县城以上形成河道型的山间湖泊"天池大泽"。天池大泽的存在,使得先秦以至汉初的古汉水上游河道有航运之利,从而成为联系关中、汉中、蜀地之间的重要通道。

其二,西汉初年(公元前186年)的武都道大地震,其震中约在今陕西略阳、宁强一带。武都道大地震造成今陕西宁强县汉江中源汉嘉分水岭一带发生巨大的山体滑坡(崩塌)。山体滑坡一度阻断古汉水,并造成古汉水上游形成规模极为巨大的堰塞湖。堰塞湖天然坝体(汉嘉分水岭)的存在,导致古汉水上游与中下游水路交通从此中断。堰塞湖天然坝体先后于公元前185年、公元前180年出现部分崩塌,给古汉水中下游(今汉江)广大地区造成严重水灾。

其三,武都大地震发生25年后(公元前161年),汉嘉分水岭以西的堰塞湖水,南向自古汉水与古白水(今白龙江)的支流古潜水的分水岭野牛岭漫溢而出,夺古潜水河道(今嘉陵江宁强、广元段)下泄。由于古潜水冈山(今龙门山)石穴(地下河)河段的阻遏,这次洪水给下游造成的人员损失并不严重,但下泄水流在今龙门山以北的阳平关谷地形成新的"大泽"。在堰塞湖水南向漫溢之初,古汉水上游河水一度出现东、南分流的局面。随着古汉水上游下泄通道河床的强烈下切,到2世纪东汉中期,汉嘉分水岭以西堰塞湖、天池大泽已趋于消失。①

---

① 周宏伟:《汉初武都大地震与汉水上游的水系变迁》,《历史研究》2010年第4期。

第二节　秦汉时期的水利工程

一、黄河的治理

西汉建国三十九年后，"孝文时河决酸枣，东溃金堤"①。《史记·封禅书》记载："今河溢通泗。"泗水是淮河的支流，黄河水进入泗水，必然会进入到淮河。不过，这次决口的时间并不长，很快就被堵住了。

汉武帝元光三年（公元前132年），"河决于瓠子，东南注巨野，通于淮、泗"。《汉书》卷六《武帝纪》则记载："河水决濮阳，泛郡十六。"汉武帝派遣汲黯、郑当等人"兴人徒塞之，辄复坏"，看来这次堵塞的效果并不好。此后，很长时间内都没有对决口进行堵塞。究其原因，"武安侯田蚡为丞相，其奉邑食鄃。鄃居河北，河决而南则鄃无水灾。邑收入多。蚡言于上曰：'江、河之决皆天事，未易以人力强塞，强塞之未必应天。'而望气用数者亦以为然，是以久不复塞也"。黄河决口之后，给决口南岸地区的人民带来了深重的灾乱，"自河决瓠子后二十余岁，岁因以数不登，而梁楚之地尤甚"。汉武帝不得不安置这一地区的饥民，"其明年，山东被水灾，民多饥乏，于是天子遣使者虚郡国仓廥以振贫民。犹不足，又募豪富人相贷假。尚不能相救，乃徙贫民于关以西，及充朔方以南新秦中，七十余万口，衣食皆仰给县官。数岁，假予产业，使者分部护之，冠盖相望。其费以亿计，不可胜数。于是县官大空"。除了将这一地区居民迁徙至北方之外，还将一部分居民迁徙至江淮地区，"是时山东被河灾，及岁不登数年，人或相食，方一二千里。天子怜之，诏曰：'江南火耕水耨令饥民得流就食江淮间，欲留，留处。'遣使冠盖相属

---

① 《汉书·沟洫志》。

于道，护之，下巴蜀粟以振之"①。直到元封二年，"上既封禅，巡祭山川，其明年旱，乾封少雨。上乃使汲仁、郭昌发卒数万人塞瓠子决河。于是上以用事万里沙，则还自临决河，湛白马玉璧，令群臣从官自将军以下皆负薪置决河。是时，东郡烧草，以故薪柴少，而下淇园之竹以为楗"。汉武帝堵塞黄河决口之后，"筑宫其上，名曰宣防。而道河北行二渠，复禹旧迹，而梁、楚之地复宁，无水灾"。在这次堵塞决口不久，"河复北决于馆陶，分为屯氏河，东北经魏郡、清河、信都、勃海入海，广深与大河等，故因其自然，不堤塞也。此开通后，馆陶东北四五郡虽时小被水害，而兖州以南六郡无水忧"。黄河在这次分流之后，有两个入海口，增加了排泄能力，减轻了泄洪压力，故在很长一段时间内都没有发生大的灾害。

汉元帝永光五年（公元前39年），清河郡灵县鸣犊口的黄河决口，黄河在这里决口之后，"河水自灵县别出为鸣犊河者也。东北迳灵县东，东入郦县，而北合屯氏渎，屯氏渎兼鸣渎之称也……鸣犊河，东北至修，入屯氏，考渎则不至也"②。至此，"而屯氏河绝"。屯氏河淤塞之后，馆陶以东黄河分流的形势就不存在了，故增加了泄洪压力，这一点，西汉人已有很深刻的认识，汉成帝初年，清河都尉冯逡就向朝廷反映："顷所以阔无大害者，以屯氏河通，两川分流也。今屯氏河塞，灵鸣犊口又益不利，独一川兼受数河之任，虽高增堤防，终不能泄。如有霖雨，旬日不霁，必盈溢。灵鸣犊口在清河东界，所在处下，虽令通利，犹不能为魏郡、清河减损水害。"因此，他建议："屯氏河不流行七十余年，新绝未久，其处易浚。又其口所居高，于以分流杀水力，道里便宜，可复浚以助大河泄暴水，备非常。"由于汉成帝时期，朝廷财政出现困难，"遣行视，以为屯氏河盈溢所为，方用度不足，可且勿浚"。

汉成帝四年（公元前29年），"河果决于馆陶及东郡金堤，泛滥兖、豫，入平原、千乘、济南，凡灌四郡三十二县，水居地十五万余顷，深者三丈，坏败官亭室庐且四万所"。汉成帝"遣大司农非调调均钱谷河决所灌之郡，谒者二人发河南以东漕船五百艘，徙民避水居丘陵，九万七千余口。河堤使者王延世使塞，以竹落长四丈，大九围，盛以小石，两船夹载而下之。三十六日，河

---

①《史记·平准书》。

②《水经注·河水五》。

堤成"。不过，才过了两年，"河复决平原，流入济南、千乘，所坏败者半建始时，复遣王延世治之"。这次朝廷派遣杨焉等人治理，花费六个月，才把缺口堵住。又过了九年，"勃海、清河、信都河水溢溢，灌县邑三十一，败官亭民舍四万余所"，这次缺口之后，"于是遂止不塞"，"满昌、师丹等数言百姓可哀，上数遣使者处业振赡之"。黄河没有被治理的原因，谷永以为："河，中国之经渎，圣王兴则出图书，王道废则竭绝。今溃溢横流，漂没陵阜，异之大者也。修政以应之，灾变自除。"是时，李寻、解光亦言："阴气盛则水为之长，故一日之间。昼减夜增，江河满溢，所谓水不润下，虽常于卑下之地，犹日月变见于朔望，明天道有因而作也。众庶见王延世蒙重赏，竞言便巧，不可用。议者常欲求索九河故迹而穿之，今因其自决，可且勿塞，以观水势。河欲居之，当稍自成川，跳出沙土，然后顺天心而图之，必有成功，而用财力寡。"① 王莽时期，虽然有很多人扬言要治理黄河，"但崇空语，无施行者"。究其原因，"河决魏郡，泛清河以东数郡。先是，莽恐河决为元城冢墓害。及决东去，元城不忧水，故遂不堤塞"②。

东汉建立后，光武帝时期，阳武令张汜建议治理黄河："河决积久，日月侵毁，济渠所漂数十许县。修理之费，其功不难。宜改修堤防，以安百姓。"光武帝一度采纳了这个建议，并且准备派人治理黄河，此时，浚仪令乐俊提出异议："昔元光之间，人庶炽盛，缘堤垦殖，而瓠子河决，尚二十余年，不即拥塞。今居家稀少，田地饶广，虽未修理，其患犹可。且新被兵革，方兴役力，劳怨既多，民不堪命。宜须平静，更议其事。"最后，"光武得此遂止"③。直到永平十二年，朝廷才打算治理汴渠，由于王景之前有过治理水渠的经验，朝廷赐给他"《山海经》《河渠书》《禹贡图》及钱帛衣物。夏，遂发卒数十万，遣景与王吴修渠筑堤，自荥阳东至千乘海口千余里。景乃商度地势，凿山阜，破砥绩，直截沟涧，防遏冲要，疏决壅积，十里立一水门，令更相洄注，无复溃漏之患"④。经过这次治理之后，黄河在很长一段时间内没有决口。

①《汉书·沟洫志》。

②《汉书·王莽传》。

③《后汉书·循吏传·王景传》。

④《后汉书·循吏传·王景传》。

二、运河的修建

秦汉时期，还修筑了大量人工河，沟通不同的水系，以方便水运。秦汉时期，关东粮食运入关中，要经过三门峡砥柱，水流湍急，极易发生沉船事故。因此有人建议开凿一条沟通渭水支流斜水与汉水支流褒水的运河，这样关东粮食先运到南阳，再经过汉水入长安，史书记载："欲通褒斜道及漕，事下御史大夫张汤。汤问之，言：'抵蜀从故道，故道多阪，回远。今穿褒斜道，少阪，近四百里；而褒水通沔，斜水通渭，皆可以行船漕。漕从南阳上沔入褒，褒绝水至斜，间百余里，以车转，从斜下渭。如此，汉中谷可致，而山东从沔无限，便于底柱之漕。且褒斜材木竹箭之饶，似于巴、蜀。'上以为然。拜汤子卬为汉中守，发数万人作褒斜道五百余里。道果便近，而水多湍石，不可漕。"这条运河虽然建成，但并没有发挥预想的效果，并没有投入使用。

东汉末至三国时修建了一系列运渠，为北方全国水网打下基础。建安九年（公元204年），曹操北征袁尚，为了军运，在淇水入黄口下的大枋木筑堰，遏淇水东北流入白沟。当时淇水从北向南入黄河，清水在这里和淇水会合。清水原由此东北流，由于黄河改道，遂会淇水入河。白沟大致是先沿清水故道开一段，再利用黄河故道整修成渠。由黄河过枋堰，即可向东北通漕运。白沟到今馆陶县会利漕渠。利漕渠是建安十八年（公元213年）曹操经营邺都时开凿的，引漳水开渠东会白沟。白沟就是后来南运河的前身，北魏时又重新修过。白沟下游又叫清河或淇河，大致在今河北黄骅市境入海。白沟有一支向东北流，北至旧武清县东南，汇合海河水系的八九条河东入海。这一支大概就是曹操于建安十一年（公元206年）北征乌桓时所开的平虏渠；同时向北开泉州渠通鲍丘水；从鲍丘水再开运渠向东通滦河，叫作新河。这样就把黄、海、滦三水系沟通起来。

三、水利工程的兴修

中国是一个农业大国，农业与水利息息相关，中国古代社会特别重视水利工程建设。在秦朝建立之前李冰就在蜀地修筑了都江堰，后来郑国又在关中修筑了郑国渠，这两项大型的水利工程为秦统一六国提供了物质保障。秦统一六国之后，也大规模修筑水利工程，秦始皇曾下令"堕坏城郭，决通川防，夷去险阻"①。这种做法是把原来六国之间的堤防等水利工程统一起来。在黄河堤防上，秦始皇时期可能把原来诸侯国单独修建的堤防连接起来。濮阳有"秦始皇跑马修金堤"的传说，《滑县志》也记载有"瓠子堤即秦堤"的说法。说明秦统一后，黄河下游曾修过堤防。秦时在今济源市东修有枋口堰，以木为闸门，开凿沟渠，引沁水灌溉农田。②派史禄修筑了连接珠江水系和长江水系的灵渠，灵渠修筑的目的是向南方运兵与运粮，但在战争之后，对当地的农田灌溉以及后来岭南地区与内地的联系，都起着重要作用。灵渠工程利用分水坝铧嘴分水，有大小天平调节水位水量，有泄水天平排泄过量的渠水，有陡门控制渠水的蓄泄。③

两汉时期，水利建设受到重视。比较早的水利工程是刘信在今安徽修建的七门堰。汉高祖七年（公元前200年），刘邦分封其兄子刘信为羹颉侯，食邑于舒。刘信见当时"舒城之水源出于西山之峻岭，势若建瓴"。为了减轻水害，同时也为了灌溉，刘信"乃创七门、乌羊、片曹片责三堰，分治为陂、为荡、为塘、为沟，凡二百余所，浇灌本邑之田至二千顷之土。譬之人身脉络，自泥丸至九窍百骸，下抵涌泉，无远不届者也"。这表明刘信在修筑"七门堰"时，从实际出发，按照自然规律，因势利导，充分利用了陂、塘、荡、沟，修成了一个自然灌溉网络。七门堰的修成，不仅减轻了水灾，而且还起到抗旱的作用。④

汉文帝以文翁为蜀郡太守，"穿煎溲口，灌溉繁田千七百顷，人获其饶"⑤。西汉时期，梁孝王始都大梁（今开封市），"以其地卑湿，东徙淮阳（今商丘市）"，但在今开封至商丘之间修建了蓼堤，"在县东北六里，高六尺，广四丈……至宋州凡三百里"⑥。这些都是比较早的水利工程。

①《史记·秦始皇本纪》。

②程有为：《河南通史》（第二卷），河南人民出版社2005年版，第46页。

③蒋廷瑜：《论灵渠的灌溉作用》，《农业考古》1987年第1期。

④卢茂村：《话说"七门堰"》，《农业考古》1986年第1期。

⑤《通典·食货典·水利田》。

⑥《元和郡县图志·河南道三》。

汉武帝时期，西汉开始大规模兴修水利工程。其主要水利工程有渭渠、六辅渠、白渠、龙首渠等。

渭渠，郑当为大司农时向朝廷建议："异时关东漕粟从渭上，度六月罢，而渭水道九百余里，时有难处。引渭穿渠起长安，旁南山下，至河三百余里，径，易漕，度可令三月罢；而渠下民田万余顷又得以溉。此损漕省卒，而益肥关中之地，得谷。"汉武帝接受了这个建议，"令齐人水工徐伯表，发卒数万人穿漕渠，三岁而通。以漕，大便利。其后漕稍多，而渠下之民颇得以溉矣"①。漕渠除了方便漕运粮食，节省费用之外，还可以灌溉，使沿岸民众受益。

六辅渠，郑国渠修筑之后，关中平原受益面积极大，但是郑国渠不能灌溉地势较高的地区。为此，儿宽建议修筑六辅渠，"以益溉郑国傍高卬之田"②。

白渠，修筑于汉武帝太始二年，"赵中大夫白公复奏穿渠。引泾水，首起谷口，尾入栎阳，注渭中，袤二百里，溉田四千五百余顷，因名曰白渠。民得其饶，歌之曰：'田于何所？池阳、谷口。郑国在前，白渠起后。举锸为云，决渠为雨。泾水一石，其泥数斗。且溉且粪，长我禾黍。衣食京师，亿万之口。'言此两渠饶也"③。由此可见白渠和郑国渠在关中农业中的重要作用。

龙首渠，也是开凿于汉武帝时期的重要水渠。当时严熊建议："临晋民愿穿洛以溉重泉以东万余顷故恶地。诚得水，可令亩十石。"于是，汉武帝"为发卒万人穿渠，自征引洛水至商颜下。岸善崩，乃凿井，深者四十余丈。往往为井，井下相通行水。水隤以绝商颜，东至山领十余里间。井渠之生自此始。穿得龙骨，故名曰龙首渠。作之十余岁，渠颇通，犹未得其饶"。龙首渠主要是为了治理"恶地"，也就是盐碱地而开凿的，由于这一地区土质松软，施工不易，虽然渠道通畅，但是还未尽地利。

此外，在河东地区，也大规模兴修水利，河东郡太守番系建议，由于关东漕运困难，应在河东郡兴建渠道，灌溉改良黄河旁荒瘠土地。即穿渠引汾灌溉皮氏和汾阴的土地，引黄河灌溉汾阴和蒲坂的土地，"度可得谷二百万石以

---

① 《汉书·沟洫志》。

② 《汉书·沟洫志》。

③ 《汉书·沟洫志》。

上。谷从渭上，与关中无异，而底柱之东可毋复漕"。此建议得到汉武帝的同意，"发卒数万人作渠田。数岁，河移徙，渠不利，田者不能偿种。久之，河东渠田废，予越人，令少府以为稍入"①。

汉武帝时期所修的水渠，除了上述几个大型水利工程之外，还有很多规模比较小的水利工程。比如"灵轵渠，武帝穿也"，"成国渠首受渭，东北至上林入蒙笼渠。右辅都尉治"。② 这几条水渠史书上没有明确记载，主要因为在汉武帝后期，"朔方、西河、河西、酒泉皆引河及川谷以溉田。而关中灵轵、成国、湋渠引诸川，汝南、九江引淮，东海引巨定，泰山下引汶水，皆穿渠为溉田，各万余顷。它小渠及陂山通道者，不可胜言也"③。可见，在汉武帝时期兴起了一股水利兴修高潮。

古代早期中国北方兴修专门用以灌溉农田的大型水利工程，其引水浇地的首要目的或主要出发点，究竟是为土壤增加作物生长所需的水分还是用水来冲刷土壤中的盐碱？辛德勇先生认为后者至少可以与前者比肩并列，甚至超出于前者之上，这才是秦人赖以富强并最终吞并六国的最为关键的农业基础。④

关中之外的地区，召信臣为南阳太守时，"行视郡中水泉，开通沟渎，起水门提阏凡数十处，以广溉灌，岁岁增加，多至三万顷。民得其利，蓄积有余。信臣为民作均水约束，刻石立于田畔，以防分争"⑤。南阳郡在西汉时有三十万户，人口一百九十多万，户均有九亩田受到灌溉。⑥

汉武帝时期，在西域等地屯田，屯田就要兴修水利，"汉度河自朔方以西至令居，往往通渠置田，官吏卒五六万人，稍蚕食，地接匈奴以北"⑦。《汉

---

① 《汉书·沟洫志》。

② 《汉书·地理志》。

③ 《汉书·沟洫志》。

④ 辛德勇：《"卤地"抑或"恶地"——兼说合理对待传世文献问题》，《书品》2006 年第 6 期。

⑤ 《汉书·循吏传·召信臣》。

⑥ 何兹全：《中国古代社会》，北京师范大学出版社 2007 年版，第 142 页。

⑦ 《史记·匈奴列传》。

书·沟洫志》也记载："朔方、西河、河西、酒泉皆引河及川谷以溉田。"故在西域等地也兴修了不少水利。居延汉简有甲渠、临渠、广渠等记载，还有专门从事治渠引水的"河渠卒"，也有"甲渠候官"等这类管理水渠的官员。西汉末年，文齐为益州太守时，"造起陂池，开通溉灌，垦田二千余顷"①。这是云南有水利建设的最早记载。

今宁夏地区，有很多水渠是汉时修筑的。汉时修筑的汉延渠，在黄河西岸，后经过历代修浚，全长 88.6 千米，流经青铜峡、永宁、银川、贺兰四县市。汉伯渠，也开凿于汉代，顾祖禹提到："渠在灵州，本汉时导河灌田处。"② 唐徕渠，又称唐梁渠，俗称唐渠，修筑于汉代，唐代延长，并招募人垦种，是宁夏引黄灌溉工程中规模最大的一条渠道。③

秦末赵佗在任龙川令时，也把中原地区的灌溉技术带到了广西一带。《全唐文》卷八一六《越井记》记载："南越王赵佗氏，昔令龙川时，建池于螯湖之东……凿井于治之东偏曰越井……井周围为二丈许，深五丈。虽当亢旱，万人汲之不竭。"当时赵佗在这一带一共开凿了九口井，这些井，一方面供饮水之用，另一方面用于灌溉。④

西汉在自今武陟经获嘉、新乡、卫辉，北抵浚县、滑县直到山东高唐、茌平的黄河岸，均修有堤防。1987 年春在汲县柳卫村出土《柳卫峰堠碑》，文曰："西至上界水，汲县河堤下界峰堠，福村八十里。"据推测，此碑为汉高祖二年的碑。是西汉修建黄河堤防的明证。⑤

赵充国在湟中屯田，兴修水利。神爵元年（公元前 61 年）将军赵充国击败羌人后，率兵士一万余人在临羌（今青海湟源县东南）东至浩亹（今甘肃永登县西南）一带屯田，"民所未垦，可二千顷以上……缮乡亭，浚沟渠，治湟狭以西道桥七十所，令可至鲜水左右。田事出，赋人二十亩"⑥。引湟水灌

---

① 《后汉书·南蛮西南夷传》。

② 《读史方舆纪要·陕西·宁夏卫》。

③ 陈育宁：《宁夏通史》（古代卷），宁夏人民出版社 1993 年版，第 43 页。

④ 钟文典主编：《广西通史》（第一卷），广西人民出版社 1999 年版，第 78 页。

⑤ 程有为：《河南通史》（第二卷），河南人民出版社 2005 年版，第 47 页。

⑥ 《汉书·赵充国传》。

溉。屯田时间虽然不长，但首次在河湟地区兴建灌渠，对后世影响很大。东汉时，马援还依据赵充国屯田时的灌溉系统继续发展农业，史书记载："是时，朝臣以金城破羌之西，涂远多寇，议欲弃之。援上言，破羌以西城多完牢，易可依固；其田土肥壤，灌溉流通……于是诏武威太守，令悉还金城客……援奏为置长吏，缮城郭，起坞候，开导水田，劝以耕牧，郡中乐业。"① 和帝时屯田又有扩大："后金城长史上官鸿上开置归义、建威屯田二十七部，侯霸复上置东西邯屯田五部，增留、逢二部，帝皆从之。列屯夹河，合三十四部。其功垂立。至永初中，诸羌叛。乃罢。"顺帝时又在湟中屯田，"使谒者郭璜督促徙者，各归旧县，缮城郭，置候驿。既而激河浚渠，为屯田，省内郡费岁一亿计。遂令安定、北地、上郡及陇西、金城常储谷粟，令周数年"。不久，"（韩）皓复不遣，因转湟中屯田，置两河间，以逼群羌……乃上移屯田还湟中，羌意乃安。至阳嘉元年，以湟中地广，更增置屯田五部，并为十部"②。这些屯田靠引湟水和黄河水灌溉。

_____

①《后汉书·马援传》。
②《后汉书·西羌传》。

第四章

秦汉时期的植被环境

秦汉时期植被环境研究成果比较多，其中以史念海先生的研究最具代表性。此外，王守春、朱士光等学者也对历史时期黄土高原植被的变迁做过相当深入的研究。[①] 在一些森林史的研究中，也论及这一时期的植被状况。本文在参考已有研究成果的基础上，一方面以这一时期居民的薪柴状况来判断当时的植被状况。这主要有两个方面的考虑，第一，避免在研究之中出现所谓的"选精"的状况，许多森林史研究多以某座山上森林的状况来判断这一地区的森林状况，这种"选精"的研究方法所得出的结论难以令人完全信服。第二，本文认为，如果普通居民不缺乏薪柴，他们没有必要大规模地到比较远的地方砍伐森林，故可以大致判断出这一时期的植被状况。另一方面，人口的增长，必然会开垦新的土地，土地的开垦必然造成对植被的破坏，但如果人口密度较低，虽然局部对环境有一定的破坏，但该地区整体上环境还是良好的。因此人口密度也是考察这一时期环境的一个方面。

第一节　秦汉时期森林的消耗

秦汉魏晋南北朝时期植被环境变化较大的是森林的变化。在秦汉魏晋南北朝时期，森林的消耗较多，除了开垦土地要焚烧大量森林之外，还在一些领域要消耗大量的林木资源。

---

① 史念海等：《黄土高原森林与草原变迁》，陕西人民出版社 1987 年版；史念海：《黄土高原历史地理研究》，黄河水利出版社 2001 年版；朱士光：《历史时期华北平原的植被变迁》，《陕西师大学报》（自然科学版）1994 年第 4 期；王守春：《历史时期黄土高原的植被及其变迁》，《人民黄河》1994 年第 2 期；桑广书：《黄土高原历史时期植被变化》，《干旱区资源与环境》2005 年第 4 期。

一、文化用品的消耗

秦汉时期林木资源的一大消耗是文化教育上的消费。虽然在西汉时期就已经发明了麻纸，但直到东汉蔡伦改良造纸术以前，社会上用于记录的载体主要是竹木简，即使是皇帝阅读的奏章，大都是竹木简。《史记·秦始皇本纪》记载："天下之事无小大皆决于上，上至以衡石量书日夜有呈，不中呈。不得休息。"据王子今先生的研究，秦始皇一天阅读的文字大约是 30 万字，其简牍重量约为 30 千克。① 东方朔给汉武帝的奏章也是用简牍，《史记·滑稽列传》记载："朔初入长安，至公车上书，凡用三千奏牍。公车令两人共持举其书，仅然能胜之。人主从上方读之，止，辄乙其处，读之二月乃尽。"这篇简牍大概重 9.5 千克，10 万字左右。《汉书》卷六六《东方朔传》记载东方朔，"少失父母，长养兄嫂。年十三学书，三冬文史足用。十五学击剑。十六学《诗》《书》，诵二十二万言"。其阅读 22 万字的著作，其所需竹简也不少。20 世纪以来，发掘的秦汉时期简牍很多，居延汉简 1930 年发现有 1 万多枚，20 世纪 70 年代又发现 2 万余枚；走马楼竹简有 10 万多枚；里耶秦简也有 3 万多枚。竹木简的制作对竹、木的质量要求很高。材质要质地白软，便于书写，不燥不裂，便于保存。竹简制作好之后还要放在火上烤，以防止虫蛀。这样一来，制作中就会出现一定的淘汰品。所以，在竹木简制作过程中，对竹木的消耗很大。每枚竹木简少则三五字，多可达三四十字，这样一篇数千言的文章书写下来，所用竹木简的数量就十分惊人了。《史记·货殖列传》记载发家致富就是拥有"竹竿万个"，竹竿除了可以用作生活用具之外，还有一个重要的用途就是制作成竹简，"竹竿万个"，其中也有部分为制作竹简所用。秦汉之后，制墨业兴起，也要消耗大量木材，特别是松木。

二、丧葬的消耗

墓葬消耗的森林资源也非常庞大。在汉代，上层社会流行"黄肠题凑"

---

① 王子今：《秦始皇的阅读速度》，《博览群书》2008 年第 1 期。

葬具。黄肠题凑作为一种葬具早在春秋战国时就已出现。汉代也流行"黄肠题凑"葬具，多为帝、后和诸侯国王、后所使用。一些公卿大臣也受到这种待遇，如西汉霍光、东汉梁商等人。"黄肠题凑"用黄心柏木枋构成，黄心柏木是我国特有树种，其心材呈黄褐色，边材为淡褐色或淡黄色。黄心柏木材质优良，纹理直，结构密，耐水性和抗腐蚀性强，还有香气，非常适合墓葬用材。

现在发掘的"黄肠题凑"墓很有限，长沙象鼻嘴一号墓、长沙陡壁山一号、北京大葆台、高邮天山一号墓以及最近发掘的老山汉墓都出土过这种葬具。"黄肠题凑"葬具所用的木材量巨大，北京大葆台一号墓用木就多达一万五千八百八十根。刘焉死后，汉和帝与窦太后为其修墓时，"开神道，平夷吏人冢墓以千数，作者万余人。发常山、巨鹿、涿郡柏黄肠杂木，三郡不能备，复调余州郡工徒及送致者数千人"①。实际上，由于"黄肠题凑"葬具要消耗大量木材，就是皇家也无力置办。在老山汉墓中，就用大量的栗木代替柏木。东汉后期，甚至出现石制的"黄肠题凑"，② 可见相关木材比较缺乏。

皇家墓葬消耗大量木材，普通官员也如此。两汉时期流行厚葬，对棺木的选材十分考究。西汉霍光死后，皇帝赐给他家"枞木外臧椁十五具"③。《盐铁论》卷六《散不足》记载西汉时期流行厚葬，"古者，事生尽爱，送死尽哀。故圣人为制节，非虚加之。今生不能致其爱敬，死以奢侈相高；虽无哀戚之心，而厚葬重币者，则称以为孝，显名立于世，光荣着于俗。故黎民相慕效，至于发屋卖业"。王符谈及东汉的厚葬："古之葬者，厚衣之以薪，葬之中野，不封不树，丧期无数。后世圣人易之以棺椁，桐木为棺，葛采为缄，下不及泉，上不泄臭。中世以后，转用楸梓槐柏杕樗之属，各因方土，栽用胶漆，使其坚足恃，其用足任，如此而已。今者京师贵戚，必欲江南檽梓豫章之木。边远下土，亦竞相放效。夫檽、梓、豫章，所出殊远，伐之高山，引之穷谷，入海乘淮，逆河溯洛，工匠雕刻，连累日月，会众而后动，多牛而后致，重且千斤，功将万失，而东至乐浪，西达敦煌，费力伤农于万里之地……今京师贵

---

①《后汉书·中山简王焉传》。

② 刘德增：《也谈汉代的"黄肠题凑"葬制》，《考古》1987 年第 4 期。

③《汉书·霍光传》。

戚，郡县豪家，生不极养，死乃崇丧。或至金缕玉匣，襦梓梗楠，多埋珍宝偶人车马，造起大冢，广种松柏，庐舍祠堂，务崇华侈。"① 这种厚葬风俗持续到东汉后期，崔寔提到："乃送终之家，亦大无法度，至用襦梓黄肠，多苦恼宝货，殡牛作介，高坟大寝，是可忍也，孰不可忍！而俗人多之，咸曰健子。"② 厚葬除了下葬时要陪葬财物外，还有一个重要的表现就是棺椁制度。考古发掘表明，墓葬中的棺椁数量依据财力而定，没有定制。赵王张耳墓葬是二棺一椁，长沙王吴著和长沙王后曹氏为三棺二椁；而中山怀王刘建和广阳顷王刘修墓葬则为五棺二椁，列侯墓葬中棺椁也不一。不过，一般官员中，基本上为一棺一椁，但厚薄也不一样，这反映出社会上努力实现厚葬。而普通墓葬的棺椁制度中，西汉时期虽然发现有一些一棺无椁的墓葬，但所占比例并不高，当时流行实现一棺一椁，或者二棺一椁。但二者比例不一样，考古发现前者比例很高。东汉时期，基本实行一棺一椁。③ 一棺无椁的墓葬需消耗木材约0.2立方米④，一棺一椁则要0.6立方米木材。

由此可见，两汉厚葬是社会上层，即使是普通人家，也尽力置办，以表达孝心。厚葬的一个重要内容就是所用棺木考究，这种厚葬之风势必消耗大量森林资源。

三、造船业的消耗

林木资源消耗的另一大宗是造船。秦汉魏晋南北朝时期，中国南北方都分布着密集的河网，这一时期航运业比较发达。航运业的发达也促成造船业的兴盛。

《史记·货殖列传》记载"亦比千乘之家"的发家致富方式之一就是拥有"船长千丈"来贩卖商品。在汉武帝时期，为了打击商人势力，规定"船五丈

①《后汉书·王符传》。

②《全后汉文·崔寔·政论》。

③ 蒲慕州：《墓葬与生死：中国古代宗教之反思》，（台北）联经出版事业有限公司 1993 年版，第 249—253、113—119 页。

④ 出土棺椁厚度并不明确，暂以 10 厘米厚为参考数。

以上一算"。① 所以，"船长千丈"，按照汉武帝的标准就是拥有近 200 艘船。除了商人拥有大量船只之外，在民间一般人家也拥有一定的船只，比如："吴地以船为家，以鱼为食。"② 这可能与吴地生活环境有关，其船一般为独木舟之类的小船。东汉末年，曹操征讨孙权，周瑜就认为："今使北土已安，操无内忧，能旷日持久，来争疆场，又能与我校胜负于船楫（可）乎?"当时"权欲作坞，诸将皆曰:'上岸击贼，洗足入船，何用坞为?'"③ 可见在南方船已经影响到生活的各个方面。"汉祖自汉中出三秦伐楚，萧何发蜀、汉米万船给助军粮，收其精锐以补伤疾。"④ 这些船除了是一些富户的船只之外，还应该有普通人家的船只，否则就不能在其中补充兵员了。西汉时期，由于漕运的需要，"大船万艘，转漕相过"⑤，将各地的物资运往长安。东汉时期，"豪人之室"仍然是"船车贾贩，周于四方"⑥。

除了民间有不少船只之外，朝廷水军之中也拥有大量船只。秦始皇时，"又使尉屠睢将楼船之士南攻百越，使监禄凿渠运粮，深入越，越人遁逃"⑦。据《淮南子》卷一八《人间》记载："乃使尉屠睢发卒五十万，为五军，一军塞镡城之岭，一军守九疑之塞，一军处番禺之都，一军守南野之界，一军结余干之水。三年不解甲驰弩，使临禄无以转饷。"因此，运兵船和后期所需的船只相加，数量是相当多的。西汉时期，汉武帝在元封五年"行南巡狩"，当时就有"舳舻千里"跟随，这些船只基本上是水军所用之船。为了讨伐南越，汉武帝在元鼎五年，"江、淮以南楼船十万人"用以运兵作战。⑧ 东汉时，为了讨伐南蛮，光武帝"遣武威将军刘尚发南郡、长沙、武陵兵万余人，乘船溯沅水，入武溪击之"。也是在光武帝时期，为了讨伐交趾，"乃诏长沙、合

①《汉书·食货志下》。

②《汉书·五行志》。

③《三国志·吴书·周瑜传》《三国志·吴书·吕蒙传》引《吴录》。

④《华阳国志·蜀志》。

⑤《后汉书·杜笃传》。

⑥《后汉书·仲长统传》。

⑦《史记·主父偃传》。

⑧《汉书·武帝纪》。

浦、交阯具车船，修道桥，通障溪，储粮谷。十八年，遣伏波将军马援、楼船将军段志，发长沙、桂阳、零陵、苍梧兵万余人讨之"①。这两次用兵都以舟船来运兵。在建武九年，岑彭与公孙述在荆门一带对峙，"公孙述遣其将任满、田戎、程汎，将数万人乘枋箄下江关"，而"彭数攻之，不利，于是装直进楼船、冒突露桡数千艘"②。在这场战役之中双方都动用了大量船只。

秦汉时期的水军拥有众多船只，当有众多造船基地，据史料统计，其主要造船地点有：

1. 洛阳附近。东汉末年沮授、田丰建议袁绍："进屯黎阳，渐营河南，益作舟船，缮治器械。"③ 黎阳今为河南浚县，在洛阳附近。魏文帝时期修筑御楼船，在陶河和孟津"试船"，两次都覆没，连主管造船的官员杜畿也被淹死。④

2. 会稽郡。西汉朱买臣任会稽太守时，"诏买臣到郡，治楼船，备粮食、水战具，须诏书到，军与俱进"⑤。

3. 庐江郡。庐江郡是西汉主要的造船基地，西汉在此设有"楼船官"⑥，淮南王刘安准备造反时，伍被就认为："略衡山以击庐江，有寻阳之船，守下雉之城，结九江之浦。"⑦

4. 广州。广州地区发现了秦汉时期造船的船坞，是不是造船基地还有一定争议，但这至少与造船有关。

5. 夷陵、江陵、武昌。在夷陵，东汉时期"（吴）汉留夷陵，装露桡船，

---

①《后汉书·南蛮西南夷列传》。

②《后汉书·岑彭传》。

③《三国志·魏书·袁绍传》引《献帝传》。

④《三国志·魏书·杜畿传》。

⑤《汉书·朱买臣传》。

⑥《汉书·地理志》。

⑦《汉书·蒯通传》。

将南阳兵及弛刑募士三万人溯江而上"①。在江陵，刘安打算"伐江陵之木以为船"②。在武昌，"权于武昌新装大船，名为长安，试泛之钓台圻。时风大盛，谷利令柁工取樊口"③。夷陵、江陵、武昌三地都在长江沿岸，加之有丰富的森林资源，故是这一时期的造船基地之一。

6. 浙江的平阳县和福建霞浦县。这两地在东汉晚期就有造船基地。"横阳令，晋武帝太康四年，以横屿船屯为始阳，仍复更名。"④ "温麻令，晋武帝太康四年，以温麻船屯立。"⑤

7. 蜀地。西汉初年，萧何在四川征发大量民船用以运输粮食。东汉时期，公孙述又在此"造十层赤楼帛兰船"⑥。可见蜀地造船业一直发达。

8. 邺城附近。东汉末年，邺城是曹操的统治中心地区，以此为根据地，曹操建立了庞大的水军，为消灭割据政权打下了重要基础。王粲在《从军行》中写道："朝发邺都桥，暮济白马津。逍遥河堤上，左右望我军。连舫逾万艘，带甲千万人。"这些舰船从邺城出发，其造成基地也应在邺城附近。

9. 长安附近。两汉时期长安附近有不少造船基地。《三辅旧事》记载："昆明池儿三百三十二顷，中有戈船各数十，楼船百艘，船上建戈矛，四角悉垂幡旄葆麾，盖照烛涯涘。"这些船只应该是在附近制造的。又据《汉书·地理志》记载："新丰，骊山在南，故骊戎国。秦曰骊邑。高祖七年置。船司空，莽曰船利……首阳，《禹贡》鸟鼠同穴山在西南，渭水所出，东至船司空入河，过郡四，行千八百七十里，雍州浸。"船司空作为县名，其来历，据颜师古的注释，"本主船之官，遂以为县"。可知当地是一个重要的造船基地。东汉时期，杜笃还提到，"造舟于渭，北航泾流。千乘方毂，万骑骈罗，衍陈

①《后汉书·吴汉传》。

②《汉书·蒯通传》。

③《三国志·吴书·吴主传》引《江表传》。

④《宋书·州郡一》。

⑤《宋书·州郡二》。

⑥《后汉书·公孙述传》。

于岐、梁，东横乎大河"。"北舣泾流"本意是将船连接，形成浮桥。① 考虑到可"造舟于渭"，可知东汉时这一带造船业发达。

此外，燕齐沿海地区，有不少造船基地。《汉书·朝鲜传》记载："（元封二年）天子募罪人击朝鲜。其秋，遣楼船将军杨仆从齐浮勃海，兵五万，左将军荀彘出辽东，诛右渠。"跨海行军，共五万人，加之后勤补给，可知当时征发了不少船只，从侧面反映出这一带造船业发达。

四、城市建筑与薪柴消耗

秦汉魏晋南北朝时期，城市建筑特别是都城宫廷建筑消耗的森林较多。史书记载："秦每破诸侯，写放其宫室，作之咸，北阪上，南临渭，自雍门，以东至泾、渭，殿屋复道周阁相属。所得诸侯美人钟鼓，以充入之。"② 而据《三辅旧事》记载："始皇表河以为秦东门，表汧以为秦西门，表中外殿观百四十五，后宫列女万余人，气上冲于天。"至秦始皇三十五年，"关中计宫三百，关外四百余"。后来，秦始皇下令，"咸阳之旁二百里内宫观二百七十复道甬道相连，帷帐钟鼓美人充之，各案署不移徙"。这些宫殿所消耗木材和石料来源，"发北山石椁，乃写蜀、荆地材皆至"。③ 项羽进入咸阳后，"居数日，项羽引兵西屠咸阳，杀秦降王子婴，烧秦宫室，火三月不灭。收其货宝妇女而东"④。项羽的这次行为，在一定意义上是对森林资源的极大破坏，因为新建立的王朝必须重新去修建宫殿和城池，这意味要重新去砍伐原始林木。刘邦建国后，秦朝原有的大部分宫殿不能继续使用，就建都在咸阳附近的长安，萧何负责修建新的都城，史书记载："萧何治未央宫，立东阙、北阙、前殿、武库、大仓。上见其壮丽，甚怒，谓何曰：'天下匈匈，劳苦数岁，成败未可

① 辛德勇：《东汉魏晋南北朝时期陕西航运之地理研究》，陕西师范大学西北历史环境与经济社会发展研究中心编：《历史地理学研究的新探索与新动向——庆贺朱士光教授七十华秩暨荣休论文集》，三秦出版社 2008 年版。

② 《史记·秦始皇本纪》。

③ 《史记·秦始皇本纪》。

④ 《史记·项羽本纪》。

知，是何治宫室过度也！'何曰：'天下方未定，故可因以就宫室。且夫天子以四海为家，非令壮丽亡以重威，且亡令后世有以加也。'上说。自栎阳徙都长安。"① 长安城建在咸阳城的东南，在秦朝离宫兴乐宫的基础上扩建而成。其设计规划，沿用秦制。由于西汉继承了秦代宫廷建筑群的风气，宫殿造得多而大。② 西汉末年，赤眉军进入长安后，"西京宫室，发掘园陵，寇掠关中"③。光武帝又将都城放在洛阳，这里又需要修建诸多宫殿。

此外，长安等城市人口众多，《汉书·地理志》记载："京兆尹，故秦内史，高帝元年属塞国，二年更为渭南郡，九年罢，复为内史。武帝建元六年分为右内史，太初元年更为京兆君。元始二年，户十九万五千七百二，口六十八万二千四百六十八。县十二：长安，高帝五年置。惠帝元年初城，六年成。户八万八百，口二十四万六千二百。"这里的人口统计只是常住人口，加上军队、皇族、官员以及流民，人口更多。④ 城市人口日常生活需要大量的薪柴，据龚胜生先生估计，五口之家一年消耗薪柴 4 吨，并不算高。⑤ 而王天杭的研究表明，唐代前期一百余年间因木构建筑的用材至少要采伐 1200 万立方米的材木，所占森林面积约 1200 平方千米。这一面积只是单纯考虑建筑用材（高大乔木）情况下的数字，将其还原为天然森林的面积则至少有 2000 平方千米以上。⑥ 这些研究有重要的参考价值，唐代长安城人口为八十万左右，而西汉时期有三四十万人，建筑规模差不多，所以对森林的消耗有一定的可比性，也就意味着整个西汉仅建筑消耗的森林面积在 1500 平方千米以上。

①《汉书·高帝纪下》。

②杨宽：《西汉长安布局结构的探讨》，《文博》1984 年第 1 期。

③《后汉书·光武纪上》。

④王子今：《西汉长安居民的生存空间》，《人文杂志》2007 年第 2 期。

⑤龚胜生：《唐长安城薪炭供销的初步研究》，《中国历史地理论丛》1991 年第 3 期。

⑥王天航：《建筑与环境：唐长安城木构建筑用材定量分析》，陕西师范大学硕士
   论文 2007 年，第 63 页。

第二节　秦汉时期人口与生产力状况

人的活动是环境变化的一个重要因素。没有人的活动，环境史不能称为环境史。历史上，人类为了满足其生存需要，不停地从自然中获得各种资源。人类的活动或多或少、或大或小、或强或弱地与环境发生联系。[①] 历史上，人口规模、人口政策、生产技术以及种植结构都会对环境产生重要影响。[②]

一、秦汉时期人口状况

秦朝统一六国时，全国人口大约有 4000 万。经过统一战争，人口数量与战国时期相比，已经有了很大的下降。秦始皇统一六国后，普遍存在劳动力不足，而不是人口压力问题。故秦朝时期，征伐劳役和兵役采用非常残暴的措施。许多新扩张的领土因为无法移民，而最后又丧失殆尽。[③] 当时人口密度很低，每平方千米十人左右，很多地方还是无人区。人口多分布在可灌溉的原始耕地上，周围都是森林或者草原。[④]

战国秦朝时期，人口按照乡里制居住，类似西欧城邦国家，人口都居住在城市。[⑤] 这样，随着人口的增减，城市周边地区环境受到影响最深。战国时期，随着人口增长，以邑为中心，一层一层放火烧林，按人口需要扩展农田，

---

① 梅雪芹：《论环境史对人的存在的认识及其意义》，《世界历史》2006 年第 6 期。

② 赵冈：《中国历史上生态环境之变迁》，中国环境科学出版社 1996 年版，第 1—18 页。

③ 葛剑雄：《中国人口史》（第一卷），复旦大学出版社 2002 年版，第 197 页。

④ 赵文林、谢淑君：《中国人口史》，人民出版社 1988 年版，第 20—23 页。

⑤ 臧知非：《秦汉里制与基层社会结构》，《东岳论丛》2005 年第 6 期。

农林带外围则任其生长野草及灌木，作为牧地，最外围则是未烧的林地，作为防卫林及辖区边界线。但人口增加时，这些放射性的开发圈逐渐扩散。在人口稠密的地方，各城邑的外围林地已经消失，各诸侯国辖区域的农田彼此相连。春秋战国时期，主要是平原地区的环境受到破坏，在一些都城，森林已经消失了。[①]

经过秦末农民战争，国家所控制的人口大为减少。一方面是人口大量死亡，《汉书·食货志》记载，西汉初年，"民失作业而大饥馑。凡米石五千，人相食，死者过半"。另一方面是人口大量逃亡，《史记·高祖功臣侯者年表》记载："天下初定，故大城名都散亡，户口可得而数者十二三，是以大侯不过万家，小者五六百户。"《汉书·陈平传》记载："高帝南过曲逆，上其城，望室屋甚大，曰：'壮哉县！吾行天下，独见洛阳与是耳。'顾问御史：'曲逆户口几何？'对曰：'始秦时三万余户，间者兵数起，多亡匿，今见五千余户。'于是诏御史，更封平为曲逆侯，尽食之，除前所食户牖。"曲逆县的人口减少了六分之五，但这些人口并非都死于战乱，相当一部分人口逃匿，所谓的"多亡匿"。

西汉初年，国家所控制的人口大为减少，人口在 1500—1800 万之间。[②] 因为战争，诸多人口曾逃亡山林，所以刘邦称帝伊始就诏令天下，要求那些逃亡山林的人口各归本籍，重新登记户口，选择回到原来的乡里之中。"民前或相聚保山泽，不书名数，今天下已定，令各归其县，复故爵田宅，吏以文法教训辨告，勿笞辱。"[③] 诏令要求和实践结果总是有距离的，选择回到原籍的只能是逃亡人口的一部分，散居乡野的人口比重肯定大于以往。这样，在一些山林之地，出现了一些人口聚集区，一般而言，西汉实行百户一里制，但为了控制这些散居户，降低要求户数，设置里。[④] 因此，秦末农民战争时，平原地区人口大为减少，一些土地荒芜。但在一些山林地区，由于人口的迁入，得到了开发，但这些人口还是比较少，环境改变并不大。

---

① 赵冈：《中国历史上生态环境之变迁》，中国环境科学出版社 1996 年版，第 7 页。

② 葛剑雄：《中国人口史》（第一卷），复旦大学出版社 2002 年版，第 312 页。

③《汉书·高帝纪下》。

④ 马新：《两汉乡村社会史》，齐鲁书社 1997 年版，第 251 页。

西汉建国后，一方面招来逃亡人口，另一方面减轻农民负担，有利于人口的增长。《汉书·高惠高后文功臣表》记载："时大城名都民人散亡，户口可得而数裁什二三，是以大侯不过万家，小者五六百户。故逮文、景四五世间，流民既归，户口亦息，列侯大者至三四万户，小国自倍，富厚如之。"而《史记·高祖功臣侯者年表》则记载："后数世，民咸归乡里，户益息，萧、曹、绛、灌之属或至四万，小侯自倍，富厚如之。"西汉时期分封的侯国，以汉高祖时期最多，前后一百四十三个；侯国分封的人口也最多，每个侯国平均二千一百户。① 这一时期人口的增加，一方面是人口自然增长，另一方面是人口回归原籍造成的。景帝时期，人口大为增长，七十年间，人口增长了一倍。武帝时期因为战争，人口有所减少，但西汉整个时期，人口年平均增长率为6‰—7‰。西汉末年，元始二年（公元2年）其直接统治的郡国范围内有人口约6000万人。此时，由于战乱以及各种天灾人祸，人口有所减少。光武帝中期，人口逐渐增加。汉和帝时人口有5300多万，此后由于各种原因，人口有一定的波动。到了汉桓帝时期，人口有5600多万，基本上与西汉时期持平。②

人口的增长，必然要开垦新的土地。《汉书·地理志》记载西汉时期"凡郡国一百三，县邑千三百一十四，道三十二，侯国二百四十一。地东西九千三百二里，南北万三千三百六十八里。提封田一万万四千五百一十三万六千四百五顷，其一万万二百五十二万八千八百八十九顷，邑居道路，山川林泽，群不可垦，其三千二百二十九万九百四十七顷，可垦不可垦，定垦田八百二十七万五百三十六顷。民户千二百二十三万三千六十二，口五千九百五十九万四千九百七十八。汉极盛矣"。

不过，土地开垦的多少，除了与人口有关之外，还与生产技术以及粮食亩产等有关，铁制农具等的使用以及牛耕的发展，人类征服自然的能力提高，土地开垦也可以增加。

---

① 柳春藩：《秦汉封国食邑赐爵制》，辽宁人民出版社1984年版，第97页。

② 葛剑雄：《中国人口史》（先秦魏晋南北朝卷），复旦大学出版社2005年版，第333—375、407页。

二、秦汉时期农业技术的发展

中国牛耕的起源，历来有争议。牛耕在中国的普及，也有不少看法。有研究表明，在春秋战国时期，牛耕并没有普及。[①] 至于牛耕在两汉中的推广，更是争议不少。至少在西汉中期，牛耕并没有普及。《史记·货殖列传》中说："通邑大都酤一岁千酿，醯酱千瓨，浆千儋，屠牛、羊、彘千皮。"可见当时在经济发达的地方宰杀牛是比较普遍的现象，足见牛耕并不普遍。《九章算术·均输》记载："今有程耕，一人一日发七亩，一人一日耕三亩，一人一日耰种五亩。今令一人一日自发、耕、耰种之，问治田几何？答曰：一亩一百一十四步七十一分步之六十六。"上述例子中，一人一天只能耕三亩，应该不是牛耕，而是用耒耜耕作。西汉时期，文献中记载耒耜耕作的例子颇多。西汉初年，贾谊指出："今农事弃捐而采铜者日蕃，释其耒耨，冶熔炊炭，奸钱日多，五谷不为多。"[②]《淮南子·主术训》中说："夫民之为生也，一人跖耒而耕，不过十亩，中田之获，卒岁之收，不过亩四石，妻子老弱，仰而食之，时有涔旱灾害之患，无以给上之征赋车马兵革之费。由此观之，则人之生，悯矣！"《淮南子》中的这段话主要是反映农民生活不稳定，遇到灾害，容易陷入困苦境地，故其反映的"跖耒而耕"，应该是当时社会中的普遍现象。《淮南子·缪称》中提到："夫织者日以进，耕者日以却，事相反，成功一也。""耕者日以却"，应该是耒耜取土时的动作，如果是牛耕，则因该是前进。《盐铁论·刺权》中说："……鸣鼓巴俞作于堂下，妇女被罗纨，婢妾曳缔纻，子孙连车列骑，田猎出入，毕弋捷健。是以耕者释耒而不勤，百姓冰释而懈怠。"此外，《盐铁论·未通》中记载："内郡人众，水泉荐草，不能相赡，地势温湿，不宜牛马；民跖耒而耕，负檐而行，劳罢而寡功。"这些反映出当时社会上耒耜之耕还占据主要地位。《淮南子》和《盐铁论》中的这些记载，反映出西汉中期黄河流域中下游地区农业生产中还是以耒耜耕作为主。

---

① 李恒全等：《铁农具和牛耕导致春秋战国土地制度变革说质疑》，《中国社会经济史研究》2005年第4期。

②《汉书·食货志上》。

汉武帝时期，赵过倡导牛耕，被认为是西汉推广牛耕的开始，不过细读史料，还是有问题，史书记载："率十二夫为田一井一屋，故亩五顷，用耦犁，二牛三人，一岁之收常过缦田亩一斛以上，善者倍之。过使教田太常、三辅，大农置工巧奴与从事，为作田器。二千石遣令长、三老、力田及里父老善田者受田器，学耕种养苗状。民或苦少牛，亡以趋泽，故平都令光教过以人挽犁。过奏光以为丞，教民相与庸挽犁。率多人者田日三十亩，少者十三亩，以故田多垦辟。过试以离宫卒田其宫钚地，课得谷皆多旁田，亩一斛以上。令命家田三辅公田，又教边郡及居延城。是后边城、河东、弘农、三辅、太常民皆便代田，用力少而得谷多。"

代田法的优点是能防风抗旱，增加单产，代价是要投较多的牛力和人力。代田法推广比较缓慢，除了与传统大田农业的耕作法有很大区别之外，一个很重要的原因是赵过用耦犁的前提是土地要比较集中，要拥有五顷土地才能用牛耕。这主要是因为西汉时期还用大犁，这就要求土地集中，以便于耕作。[①] 而在西汉时期，农民耕种的土地有限，每户一般以耕种二三十亩居多，[②] 也有人认为户均耕地是七十亩左右。[③] 不管是二三十亩还是七十亩，距亩五顷还是相差较多的。有限规模的土地，并不适合耦犁耕作。

在这种情况下，牛耕并没有得到普及。西汉末年，铁犁和牛耕技术的推广仍局限于中国北部，南至河南中部，北达内蒙古、辽宁，东到山东，西抵甘肃、青海、新疆。即使是在上述地区，耒耜类农具仍然与铁犁并重，或在许多地区比铁犁更重。[④]

东汉初年，在黄河流域的一些地方，牛耕也并不普遍，史书记载："（王）霸子时方耕于野，闻宾至，投耒而归。"[⑤] 王霸是太原人，处于当时的经济重心区，耒耕还比较流行，其他地方可想而知。故东汉前期，王充在《论衡·

① 王静如：《论中国古代耕犁和田亩的发展》，《农业考古》1983 年第 1 期。

② 赵德馨：《汉代的农业生产水平有多高——兼与宁可同志商榷》，《江汉论坛》1979 年第 2 期。

③ 杨际平：《秦汉农业：精耕细作抑或粗放耕作》，《历史研究》2001 年第 4 期。

④ 王文涛：《两汉的耒耜类农具》，《农业考古》1995 年第 3 期。

⑤《后汉书·列女传》。

乱龙》中说："立春东为土象人，男女各一人，秉来把锄。或立土牛，未必能耕也。"《论衡·自然》记载："未相耕耘，因春播种者，人为之也；及谷入地，日夜长大，人不能为也。"可见未耕还是占相当大的比重的。东汉中后期，牛耕在黄河流域逐渐推广，汉章帝建初元年，下诏说："比年牛多疾疫，垦田减少，谷价颇贵，人以流亡。方春东作，宜及时务。"① 由于牛疫而导致垦田减少，可知这一时期牛耕比较普遍。因此，朝廷对牛疫也比较重视，在建初四年，"冬，牛大疫"。汉和帝永元十六年，"二月己未，诏兖、豫、徐、冀四州比年雨多伤稼，禁沽酒。夏四月，遣三府掾分行四州，贫民无以耕者，为雇犁牛直"②。可知，至少在兖州、冀州、徐州、豫州这四个黄河流域的州县，牛耕是比较普遍的。《风俗通义·佚文》指出："牛乃耕农之本，百姓所仰，为用最大，国家之为强弱也。"东汉末年，黄河流域牛耕基本普及，在考城县，蔡邕看到："暖暖玄路，北至考城，劝兹稿民，东作是营。农桑之业，为国之经。我君勤心，德章邈成。率雨苗民，慎不散德，女执伊筐，男执其耕。"③ 东汉的荡阴，"路无拾遗，犁种宿野"④。东汉中后期的纬书《河图帝览嬉》记载："月犯牵牛，将军奔，天下牛多死。"《易纬乾坤凿度》卷上中记载："服牛马随。"对此，郑玄对此的解释是："今畜随人用。"由此可知在东汉末年黄河流域牛耕比较普遍，但南方尚不普遍。

此外，秦汉时期铁农具的应用逐渐普及。青铜农具已较少见，石器、蚌器、骨器农具更少见。就起土农具而言，铁器农具已经取代了骨器、石器起土农具；除云南、贵州外，也已取代了青铜起土农具。铁器农具虽已成为农民最主要的生产工具，但它仍未完全取代木器农具。两汉铁器官营专卖政策，导致铁农具价格昂贵、质量较差、购买不便，从而影响铁农具的推广、使用。秦汉时期，铁农具还不能充分满足社会生产的需要，因而木制农具尚未完全退出生产领域。东汉时期铁制农具逐渐占据主体地位。⑤

---

①《后汉书·章帝纪》。

②《后汉书·和帝纪》。

③《全后汉文·蔡邕·行考城县》。

④《全后汉文·阙名·汉故毂城长荡阴令张君表颂》。

⑤杨际平：《试论秦汉铁农具的推广程度》，《中国社会经济史研究》2001年第2期。

　　铁制农具的使用和牛耕的推广，使得人类征服自然的能力增强，开垦的土地增加。史书记载，西汉元始二年，"定垦田八百二十七万五百三十顷……每户合得田六十七亩百四十六步有奇"，而到了"顺帝建康元年，定垦田六百八十九万六千二百七十一顷五十六亩九十四步……每户合得田七十亩有奇"①。东汉时期，总体垦田要比西汉少，但户均比西汉多，是生产工具进步的一个表现。②

　　然而，直到秦汉时期，当时的农业仍处于"粗放经营"的地步。③ 吴慧先生认为战国时期，粮食亩产量为 216 斤，西汉末年达到 264 斤。④ 杨际平先生认为西汉粮食亩产并没有这么高，只有一百来斤。不管怎样，秦汉时期，粮食亩产量增长不大，而这一时期人口有了较快的增长。要养活这么多的人口，在粗放经营的前提下，不是以提高粮食亩产为目标，而是以扩大耕地面积来实现。

　　土地的开垦，两汉时期往往是通过焚烧森林或者草原来获得耕地。董仲舒提及西汉时期，说："秉耒躬耕，采桑亲蚕，垦草殖谷，开辟以足衣食。"⑤《盐铁论·禁耕》提到："器用不便，则农夫罢于野而草莱不辟。草莱不辟，则民困乏。"《盐铁论·通有》提及："荆、扬南有桂林之饶，内有江、湖之利，左陵阳之金，右蜀、汉之材，伐木而树谷，燔莱而播粟，火耕而水耨，地

---

① 《通典·食货典·田制》。

② 当然，另一个原因可能是西汉时期户均人口数量比东汉要多，据平帝元始二年（公元 2 年）户口统计的结构，当时户均人口是 4.67 口，东汉时期，家庭规模逐渐扩大，光武帝建武中元二年，当时全国户均 4.91 口，明帝永平十一年户均 5.82 口，章帝章和二年户均 5.81 口，和帝元兴元年是 5.77 口，安帝至桓帝期间户口统计也多维持在 5 口左右。而家庭规模的扩大也与牛耕推广有关。详见程念祺的《中国古代经济史中的牛耕》（载《史林》2005 年第 6 期）相关部分论述。

③ 杨际平：《秦汉农业：精耕细作抑或粗放耕作》，《历史研究》2001 年第 4 期。

④ 吴慧：《中国历代粮食亩产研究》，农业出版社 1985 年版，第 195 页。

⑤ 《春秋繁露·立元神》。

广而饶财。"可见当时还是以放火烧草来获得耕地。东汉时期，也是通过这种方式来获得土地，《后汉书·文苑传·杜笃》中提到东汉时期的耕作方式是"火耕流种，功浅得深"。崔寔在《政论》中提到："今宜复遵故事，徙贫人不能自业者于宽地，此亦开草辟土振人之术也。"所以，东汉末年的道教指出："天上急禁绝火烧山林丛木之乡，何也？愿闻之。""请问下田草宁可烧不？""天上不禁烧也，当烧之。"① 可知在东汉时期，焚烧森林与草地仍然是获得新垦土地的主要方式。

---

① 《太平经合校·禁烧山林诀》《太平经合校·烧下田草诀》。

第三节　中原地区的植被

秦汉时期的人口主要集中在中原地区。农业人口的增长，必然要开垦出新的耕地，就一定会破坏森林和草原。森林的破坏有两种形式：一种是一次性破坏，改变林地用途。在古代，主要是将林地转化为耕地，用以种植农作物。除非退耕还林，否则这块地上的森林将会永远消失。即便是这块土地以后荒芜，在其上只会长满杂草或者偶尔有几株树苗。另外一种是经常性、不间断地消耗林木，比如在生活中砍伐树木。如果不过量采伐，被砍伐的树木在一段时间内会自然生长，自然补充损耗的森林资源。如果是采取扫荡式的砍伐，则森林资源的恢复很困难。在人类的日常生活中，很多活动属于后者，比如为了薪柴以及家庭生活的需要而进山砍树，不会对森林造成很大的危害；即使是造船和宫殿建筑，也只是消耗特定的木材，比如楠木等，这对原始森林及森林内的树种有破坏，但对森林的功能损害不大。但是，对于伐木烧炭以及冶炼来说，其砍伐可谓是扫荡式的，伐木烧炭不管是什么树种，不管树木有多大，都可以用以烧炭，故其破坏性极大。在农垦之中，对森林破坏最大的就是焚烧森林以获得土地。这在古代是一种常用的方式，古人虽然懂得用火来烧林获取耕地，但由于无法控制火势，往往焚烧大片森林之后，却只开垦一部分土地。这种垦荒的方式东汉末年还在使用，所以在早期道教徒眼中："天上急禁绝火烧山林丛木之乡何也？愿闻之……然，山者，太阳也，土地之纲是其君也。布根之类，木是其长也，亦是君也，是其阳也。火亦五行之君长也，亦是其阳也。三君三阳，相逢反相衰。是故天上令急禁烧山林丛木，木不烧则阴中。阴者称母，故依下也。"[1] 可见，在早期道教徒眼中，开荒焚烧山林破坏了阴阳平衡，说明这种做法当时还很常见。

---

[1]《太平经合校·禁烧山林诀》。

秦汉时期，人口增长较快，大量山林被焚烧变成耕地，必然对环境造成破坏。一个地区开垦多少土地才不会导致生态环境恶化，又能得到可持续发展呢？《汉书·食货志》记载："李悝为魏文侯作尽地力之教，以为地方百里，提封九百顷，除山泽、邑居参分去一，为田六百万亩，治田勤谨则亩益三升，不勤则损亦如之。地方百里之增减，辄为粟百八十万石矣。"李悝认为一个地方土地开垦可占全部土地的三分之二。此外，银雀山汉简中出土关于战国时期的《守法守令》，记载了一个可以持续发展的土地开发模式，"0563 一县半垦者，足以养其民。其半为山林溪谷，蒲苇鱼鳖所出，薪蒸□□"①。一般认为，《守法守令》是李悝提出来的，其中一些内容为商鞅变法所吸收。② 按照这个规定，一个地方土地开垦面积只能达到一半，另一半为森林湿地以及湖泊等。这样，该地人们有足够的燃料以及水产品，能保证可持续发展。

《商君书·算地》中提出了一个比较理想的模式："故为国任地者，山陵居什一，薮泽居什一，溪谷流水居什一，都邑蹊道居什一，恶田居什二，良田居什四。此先王之正律也，故为国分田数小。亩五百，足待一役，此地不任也。方土百里，出战卒万人者，数小也。此其垦田足以食其民，都邑遂路足以处其民，山陵薮泽溪谷足以供其利，薮泽堤防足以畜。故兵出，粮给而财有余；兵休，民作而畜长足。此所谓任地待役之律也。"这里商鞅提出的种植模式，是人口与环境相处比较和谐的模式。当然，商鞅的这个模式是针对生态环境较好的地方而言的，在生态环境比较脆弱的地区，这个模式并不适用。在这个模式中，一个地区要有10%的森林覆盖率、10%的湿地面积、10%的水域面积、10%的土地作为道路、20%的土地是三年一耕的恶地、40%的土地是良田。在先秦时期，一般实行二年一耕；在一些土地肥沃的地方，也可以是一年一耕。这种模式下，人口、资源、环境比较和谐。人类的活动虽然对环境有一定的影响，但还能保持可持续发展。

《商君书》中提出的理想模式的土地开垦比例比《守令守法》要高出10%，和李悝的提法还是比较相似的。由于当时采取休耕的耕作方式，以及《商君书》中还考虑到"恶地"的因素。因此，我们还是可以把《商君书·算

---

① 吴九龙：《银雀山汉简释文》，文物出版社1985年版，第43页。

② 吴九龙：《银雀山汉简释文》，文物出版社1985年版，第17—18页。

地》看作参照模式，来评价一个地方环境状况。按照《商君书·算地》的标准，一个地方的土地，最多有 60% 能被开垦为耕地，超过了这个数字，就对环境造成了压力。也就是说，在生产力相对稳定的情况下，这种理想模式的土地养活的人口是有限的，人口密度应该保持在一定水平。西汉时期，"每户合得田六十七亩百四十六步有奇"，西汉实行 240 方步一亩的政策，以户均 67 亩计算，折合现在户均 46.3 亩。[①] 在理想状态下，一平方千米的土地只能开垦 900 亩，按照当时的生产力水平，只够 20 户开垦，按照五口一户的标准，人口密度在每平方千米 100 人，这一地区环境压力并不大，可以实现可持续发展。

西汉时期，今天山东平原地区的森林与草原基本消失了。当时的兖州人口密度达到每平方千米 103.51 人，具体而言，济阴郡人口密度是每平方千米 261.95 人，鲁国为 165.23 人，平原郡 72.45 人，千乘郡为 119.80 人，济南郡为 93.33 人，北海郡 148.29 人，东莱郡 34.45 人，齐郡为 141.15 人，淄川郡为 247.85 人，胶东郡 44.56 人，高密 186.56 人，泰山郡 38.15 人。这些地方人口大多超过每平方千米 100 人，有些地区甚至超过 200 人，环境压力颇大，该地区人口密度依然很大。东汉时期，这一带一些地区人口密度有所减低，济南郡 68.39 人，乐安郡 59.25 人，北海郡 52.55 人，东莱郡 23.70 人，泰山郡 30.33 人，济北 68.26 人，山阳 117.69 人，济阴为 71.03 人，鲁国为 98.53 人。但齐国 171.53 人，平原郡 103.41 人，而东平郡为 110.38 人，任城郡 133.35 人，人口密度仍不低。一些地区环境压力仍不小。[②]

环境压力反映在这一地区以木材消费为主的燃料出现不足。《汉书·沟洫志》记载："自河决瓠子后二十余岁，岁因以数不登，而梁楚之地尤甚。上既封禅，巡祭山川，其明年旱，干封少雨。上乃使汲仁、郭昌发卒数万人塞瓠子决河。于是上以用事万里沙，则还自临决河，湛白马玉璧，令群臣从官自将军以下皆负薪置决河。是时，东郡烧草，以故薪柴少，而下淇园之竹以为楗。"针对这种情况，汉武帝大发感慨："河汤汤兮激潺湲，北渡回兮迅流难。搴长

---

① 杨际平：《秦汉农业：精耕细作抑或粗放耕作》，《历史研究》2001 年第 4 期。杨际平以户均 70 亩计算，此处在杨际平计算基础上换算得来。

② 葛剑雄：《中国人口史》（第一卷），复旦大学出版社 2002 年版，第 487—501 页。下文中的人口密度数字均出自此。

蒋兮湛美玉，河公许兮薪不属。薪不属兮卫人罪，烧萧条兮噫乎何以御水！隤林竹兮楗石菑，宣防塞兮万福来。"东郡缺少森林，而治理黄河却要消耗大量木材，为了解决这一矛盾，西汉时期，朝廷不得不以大量钱财来购买木材，致使治河成本很高。史书记载："今濒河堤吏卒郡数千人，伐买薪石之费岁数千万，足以通渠成水门。"除了燃料不足外，东郡附近地区，老百姓棺椁用材也比较紧张，"而曹、卫、梁、宋，采棺转尸……而邹、鲁、周、韩，藜藿蔬食"①。因为木材资源匮乏，以至于曹、卫、梁、宋等地区，在丧葬时候还要发掘前人的棺木用以丧葬。

环境的变化也反映在风俗中。《史记·货殖列传》记载："齐带山海，膏壤千里，宜桑麻，人民多文采布帛鱼盐……而邹、鲁滨洙、泗，犹有周公遗风，俗好儒，备于礼，故其民龊龊。颇有桑麻之业，无林泽之饶。地小人众，俭啬，畏罪远邪。""沂、泗水以北，宜五谷桑麻六畜，地小人众，数被水旱之害，民好畜藏，故秦、夏、梁、鲁好农而重民。""齐鲁千亩桑麻……此其人皆与千户侯等。"这些记载表明，在泰山南北，沂、泗、鲁、蒙地区，土地被开辟，人工种植的桑麻五谷等植被取代了天然森林。

山东半岛地区，人口众多，环境压力较大，也影响当时人们的生产与生活方式。《史记·货殖列传》记载，齐地的手工业发达，人们职业多元化，"其中具五民"。"五民"，一般指士、农、工、商贾、兵等人，可见齐地人经济的多元化；而在鲁地，"好贾趋利，甚与周人"，鲁地人口众多，以从事商业活动来减轻人口压力。崔寔指出："今青、徐、兖、冀，人稠土狭，不足相供。"② 这种情况下，一部分人除了从事手工业和商业之外，崔寔建议要移民人少地多之处。

今河南豫西豫东地区，属于古代的三河之地边缘地区，开发也很早。秦汉人口密度较大。西汉时期，颍川郡平均每平方千米人口密度为192.06人，汝南郡为82.77人，梁国为63.41人，陈留郡为124.71人，弘农郡为11.85人，河内郡为80.47人，河南郡为135.06人，南阳郡为39.77人。可见西汉时期，除了弘农郡和南阳郡人口密度较低外，其余地方人口密度都很高。颍川郡、陈

---

① 《盐铁论·通有》。

② 《全后汉文·崔寔·政论》。

留郡和河南郡人口密度都超过了100，环境压力较大。河内郡、汝南郡以及梁国，人口密度在70左右，接近环境压力的边缘。《史记·货殖列传》记载："王者所更居也，建国各数百千岁，土地小狭，民人众……故秦、夏、梁、鲁好农而重民。三河、宛、陈亦然，加以商贾。"重农的结果导致这一地区人口众多，农业发展较快。西汉末年，人口集中分布在豫北豫东平原及伊洛、沁、汝颍河河谷地带，而崤山以西，伏牛山以南，淮河南北，人口密度比较小。[①]

东汉定都洛阳，河南一些地区人口密度有所降低。当时每平方千米人口密度，司隶管辖的河南郡为78.45人，河内郡为59.58人，弘农郡为9.14人，京兆为18.15人；此外，颍川郡为123.35人，汝南郡52.09人，梁国63.41人，沛国68.11人，陈国222.67人，南阳郡为40.47人。除了颍川郡和陈国人口密度超过100，环境压力较大之外，其余地区环境压力在可受范围之内。不过由于定都洛阳，建筑以及薪柴的需要，对洛阳附近的森林破坏较大。秦汉时期，熊耳山、外方山以北山区和丘陵的林木成为主要砍伐对象，面积约占今河南省的四分之一到三分之一，这一时期的森林面积比起夏代减少了一半以上。[②] 东汉的南阳郡仍然保留了大量的原始森林，据《南都赋》记载，东汉时期，这里山林众多，"虎豹黄熊游其下，縠玃猱戏其巅。鸾鹭鹓鸰翔其上，腾猿飞蠝栖其间"；湿地众多，"其草则藨苎蘋莞，蒋蒲蒹葭。藻茆菱芡，芙蓉含华。从风发荣，斐披芬葩。其鸟则有鸳鸯鹄鹥，鸿鸨鴐鹅"。这些反映出这一地区环境状况良好。在豫东地区，直到东汉末年仍然有大面积的森林覆盖。王粲在《从军诗》写道："悠悠涉荒路，靡靡我心愁。四望无烟火，但见林与丘。城郭生榛棘，蹊径无所由。雚蒲竟广泽，葭苇夹长流。日夕凉风发，翩翩漂吾舟。寒蝉在树鸣，鹳鹄摩天游。客子多悲伤，泪下不可收。朝入谯郡界，旷然消人忧。鸡鸣达四境，黍稷盈原畴。馆宅充鄽里，士女满庄馗。自责贤圣国，谁能享斯休。诗人美乐土，虽客犹愿留。"[③] 从邺城到谯郡的这一带有很多森林分布，可见当时的植被状况还是比较好的。

今河北地区，古燕赵之地，开发比较早，人口较多。西汉时期，河北人口

---

① 葛剑雄：《中国人口史》（第一卷），复旦大学出版社2002年版，第580—587页。

② 徐海亮：《历代中州森林变迁》，《中国农史》1988年第4期。

③《先秦汉晋南北朝诗·魏诗二·王粲·从军诗》。

主要集中在中南部地区，亦即太行山以东，广阳、涿郡以南经济发达的冀州平原地区。[①] 在这一地区，清河郡人口密度为每平方千米 91.79 人，常山郡为 43.05 人，赵国为 83.59 人，真定郡为 190.63 人，中山郡为 89.66 人。除了常山郡人口密度较小外，中山郡、清河郡以及赵国都在 90 人左右，环境容量有限，而真定郡人口密度超过 190 人，环境压力较大。《史记·货殖列传》记载："中山地薄人众，犹有沙丘纣淫地余民，民俗懁急，仰机利而食。丈夫相聚游戏，悲歌慷慨，起则相随椎剽，休则掘冢作巧奸冶，多美物，为倡优。女子则鼓鸣瑟，跕屣，游媚贵富，入后宫，遍诸侯。"也可反映出这一时期环境压力之下的生存方式。河北北部、西北部的幽州地区，经济落后，又加以与少数民族处于战争状态，人口比较少，广阳国人口密度每平方千米为 22.69 人，右北平为 7.04 人，辽西郡为 7.59 人，渔阳郡为 6.58 人，上谷郡为 5.20 人，代郡为 11.75 人。人口密度较低，环境压力可以忽略不计，环境保持比较好。

经过西汉末年的灾害以及王莽时期的农民起义，河北一带人口消耗较严重。东汉光武帝时期，虽然实行了休养生息政策，但河北等地，人口数量没有恢复到西汉时期的水平。章帝元和三年（公元 86 年），汉章帝在给常山、魏郡、清河、巨鹿、平原、东平等郡太守和丞相的诏书中提及："孟春善相丘陵土地所宜。今肥田尚多，未有垦辟。其悉以赋贫民，给与粮种，务尽地力，勿令游手。所过县邑，听半入今年田租，以劝农夫之劳。"[②] 可见西汉时期人口众多的巨鹿等地，东汉初年人口已经大为减少。另外，据《后汉书·和帝纪》记载，当时幽州等地："户口率少，边役众剧，束修良吏，进仕路狭。"东汉中后期开始，在一些地区人口逐渐增长，今河北一带的人口密度每平方千米魏郡为 53.00 人，巨鹿郡为 71.51 人，常山郡为 37.32 人，中山郡为 59.16 人，安平郡为 95.55 人，河间郡为 59.06 人，清河郡为 101.5 人，赵国为 37.53 人，渤海郡为 85.54 人。清河郡人口密度超过 100 人，安平郡人口密度接近 100 人，而渤海郡人口密度也超过 85 人，这些地方环境压力还是比较大；其余地区，由于人口密度减少，环境压力大为减轻。

今山西一带，秦汉时期，人口密度总体上较低。西汉时期，河东郡人口密

---

① 吕苏生：《河北通史》（秦汉卷），河北人民出版社 2000 年版，第 275 页。

②《后汉书·章帝纪》。

度为每平方千米 27.33 人，太原郡 15.63 人，上党郡 12.57 人，云中郡为 21.10 人，定襄郡为 20.55 人，雁门郡 12.05 人，代郡 11.75 人；东汉时期，河东郡人口密度为 16.20 人，上党郡为 4.74 人，太原郡为 5.77 人，西河郡为 0.46 人，五原 1.81，云中郡为 2.02 人，定襄郡为 2.14 人，雁门郡为 7.51 人。单从人口密度来看，今山西一带并无环境压力。但山西南部处于丘陵地区，在当时的生产力水平下，人们还无法大规模开垦丘陵，农业人口主要集中在盆地，人口密度相对较高。山西南部属于三河地区，开发很早，"夫三河在天下之中，若鼎足，王者所更居也，建国各数百千岁，土地小狭，民人众，都国诸侯所聚会，故其俗纤俭习事"①。因此，秦汉时期，山西南部平原森林很早就被砍伐一空。但丘陵地区，仍然有大量草地可供放牧，河东地区也是秦汉时期畜牧业比较发达的地区，河东以产马牛而闻名天下。《水经注》卷六《涑水》记载："涑水又西径猗氏县故城北……《孔丛》曰：猗顿，鲁之穷士也，耕则常饥，桑则常寒，闻朱公富，往而问术焉。朱公告之曰：子欲速富，当畜五牸。于是乃适西河，大畜牛羊于猗氏之南，十年之间，其息不可计，赀拟王公，驰名天下，以兴富于猗氏，故曰猗顿也。"《汉书·酷吏传·咸宣》记载："咸宣，杨人也。以佐史给事河东守。卫将军青使买马河东，见宣无害，言上，征为厩丞。"这说明当时河东地区产马较多，畜牧业发达。到了东汉末年，河东地区畜牧业也占据重要地位，《三国志·魏书·杜畿传》记载："是时天下郡县皆残破，河东最先定，少耗减。畿治之，崇宽惠，与民无为……渐课民畜牸牛、草马，下逮鸡豚犬豕，皆有章程。百姓勤农，家家丰实。"可知河东地区虽然平原开发较早，但丘陵地区草资源丰富，畜牧业发达。

但在晋西北，直到汉代，设县比较少，人口稀少，森林破坏比较少，《史记·货殖列传》记载，在绛州龙门县以北的地区，"多马、牛、羊、旃裘、筋角"。即这一带畜牧业比较发达。西河郡，在东汉末年还是"旧处山林，汉末扰攘，百姓失所"②。

陕西关中地区，为古代三河地区边缘地区，开发很早，《史记·货殖列传》记载："关中自汧、雍以东至河、华，膏壤沃野千里，自虞夏之贡以为上

---

① 《史记·货殖列传》。

② 《水经注·原公水》。

田，而公刘适邠，大王、王季在岐，文王作丰，武王治镐，故其民犹有先王之遗风，好稼穑，殖五谷……昭治咸阳，因以汉都，长安诸陵，四方辐凑并至而会，地小人众。"秦汉时期，关中平原森林基本上被砍伐殆尽，基本上没有大面积可供开垦之地。① 秦汉又将都城定在咸阳和长安，建筑以及燃料的需要，使其对终南山地区的森林破坏极大，西汉大约有 1500 平方千米的森林被彻底砍伐殆尽。不过在秦汉时期，秦岭地区的森林仍然茂盛，② 在陕北地区，主要还是森林草原植被。

---

① 商鞅变法期间，为鼓励开垦土地，到三晋地区引诱劳动力到关中；而在战国末年，白起在长平之战中将战俘坑杀，反映出秦国已经不需要多余劳动力了，也可见战国末年关中开发已经比较充分了。

② 周云庵：《秦岭森林的历史变迁及其反思》，《古今农业》1993 年第 1 期。

第四节　北方周边和西北地区的植被

秦汉时期，东北地区人口比较少。《汉书·地理志》记载："辽东郡，秦置。属幽州。户五万五千九百七十二，口二十七万二千五百三十九。县十八：襄平。有牧师官……上谷至辽东，地广民希，数被胡寇，俗与赵、代相类，有渔盐枣栗之饶。"《史记·货殖列传》也记载："燕、代田畜而事蚕。"秦汉时期，东北地区的人口以及土地开垦虽然不及关东地区，但也是农业经济比较发达的一个地区。秦汉时期，铁制农具在这一带逐渐推广。1955 年在汉代的辽东郡襄平城郊旧址发现了三道壕遗址，在仅 1 万平方米的区域中，即出土发现有农家居址 6 处、水井 11 眼、窑址 7 座。出土包括陶器、铁器、货币等农家生产与生活用具计 19 万多件。其中，铁制农具有铁镤、锄、镰、刀、铧、铲、凿、叉、锛等。此外，在辽东半岛南端的大连、旅顺地区的大岭屯、高丽寨、牧羊城、营城子等汉代遗址中，也发现了大量汉代铁制农具。[①] 适合辽东地区的辽东犁也在这一带逐渐推广。崔寔《政论》中写道："今辽东耕犁，辕长四尺，回转相妨，既用两牛，两人牵之，一人将耕，一人下种，二人挽耧，凡用二牛六人，一日才种二十五亩，其悬绝如此。"随着农业的发展，人口也逐渐增加。考古发现秦汉时期东北出现了大量的聚落，其中比较典型的有北镇大亮甲古城、铁岭新台子古城、沈阳旧区古城、辽中县偏堡子古城、台安县孙城子古城、辽阳亮甲古城、沈阳魏家楼子古城、营口英守沟古城、凤城刘家堡古城、盖州熊岳河北古城、丹东瑷河尖古城、复县陈屯古城、大宁江畔古博陵城、新金县张店古城、朝阳县昭都巴古城、朝阳县台子古城、锦西台集屯古城、凌海市大业堡古城、凌海市高山子古城、朝阳县松树嘴子古城、义县复兴堡汉城、建昌县巴什罕古城和后城子古城、绥中县古城寨古城、山海关石河口

---

① 王绵厚：《秦汉东北史》，辽宁人民出版社 1994 年版，第 91 页。

古城、宁城县黑城子古城、喀左县董家店古城、凌源市安杖子古城、建平潟湖素台古城、喀左县黄道营子古城、喀左县后城子古城、新宾县二道河子古城、通化赤松柏古城、集安县国内城、梨树县二龙城、锦西小荒地山城、旅顺牧羊城、建昌城子沟古城、建平巴达营子古城、凌源三家子古城、建平榆树林子古城、建平张家营子古城、喀左山嘴子古城、建平札寨营子古城、建昌后城子古城、朝阳大庙古城、金州大岭屯古城、旅顺东洲古城、桓仁县古城、集安山城子、吉林东团山古城。此外，这一时期的各郡所在城市也是人口比较集中的地区[1]，反映出农业的发展与人口的增长。不过这一地区人口密度比较少，西汉时期，辽西郡每平方千米只有 7.59 人，辽东郡为 3.49 人；东汉时期辽西郡为 2.56 人，辽东郡为 1.41 人。两汉时期东北地区人口密度下降，可能与东汉时期国家对这一地区的控制力下降有关，实际人口密度应该更高些。不过，由于人口密度过低，反映出这一地区并没有得到有效开发，在广大地区，环境压力并不大。植被良好，被生活在这一带的少数民族反映在其生活居行中，少宫室而多穹庐、毡帐；在衣服服饰上，少细纱巧作，多衣苎麻、禽兽之皮；佩带马纹和鹿纹为特征的"郭罗带"。这些特征反映出草原文化特征。[2]

在华北的永定河流域，"山岫层深，侧道褊狭，林鄣邃险，路才容轨。晓禽暮兽，寒鸣相和，羁官游子，聆之者莫不伤思矣"[3]。可知这里森林植被覆盖良好。太行山及其东的山地丘陵地区，也多为森林覆盖。东汉末年，曹操修建邺宫室，"又使于上党取大材供邺宫室"。可知这一时期原始林木较多。在华北平原地区，随着人口增长，铁制工具也逐渐推广。北京地区发现的西汉铁制农具有铁镬、铁锄、铁库铲、铁耧角等，这些铁制农具主要是耕田、除草和播种农具。[4] 铁制农具的使用，使土地开垦能力增强，平原地区森林逐渐消失。《史记·货殖列传》记载有这一地区有"鱼盐枣栗之饶"。在北京发掘出大量的比较集中的西汉陶井，这些密集的陶井不是单纯为饮水之用，很可能是为了灌溉田地和园圃而开凿的。因此，这一带的果树种植很普遍，主要有枣、

① 王绵厚：《秦汉东北史》，辽宁人民出版社 1994 年版，第 91—95 页。

② 王绵厚：《秦汉东北史》，辽宁人民出版社 1994 年版，第 112 页。

③《水经注·湿余水》。

④ 张仁忠：《北京史》，北京大学出版社 2009 年版，第 43 页。

栗等，产量很大，已成为这一地区重要的经济构成部分，甚至用以代替粮食。①《史记·货殖列传》提到"燕、秦千树栗"是一种发家致富的手段。可见这一带人工林逐渐取代了天然林。西汉时期涿郡的人口密度是每平方千米50.62人，广阳国为22.69人；东汉时期涿郡人口密度为56.49人，广阳国为50.11人。相比其他地区而言，这一区域人口密度为中等水平，虽无环境压力，但平原地区原始森林与草原已经基本上开发殆尽。但在丘陵和山区，仍有大量原始森林。

在今内蒙古地区，战国时期，生活在这一带的匈奴人过着游牧生活，基本上没有农业，在桃红巴拉发掘的战国匈奴墓葬中，其随葬品主要是牛羊猪骨，此外还有鹤咀斧、锥等，基本上没有农业生产工具。② 由此可知，秦汉之前，蒙古高原地区基本上为森林和草原覆盖。秦汉时期，匈奴还是"校人畜计……其送死，有棺椁、金银、衣裳，而无封树丧服"③。西汉初年，冒顿在给高后的信中写道："孤偾之君，生于沮泽之中，长于平野牛马之域，数至边境，愿游中国。"

不过自秦汉时期开始，匈奴也逐渐发展农业，中行说投降匈奴后曾对匈奴的统治者说："匈奴之俗，食畜肉，饮其汁，衣其皮；畜食草饮水，随时转移。故其急则人习骑射，宽则人乐无事。约束径，易行；君臣简，可久。"④这段话的背景可能是匈奴发展农业之后，中行说认为不符合匈奴的生存方式而提出来的警告。卫律曾经向单于献计提到："穿井筑城，治楼以藏谷，与秦人守之。汉兵至，无奈我何。"于是匈奴"即穿井数百，伐材数千。或曰胡人不能守城，是遗汉粮也"。在霍去病攻打匈奴的过程中，在赵信城，"得匈奴积粟食军。军留一日而还，悉烧其城余粟以归"⑤。可知匈奴农业获得了长足的发展，有了较多的剩余粮食。打败匈奴之后，汉朝在匈奴居住的地区，逐渐屯田，发展农业生产，"是后，匈奴远遁，而幕南无王庭。汉度河自朔方以西至

① 张仁忠：《北京史》，北京大学出版社 2009 年版，第 44 页。

② 田广金：《桃红巴拉的匈奴墓》，《考古学报》1976 年第 1 期。

③《汉书·匈奴传上》。

④《汉书·匈奴传上》。

⑤《汉书·霍去病传》。

令居，往往通渠置田官，吏卒五六万人，稍蚕食，地接匈奴以北"①。可知在这一地区农业逐渐发展起来，汉武帝时期，在收复"河南地，置朔方、五原郡"之后，又"募民徙朔方十万口"，后来，"关东贫民徙陇西、北地、西河、上郡、会稽凡七十二万五千口"②，其中也有一部分来到蒙古高原。西汉时期，估计有70万左右的移民来到了这里，按照人均耕种14亩土地来计算，在西汉这一地区大约要有1000万亩土地被开垦，约合现今700万亩。移民来后，要烧砖盖房子，燃料需要量加大，加之"田中不得有树，用妨五谷"③，所以森林消耗很大。东汉时期移民逐渐内迁，这一带对森林和草原的破坏逐渐停止。

秦汉时期，这里草原和森林资源丰富，史书记载："北边塞至辽东，外有阴山，东西千余里，草木茂盛，多禽兽，本冒顿单于依阻其中，治作弓矢，来出为寇，是其苑囿也……边长老言匈奴失阴山之后，过之未尝不哭也。"④ 匈奴哭的原因就是这里草木资源丰富，地缘情况所致，匈奴民歌中就有："亡我祁连山，使我六畜不蕃息；失我焉支山，使我嫁妇无颜色。"⑤ 东汉之后，鲜卑逐渐"始居匈奴之故地"⑥，虽然农业有一定发展，但还是以畜牧业为主。阴山周边地区，仍然草木丰盛，是皇帝贵族田猎的好地方。虽然秦汉时期开垦不少土地，这些开垦的土地逐渐沙化，即使在垦地逐渐荒废之后沙化仍然在继续，但总体上来说，这里植被仍然覆盖良好。

秦汉时期，甘肃森林植被发生了一定的改变。《汉书·地理志》记载："天水、陇西，山多林木，民以板为室屋。及安定、北地、上郡、西河，皆迫近戎狄，修习战备，高上气力，以射猎为先。"民以射猎为生，首要条件是所在地区森林茂盛，这样才能滋生禽兽，为民众狩猎提供丰厚的猎物。东汉末年，董卓在关东起兵，董卓要迁都关中，其理由是："关中肥饶，故秦得并吞六国。且陇右材木自出，致之甚易。又杜陵南山下有武帝故瓦陶灶数千所，并

---

① 《汉书·匈奴传上》。

② 《汉书·武帝纪》。

③ 《汉书·食货志》。

④ 《汉书·匈奴传下》。

⑤ 《史记·匈奴列传》。

⑥ 《魏书·序纪》。

功营之，可使一朝而辨。百姓何足与议！若有前却，我以大兵驱之，可令诣沧海。"①

甘陇地区森林茂密，原始林木较多，可利用来修筑宫殿。众多原始森林为民众修建房屋提供了丰富、优质的材料，故这一带居民就地取材，用木板搭建房屋，而不采用砖瓦构建的房屋，直到南北朝时期，天水一带的居民仍住着板屋。《水经注》卷一七《渭水上》记载："上邽，故邽戎国也。秦武公十年，伐邽，县之。旧天水郡治，五城相接，北城中有湖水，有白龙出是湖，风雨随之。故汉武帝元鼎三年，改为天水郡。其乡居悉以板盖屋，毛公所谓西戎板屋也。"森林茂盛，取材容易，所以居民以大木板为屋。除了茂密的森林之外，这一地区草原广布。西汉末年，马援"欲就边郡田牧……后为郡督邮，送囚至司命府，囚有重罪，援哀而纵之，遂亡命北地。遇赦，因留牧畜，宾客多归附者，遂役属数百家。转游陇汉间……因处田牧，至有牛、马、羊数千头，谷数万斛"②。陇西临洮人董卓"归耕于野，诸豪帅有来从之者，卓为杀耕牛，与共宴乐，豪帅感其意，归相敛得杂畜千余头以遗之，由是以健侠知名"③。

秦汉时期，河西走廊一带森林资源丰富。西汉中期，久习边事的侯应上书说："臣闻北边塞至辽东，外有阴山，东西千余里，草木茂盛，多禽兽，本冒顿单于依阻其中，治作弓矢，来出为寇，是其苑囿也。"西汉末年，有人向王根建议说："匈奴有斗入汉地，直张掖郡，生奇材木，箭竿就羽，如得之，于边甚饶，国家有广地之卖，将军显功，垂于无穷。"当时的单于认为："父兄传五世，汉不求此地，至知独求，何也？已问温偶駼王，匈奴西边诸侯作穹庐及车，皆仰此山材木，且先父地，不敢失也。"④ 此外，据《汉书·武帝传》颜师古引李斐说，武帝时期，敦煌渥洼水旁数见野马群。此外河西走廊上的祁连山脉，《史记索隐》引《西河旧事》说："山在张掖、酒泉二界上，东西二百余里，南北百里，有松柏五木，美水草，冬温夏凉，宜畜牧。"可知当时河西走廊水草茂盛，附近森林资源丰富，植被覆盖良好。秦汉时期，匈奴赶走活

---

① 《后汉书·杨震传》。

② 《后汉书·马援传》。

③ 《后汉书·董卓传》。

④ 《汉书·匈奴传下》。

动在这一带的大月氏，建立了休屠城作为王城，此外还建立了盖藏城。对于"逐水草而居"的匈奴来说，在何处居住应该有一番考虑，这种选择首先要符合其生活习性，也就意味着这一带必须有丰富的水草资源。在河西走廊，虽然自汉武帝时期有不少内地移民涌入，农业获得了一定发展，但当地畜牧业仍占据主要地位。《汉书·地理志》记载："自武威以西，本匈奴昆邪王、休屠王地，武帝时攘之，初置四郡，以通西域，鬲绝南羌、匈奴。其民或以关东下贫，或以报怨过当，或以悖逆亡道，家属徙焉。习俗颇殊，地广民稀，水草宜畜牧，故凉州之畜为天下饶。保边塞，二千石治之，咸以兵马为务；酒礼之会，上下通焉。吏民相亲。是以其俗风雨时节，谷籴常贱，少盗贼，有和气之应，贤于内郡。"这段话表明，虽然河西走廊"地广民稀，水草宜畜牧，故凉州之畜为天下饶"，但是这一地区农业有了长足的发展，"谷籴常贱"。在这里从事农业生产的多是"关东下贫"之人，也就是外来移民，这些移民过来后，必然对这里的森林草场资源进行消耗，对这一地区植被破坏会比较严重。河西走廊植被之下是古沙漠，这一地区植被一经破坏，就很难恢复。东汉时期，这一地区农业虽然停止，但是沙漠化还有扩大的趋势。不过，总的说来，这一地区植被还比较好。

在青海地区，河湟地区是西汉政府开发河西走廊的辅助区域，虽然起初并不重视该地区，但汉武帝之后，也有大批移民来此屯田。[①]《后汉书·西羌传》记载："汉遣将军李息、郎中令徐自为将兵十万人击平之。始置护羌校尉，持节统领焉。羌乃去湟中，依西海、盐池左右。汉遂因山为塞，河西地空，稍徙人以实之。"今青海大通孙家寨出土的简牍，应该是当时屯田的一个有力证据。经过五十多年的开发，人口通过自然繁殖与移民，达到了一定规模，为政区的设置创造了基础。神爵元年（公元前61年）之前，西汉政府在这一地区设置了临羌、若水两个县。

西汉时期，在河湟地区大规模屯田的是赵充国。《汉书·赵充国传》记载："（赵充国）计度临羌东至浩亹，羌虏故田及公田，民所未垦，可二千顷以上，其间邮亭多坏败者。臣前部士入山，伐材木大小六万余枚，皆在水次。

---

① 陈新海：《历史时期青海经济开发与自然环境变迁》，青海人民出版社2009年版，第43页。

愿罢骑兵，留驰刑应募，及淮阳、汝南步兵与史士私从者，合凡万二百八十一人，用谷月二万七千三百六十三斛，盐三百八斛，分屯要害处。冰解漕下，缮乡亭，浚沟渠，治湟狭以西道桥七十所，令可至鲜水左右。"屯田的发展，推动了这一地区农业的发展，《汉书·赵充国传》也记载："先零豪言愿时渡湟水北，逐民所不田处畜牧。"这里的"田"应该是农田，由于农业发展，"金城、湟中谷斛八钱"，所以赵充国建议"籴二百万斛谷"。此外，赵充国还建议："今留步士万人屯田，地势平易，多高山远望之便，部曲相保，为堑垒木樵，校联不绝，便兵弩，饬斗具。烽火幸通，势及并力，以逸待劳，兵之利者也。"到了西汉末年，青海有四个县，都设置在河湟地区，这四个县有编户11836 户，人口 46045 口。

东汉初年，河湟地区农业进一步发展。东汉初年，马援一举收复了被羌人占据的河湟地区，建武十三年又在此重新设置了金城郡，此后又不少移民来到这一地区，比如，章和元年（公元 87 年），"夏四月丙子，令郡国中都官系囚减死一等，诣金城戍"。七月，"死罪囚犯法在丙子赦前而后捕系者，皆减死，勿笞，诣金城戍"。八月，"诏郡国中都官系囚减死罪一等，诣金城戍"[1]。这样，大批囚犯及其家人来到河湟地区，从事农业开垦。

经过光武帝、明帝以及章帝三代人的努力，东汉国力逐渐增强。到和帝时期，将盘踞在大榆谷、小榆谷地区的羌人赶出此地，远徙至赐支河曲。为此，曹凤建议："自建武以来，其犯法者，常从烧当种起。所以然者，以其居大、小榆谷，土地肥美，又近塞内，诸种易以为非，难以攻伐。南得钟存以广其众，北阻大河因以为固，又有西海鱼盐之利，缘山滨水，以广田蓄，故能强大，常雄诸种，恃其权勇，招诱羌胡。今者衰困，党援坏沮，亲属离叛，余胜兵者不过数百，亡逃栖窜，远依发羌。臣愚以为宜及此时，建复西海郡县，规固二榆，广设屯田，隔塞羌胡交关之路，遏绝狂狡窥欲之源。又殖谷富边，省委输之役，国家可以无西方之忧。"后来，朝廷任命曹凤为金城西部都尉，"将徙士屯龙耆"。后来，"金城长史上官鸿上开置归义、建威屯田二十七部，侯霸复上置东西邯屯田五部，增留、逢二部……列屯夹河，合三十四部"。按照当时规定，每丁屯田 20 亩；每校为一屯田部，约 800 人，屯田约 16000 亩。

---

[1]《后汉书·章帝纪》。

34 部屯田共有屯丁约 27000 人，屯田约 54 万亩。屯田数量比西汉时期大为增加。此外，加上其他地方农业发展，青海农业开垦土地约有 74 万亩。但好景不长，麻奴起义使得河湟地区农业受到打击，顺帝时期，又放弃了黄河流域部分屯田。不过虽然是开垦了 70 多万亩土地，但这些耕地仅占河湟地区的0.68%。这一时期所开垦的农田主要集中在地势平坦、灌溉条件较好的川水地区。川水地区自然条件较好，适合农耕。虽然开垦中难免砍伐林木、焚烧草地，由于开垦面积较小，总体上对河湟地区环境影响较小。①

此外，据《汉书·地理志》记载，这一地区以畜牧业为主。总之，秦汉时期，虽然青海农业有所发展，但仍以畜牧业为主，这一地区植被覆盖良好。

秦汉时期的新疆地区，小国林立，"有城郭田畜"，距离阳关较近的婼羌国，"随畜逐不草，不田作，仰鄯善、且末谷"。看来这里以畜牧为主。与之相邻的鄯善国地区，也就是后世所谓的楼兰地区，"地沙卤，少田，寄田仰谷旁国。国出玉，多葭苇、柽柳、胡桐、白草。民随率牧逐水草，有驴马，多橐它"。也是以畜牧业为主，粮食还不需从其他地方调运。"且末以往皆种五谷，土地草木，畜产作兵，略与汉同。"② 乌孙国，"不田作种树，随畜逐水草，与匈奴同俗。国多马，富人至四五千匹"③。直到北朝时期，生活在这一带的高车还是"其畜产自记识，虽阑纵在野，终无妄取……其迁徙随水草，衣皮食肉，牛羊畜产尽与蠕蠕同，唯车轮高大，辐数至多"④。不过，自西汉开始到东晋，历朝在西域进行屯田，在楼兰尼雅一带出土的文书表明，这一带农业较为发达。⑤ 由于农业发达，所以交换经济也比较盛行，开垦土地除了将这里的草原开垦之外，还要将草原上的林木砍掉。在楼兰尼雅文书中多次提到胡铁小锯这种工具，如，"前胡铁小锯廿八枚，其一枚假兵赵虎"，"入胡铁大锯一枚"，"斧八枚"，"前胡铁小锯十六枚"。⑥ 这些小锯、大锯、斧应该是用来砍

① 崔永红：《青海通史》，青海人民出版社 1999 年版，第 58—66 页。

②《汉书·西域传上》。

③《汉书·西域传下》。

④《魏书·高车传》。

⑤ 林梅村编：《楼兰尼雅出土文书》，文物出版社 1985 年版，第 28 页，第 53—61 页。

⑥ 林梅村编：《楼兰尼雅出土文书》，文物出版社 1985 年版，第 63、65、71、75 页。

伐田地及周边地区林木的。楼兰国一带水资源本来就比较匮乏，据《汉书·西域传》记载："楼兰国最在东垂，近汉，当白龙堆，乏水草，常主发导，负水儋粮。"在楼兰地区开垦土地，要消耗大量的水资源，"史顺留矣，口口为大琢池，深大。又来水少，计月末左右，已达楼兰"，大琢池就是水坝，供灌溉和引水之用。可见在当时垦区已经深感水资源匮乏。在开垦区，植被破坏较严重，在垦区之外，植被还比较好。文书中记载："去此百里岸流水交集草木。"① 不过，随着楼兰垦区逐渐被废止，这一地区土地荒芜。后来这一地区最终荒漠化，据史书记载："鄯善为丁零所破，人民散尽。"② 楼兰被废弃的原因众说纷纭，但多少与植被破坏导致环境恶化有关。总之，秦汉魏晋南北朝时期，新疆地区总体上植被覆盖良好，但在屯田垦区，植被破坏严重，最终导致部分地区出现沙化现象。

西汉时期，凉州郡等地因为水草丰盛，朝廷在这里设置养马场，《汉官旧仪》记载："太仆帅诸苑三十六所，分布北边，以郎为苑监，官奴婢三万人，分养马三十万头。择取给六厩牛羊无数，以给牺牲。"三十六牧苑在今甘肃、宁夏、陕西北部和内蒙古南部。③ 可知这一带水草资源丰富。

---

① 林梅村编：《楼兰尼雅出土文书》，文物出版社1985年版，第47页。

②《南齐书·芮芮虏传》。

③ 陈芳：《西汉三十六牧苑考》，《人文杂志》2006年第3期。

第五节　东南、西南地区的植被

秦汉时期，东南地区人口较少，"楚越之地，地广人希，饭稻羹鱼，或火耕而水耨……是故江淮以南，无冻饿之人，亦无千金之家"，所以"多竹木"。①《史记·货殖列传》还记载："合肥受南北潮，皮革、鲍、木输会也。"这说明南方森林资源丰富，有大量的林木转运他处。史书记载："吴人有烧桐以爨者，邕闻火烈之声，知其良木，因请而裁为琴，果有美音，而其尾犹焦，故时人名曰'焦尾琴'焉。"② 桐树是比较好的树木，不过其木质比较软，用桐树作棺椁被认为是最下等的棺材。秦汉时期，不少贤达之人以桐树作为棺椁。③ 吴人以桐树作为燃料，说明这里桐树资源比较丰富，不用到远处去砍伐其他的林木。

马王堆汉墓出土文物之中有稻麦菽梨桃柑等的遗存，这都是栽培作物取代天然植被的明证。东汉以后，中原大乱，黄河流域的人口纷纷南下，但实际来到湘江下游的为数不多，当时人口似乎有所减少。东汉以后，次生林有所发展，湘江下游的含沙量很少。《水经注》卷三八《湘水》引晋罗含《湘中记》，叙述当时湘江下游湘阴县境，"湘川清照五六丈，下见底石，如樗蒲矢，五色鲜明，白沙若霜雪，赤崖若朝霞"。这反映了当时湘江流域植被覆盖良好，江水含沙量很小的特点，这种状况一直持续到唐末以前。东汉至唐末湘江流域的森林覆盖一直良好，山清水秀。④ 春秋时代的会稽地区大部分是古木参天的原始森林。从战国到汉代，尚不乏高大的古木。对于东南地区来说，这一时期植

①《史记·货殖列传》。

②《后汉书·蔡邕传》。

③《后汉书·周磐传》。周磐要求："桐棺足以周身，外椁足以周棺。"

④ 何业恒、文焕然：《湘江下游森林的变迁》，《历史地理》第2辑。

被覆盖还可以从燃料的角度来考虑。在东南地区，农民收获谷物之后，只是收割了穗头，秸秆还留在田里，等第二年要耕种时，连同田地中的野草放火烧掉，这就是所谓的"火耕"。这样，不仅可以积累肥料，而且还可以烧死一些害虫。① 秦汉时期，《史记·货殖列传》记载："楚越之地，地广人希，饭稻羹鱼，或火耕而水耨。"《汉书·地理志下》记载："楚有江汉川泽山林之饶；江南地广，或火耕水耨。"说的就是这种耕作方式。火耕表明老百姓不缺少薪柴。一般而言，如果缺少薪柴，首先他们会把自己田地中的草料弄回家，其次才考虑去山林中获取木柴。

西汉时期，湖北人口密度较低，每平方千米人口为7—8人；东汉时期，虽然有人口的增长和移民的涌入，每平方千米人也不过8—9人。秦汉时期，湖北大部分都处于地广人稀的状况，很多地方还处于未开发的状态。② 湖北随县一带，开发比较早，但在西汉末年，侯霸"迁随宰。县界旷远，滨带江湖，而亡命者多为寇盗"③。可知这一带，还有很多地方处于未开发地步，因此，总体上来说，秦汉时期，湖北大部分地区环境比较良好。

在西南地区的云南，《史记·大宛传》记载汉武帝时期，昆明西千余里，"昆明之属无君长，善寇盗，辄杀略汉使，终莫得通。然闻其西可千余里有乘象国，名曰滇越"。在"滇以北君长以什数，邛都最大……有耕田，有邑聚……皆编发，随畜迁徙毋常处，毋君长，地方可数千里"④。可知在云南地区虽然有农业，但还是以畜牧业为主。在晋宁石寨山墓群出土近四千件的器具，包括金银器、玉石器、青铜器和铁器。青铜器铭刻图像有锄、斧、镰刀，可能是用以生产稻谷。墓葬品没有纪年，大致是战国至西汉时期遗物。当时还很少用铁，也不知牛耕。大批妇女也都参加农业劳动。另外，人们还可看到骑马者逐鹿、八人猎虎以及猎犬猛扑虎背的场面。更有放牧羊、马、牛的图

---

① 刘磐修：《"火耕"新解》，《中国经济史研究》1993年第2期。

② 丁毅华：《湖北通史》（秦汉卷），华中师范大学出版社1999年版，第20—22页。

③《后汉书·侯霸传》。

④《汉书·西南夷两粤朝鲜传》。

像。① 据此可以推知，当时滇池的畜牧业仍然很兴旺，植被覆盖良好。汉武帝之后在这里设置益州郡，这一带的畜牧业发达。《华阳国志·南中志》记载："益州郡，治滇池上……初开，得马、牛、羊属三十万。"《汉书》卷七《昭帝纪》记载昭帝时："大鸿胪广明、军正王平击益州，斩首捕虏三万余人，获畜产五万余头。"可知益州夷人牧畜很盛。《后汉书》卷八六《南蛮西南夷传》记载，东汉光武帝时，派刘尚领兵出征反叛的昆明诸夷，"刘尚等发广汉、犍为、蜀郡人及朱提夷，合万三千人击之。尚军遂度泸水，入益州界。群夷闻大兵至，皆弃垒奔走，尚获其羸弱、谷畜。二十年，进兵与栋蚕等连战数月，皆破之。明年正月，追至不韦，斩栋蚕帅，凡首虏七千余人，得生口五千七百人，马三千匹，牛羊三万余头，诸夷悉平"。此外，这一地区哀牢夷居住的地区盛产"孔雀、翡翠、犀、象、猩猩、貊兽"，可知森林茂密。《后汉书》卷五《安帝纪》记载永初六年（公元112年），诏令益州郡置万岁苑。可见在云南地区森林草原植被覆盖良好。不过，自东汉中后期开始，朝廷在这一地区大力发展农业，"汉广汉景毅为太守，讨定之。毅初到郡，米斛万钱，渐以仁恩，少年间，米至数十云"②。以至于在三国时期，"赋出叟、濮耕牛战马金银犀革，充继军资，于时费用不乏"③。可见这一地区由于农业发展，耕牛颇多。森林植被有所破坏。

在巴蜀地区，公元前316年，秦孝王派张仪、司马错等领兵灭蜀，不久灭巴。接着大规模移民入蜀并全力推行经济改革，移民的结果是平原地区得到了大规模的开发。经过秦汉时期的开发，出现了森林向田地转变的高潮。成都、繁县、江源、资中、广都、绵竹、德阳、什邡、广汉、江州、郫县、僰道等县开辟了大量的良田，有的地方甚至垦田到山原之上。这种森林向农田转化运动的过程可以从成都、彭山等地发现的农田陶制模型窥见当时的情况。④ 除了开垦农田毁坏森林之外，人们因为事功和生活需要导致木材需求量激增，对森林

---

① 云南省博物馆：《云南晋宁石寨山古墓群发掘报告》，文物出版社1959年版，参图版79、81、120、124。

②《后汉书·南蛮西南夷传》。

③《三国志·蜀书·李恢传》。

④ 蓝勇：《西南历史文化地理》，西南师范大学出版社1997年版，第17页。

的消耗远远大于垦殖。秦始皇修建阿房宫，"乃写蜀、荆地材皆至"①。严道一带森林茂密，朝廷对木材的需求日益增加，便在这里设置"木官"。②

两汉时期，成都平原人口密度较高。③ 平原地区已经没有面积较大的原始森林，"咸宁三年……蜀中山川神祠皆种松柏，濬以为非礼，皆废坏烧除，取其松柏为舟船……三月，被诏罢屯兵，大作舟船，为伐吴计。别驾何攀以为佃兵但五六百人，无所办。宜招诸休兵，借诸武吏，并万于人造做，岁终可成。濬从之。攀又建议：裁船入山，动书百里，艰难。蜀民冢墓多中松柏，宜什四市取。入山者少。濬令攀典舟船器仗。冬十月，遣攀诣洛，表可征伐状。因使至襄阳与征南将军羊祜、荆州刺史宗廷论进取计"④。王濬要造船伐吴，其木材的来源居然是砍伐蜀民冢墓上的松柏，说明平原地区没有原始的林木了。不过，秦汉时期，成都平原在发展稻作经济的同时，仍保留有大量的经济林木。从扬雄的《蜀都赋》和左思的《蜀都赋》中可见当时的景观。至于盆地、山地和高原地区，由于人类活动有限，人类的垦殖和生活对森林的影响有限。《史记·货殖列传》中说，巴蜀出产"竹、木之器"，这从一个侧面反映出山区原始森林茂密。

在秦汉乃至东晋时期，巴蜀很多地区畜牧业比较发达，《华阳国志》记载垫江县，"有桑蚕牛马"；巴西郡，"土地山原多平，有牛马桑蚕"；武都郡，"土地险阻，有羌戎之民。其人半秦，多勇憨。出名马、牛、羊、漆、蜜。阴平郡，风俗、所处与武都略同"；汶山县出产"牛、马，羊"。而岷山则"多梓、柏、大竹，颓随水流，坐致材木，功省用饶"。看来这里草原植被和森林植被都比较良好。

总之，秦汉时期，虽然巴蜀地区得到了一定的发展，煮盐以及冶铁业消耗了不少森林，但是由于这一地区人口还比较少，盐业及冶铁业规模有限，所以对环境破坏不大。平原地区虽有一定程度的开发，但是在丘陵和山区，森林和草原植被覆盖依然良好。

――――――――――

①《史记·秦始皇本纪》。

②《汉书·地理志下》。

③葛剑雄：《中国人口发展史》，福建人民出版社1991年版，第332页。

④《华阳国志·大同志》。

葛剑雄先生指出：西汉时期人口密度较高的地区集中在关东，即北自渤海湾，沿燕山山脉而西，西以太行、中条山为界，南至豫西山区循北海至海滨之间的地区。此范围内平均人口密度为每平方千米 77.6；其中只有鲁西南山区、胶东丘陵渤海西岸人口较稀，其余人口密度接近或超过 100；这一地区疆域面积只占西汉的 11.4%，人口却占全国人口的 60.6%。关东以外的地区虽然没有连成大片的人口稠密区，但关中平原、南阳盆地、成都平原地区人口密度也接近或超过 100；关东平原中都城长安一百多平方千米的范围内人口密度高达1000，为全国之冠。

其余地区人口虽然稀少，但分布也同样不平衡，一些盆地、河谷、平原或江河交汇处、政治中心、交通线旁的人口密度也大大高于周围的平均人口密度。临汾—运城河谷盆地、豫西山区的涧水河谷以及沿黄南岸一线、江淮之间的平原、河套平原、太原河谷平原、杭州湾南岸以及宁绍平原等都是人口密度较高的地区，某些地区与关东不相上下。①

东汉时期黄河中下游地区人口集中并且达到相当高的密度，局部地区已经饱和。而南方、西南、西北除了较小的局部地区之外人口相当稀少。按照商鞅提出来的环境理想标准，人口密度超过 100 人的地方，就存在环境压力。环境压力除了表现在人口增长之外，更多地表现在燃料上。在关东地区，西汉时期就出现了燃料紧张的情况，汉武帝时期，就有记载，"东郡烧草，以故薪柴少"②。在山阳、魏郡等地，东汉末年，就出现"又以郡下百姓，苦乏材木"③。由于关东地区作为燃料的木柴较紧张，普通人家只好以干草秸秆为燃料，甚至有时牛粪也作为燃料，在汉魏之际的应璩在《新诗》中反映了当时普通农民以干牛粪为燃料的情景："平生居□郭，宁丁忧贫贱。出门见富贵，□□□□□。灶下炊牛矢，甑中装豆饭。"④釜之类的炊具，需要持久的大火，才能满足烹饪的需求，所谓"今薪燃釜，火猛则汤热，火微则汤冷"⑤。干草

---

① 葛剑雄：《中国人口发展史》，福建人民出版社 1991 年版，第 332 页。

②《汉书·沟洫志》。

③《三国志·魏书·郑浑传》。

④《太平御览·饭》。

⑤《论衡·谴告篇》。

与秸秆作物燃料，虽然起火比较快，火旺，但不能持久，不太适宜于当时的炊具。必须要发展与之相适宜的烹调方式。在汉代以后，"炒"功逐渐成为烹饪的重要功夫中的一种，这是一种可以节省燃料的烹饪方法。[①] 与此同时，黄河流域的灶具也朝着提高薪柴燃烧值和热能利用效率的方向逐步改进，以达到节省燃料，缩短蒸煮时间，提高生产效率的目的。[②] 长期流行于黄河流域的羹汤之食与肉食的大块烧烤逐渐衰落，可能与燃料的变化有一定的关系。

　　总之，秦汉时期，关东地区平原上的森林植被接近消失，取而代之的是耕地和经济林；由于关东地区人口密度超过 100 的地区基本上是成片的，因此这一地区环境压力比较大。在一些盆地和交通便利之处，虽然人口密度也很高，但方便从周边地区解决燃料问题，因此环境压力虽然大，但总体不如关东地区。至于人口密度比较小的南方以及西北地区，植被总体上良好。

---

① 许倬云：《中国中古时期饮食文化的转变》，《许倬云自选集》，上海教育出版社 2002 年版，第 255 页。

② 张茂海：《中国从汉代开始利用蒸煮余热》，《纸和造纸》1986 年第 3 期。

第六节　秦汉时期植被环境与肉食以及生业

良好的植被环境，除了给人类带来燃料，保持水土之外，还给人类提供食物，包括各种肉食和植物果实。

一、植被与肉食

春秋战国时期，肉食还是官员和老人的特权，《左传》中有"肉食者谋之"，《孟子·梁惠王上》记载："七十可以食肉。"《韩非子·五蠹篇》中说："糟糠不饱者，不务粱肉。"普通老百姓除非祭祀，几乎没有额外的肉食，这一方面与当时畜牧业不发达有关，另一方面或许与这些人所在的地域有关。秦汉时期，史书记载的普通人肉食次数有了明显增加。

《二年律令·贼律》记载："诸食脯肉，脯肉毒杀、伤、病人者，亟尽执燔其余。其县官脯肉也，亦燔之。当燔弗燔，及吏主者，皆坐脯肉臧，与盗同法。"法律规定对有毒脯肉的处理办法，反映当时食用脯肉比较常见。主要原因是脯肉要用于祭祀，而用于祭祀的脯肉，多半落入祭祀者肚中。

《史记·平准书》记载汉武帝即位时期，"守闾阎者食粱肉"。《盐铁论·国疾》也记载："婢妾衣纨履丝，匹庶粺饭肉食。"这些记载虽有一定夸大之处，但仍可见当时普通人食肉比较普遍。

《盐铁论·散不足》比较了西汉中期社会上饮食与春秋战国时期的区别，其中主要的是这一时期肉食增加，普通人食肉的机会大为增加，并非限定在特定的日期食肉："古者，燔黍食稗，而捭豚以相飨。其后，乡人饮酒，老者重豆，少者立食，一酱一肉，旅饮而已。及其后，宾婚相召，则豆羹白饭，綦脍熟肉。今民间酒食，殽旅重叠，燔炙满案，臑鳖脍鲤，麑卵鹑鷃橙枸，鲐鳢醢醓，众物杂味……古者，庶人春夏耕耘，秋冬收藏，昏晨力作，夜以继日……非膢腊不休息，非祭祀无酒肉。今宾昏酒食，接连相因，析酲什半，弃事相随，虑无乏日……古者，庶人粝食藜藿，非乡饮酒滕腊祭祀无酒肉。故诸侯无故不杀牛羊，大夫士无故不杀犬豕。今闾巷县佰。阡伯屠沽，无故烹杀，相聚野外。负粟而往，挈肉而归。夫一豕之肉，得中年之收，十五斗粟，当丁男半月之食……古者，庶人鱼菽之祭，春秋修其祖祠。士一庙，大夫三，以时有事于五祀，盖无出门之祭。今富者祈名岳，望山川，椎牛击鼓，戏倡舞像。中者南居当路，水上云台，屠羊杀狗，鼓瑟吹笙。贫者鸡豕五芳，卫保散腊，倾盖社场。"

《礼记·曲礼》记载当时的饮食礼仪是："凡进食之礼，左殽右胾。食居人之左，羹居人之右。脍炙处外，醯酱处内，葱渫处末，酒浆处右。以脯修置者，左朐右末。客若降等，执食兴辞，主人兴辞于客，然后客坐。主人延客祭，祭食，祭所先进，殽之序，遍祭之，三饭，主人延客食胾，然后辩殽，主人未辩，客不虚口……毋啮骨，毋反鱼肉，毋投与狗骨……濡肉齿决，干肉不齿决，毋嘬炙。""三饭"后才有肉食，一方面反映出当时肉食还是比较缺乏；[1] 但从另一方面来看，肉食还是比较多的，所谓"胾"，就是大块肉，能食大块肉，肉食资源还是相对丰富的。《礼记·内则》记载："饭：黍，稷，稻，粱，白黍，黄粱，稰穛。膳：膷，臐，膮，醢，牛炙。醢，牛胾，醢，牛脍。羊炙，羊胾，醢，豕炙。醢，豕胾，芥酱，鱼脍。雉，兔，鹑，鷃……春宜羔豚，膳膏芗。夏宜腒鱐，膳膏臊。秋宜犊麛，膳膏腥。冬宜鲜羽，膳膏膻。"另外还记载："大夫燕食，有脍无脯，有脯无脍。士不贰羹胾，庶人耆老不徒食。"也可知当时食肉较多，因此，许倬云先生提到了公元 1 世纪时，肉在农村中的一日三餐中就很普遍了。[2]

居延等地记载了食肉的情况，居延汉简载"肉十斤直卅"（173·8A，198·11A）、"正月丁未买牛肉十口"（237·26）、"凡肉五百一斤直二千一百六十四"（286·19A）、"肉百斤直七百"（乙附 29A）；居延新简载"肉卅斤直百廿"（E. P. T51：235A）、"饭孰肉直九百六十"（E. P. T52：212）、"肉廿

---

[1] 彭卫：《汉代人的肉食》，《中国社会科学院历史研究所学刊》（第七辑），商务印书馆 2011 年版。

[2] 许倬云：《汉代的农业：早期中国农业经济的形成》，江苏人民出版社 1998 年版，第 138 页。

斤直谷三石"（E. P. T65：99）、"肉五十斤直七石五斗"（E. P. F22：457A）、"母绹中君肉十五斤钱百……徐长卿肉十五斤钱百……肉十五斤钱百，张子游肉十五斤钱百"（E. P. S4. T2：15）；敦煌悬泉置汉简载："出钱六十，买肉十斤，斤六钱，以食羌豪二人"（II0213②：106）；敦煌汉简载："肉十斤直二石斗八升"（309）、"肉二十斤直一石二斗升"（310）。①

东汉时期，由于人口比西汉减少，食肉的机会也很多，《后汉书·第五伦传》记载："（会稽）民常以牛祭神，百姓财产以之困匮，其自食牛肉而不以荐祠者，发病且死先为牛鸣，前后郡将莫敢禁……又闻腊日亦遗其在洛中者钱各五千，越骑校尉光，腊用羊三百头，米四百斛，肉五千斤。"这些被用于祭祀的肉，最后还是落入人们的肚中。《后汉书·周燮传》记载："有先人草庐结于冈畔，下有陂田，常肆勤以自给。非身所耕渔，则不食也。"可知周燮在隐居时，获取鱼类等肉食还是比较方便的。桓谭《新论·谴非》记载："九江太守庞真案县，令高曾受社祭厘，有生牛肉二十斤，劾以主守盗，上请逮捕。诏：'厘不赃。'天下缘是，诸府县社腊祠、祭灶，不但进熟食，皆复多肉、米、酒、脯腊诸奇珍，益盛，是故诸郡府至杀牛数十头。"《论衡·讥日》也说："海内屠肆，六畜死者日数千头，不择吉凶，早死者未必屠工也。"也可知普通人食肉较多。《四民月令》提到正月可以做"肉酱"、十月"作脯腊，以供腊祀"，也是当时肉食资源比较丰富的表现。《金匮要略·禽兽鱼虫禁忌并治》记载食用肉食之后出现的病症及其处置办法，反映肉食比较普遍。

秦汉肉食中，食用猪肉并不普遍，主要原因是当时油脂比较缺乏，猪肉含油脂比较丰富，所以价格昂贵。居延简牍中的猪肉价格在每斤三钱到九钱之间，而油脂比较贵，居延简牍记载"出钱百七十，买脂十斤"（133·10），一斤值十七钱；再如，"二月壬寅买脂五十斤斤八十"（237·46），一斤脂值八十钱；又如，"凡肉五百卅一斤直二千一百六十四脂六十三斤直三百七十八"（286·19A），肉价每斤四钱，而脂价则为六钱；居延新简记载，"脂七斤，出四斤八两付东官，余二斤八两直十五"（E. P. T51：381），这是最便宜的脂价，每斤为六钱。由于油脂价格较高，故猪肉价格也高。《盐铁论·散不足》指出："夫一豕之肉，得中年之收"，主要是因为猪肉价格较贵的缘故。汉墓

---

① 甘肃省文物考古所编：《敦煌汉简》，中华书局，1991年版，第221页。

出土的猪俑，全国大致有上千件，表明养猪在汉代已经普遍，其主要目的在于积肥，[①] 或者是获得油脂。

秦汉时期，老百姓的主要肉食是牛肉。在西汉时期，牛耕并没有普及，由于祭祀等原因，食用牛肉之风盛行，《史记·货殖列传》记载："通邑大都，酤一岁千酿，醯酱千瓨，浆千甔，屠牛羊彘千皮……马蹄躈千，牛千足，羊彘千双。"《礼记·大传》中记载："牛与羊鱼之腥，聂而切之为脍……其礼，大牢则以牛左肩、臂臑，折九个。少牢则以羊左肩七个，馈食则以豕左肩五个。"随着东汉时期牛耕技术的推广，耕牛主要用于农事活动，并出现禁止屠杀牛的命令，"自今听岁再祀，备物而已，不得杀牛，远迎他倡，赋会宗落，造设纷华"[②]。牛肉并不是主要肉食。

中国人很早就饲养羊，[③] 龙门、碣石以北以及西北地区都是养羊的主要区域。《史记·货殖列传》记载："龙门、碣石北多马、牛、羊、旃裘、筋角"；拥有"千足羊"即250只羊被认为"此其人皆与千户侯等"，或者"屠牛羊彘千皮""羊彘千双""羔羊裘千石"也是发家致富的手段。汉武帝时期的卜式，因为输羊为官，《史记·平准书》记载："初，卜式者，河南人也，以田畜为事。亲死，式有少弟，弟壮，式脱身出分，独取畜羊百余，田宅财物尽予弟。式入山牧十余岁，羊致千余头，买田宅。而其弟尽破其业，式辄复分予弟者数矣。"此后，由于朝廷财政困难，"及入羊为郎"。虽然秦汉时期养羊业比较发达，但在中原地区，食羊似并不发达，《礼记·王制》记载："诸侯无故不杀牛，大夫无故不杀羊，士无故不杀犬豕，庶人无故不食珍。"食羊似乎是上层人的一种专利。其主要原因，还是中原地区养羊业不发达。黄霸为颍川太守时，"分部宣布诏令，令民咸知上意，使邮亭乡官皆畜鸡豚，以赡鳏寡贫穷者"。龚遂为渤海太守时"令口种一树榆，百本薤、五十本葱、一畦韭，家二

---

① 杨亮：《从出土文物及文物资料看汉代的养猪业》，《陕西历史博物馆馆刊》第三辑。

②《风俗通义·鬼神》。

③ 谢成侠编著：《中国养牛羊史》（附养鹿简史），农业出版社1985年版，第143—152页。

母羷、五鸡"①。此外,《齐民要术序》记载,僮种为不其县令时,"率民养一猪,雌鸡四只"。东汉末年,杜畿为河东太守时,"渐课民畜牸牛、草马,下逮鸡豚犬豕,皆有章程"。颜斐为京兆太守时,"令属县整阡陌,树桑果。是时民多无车牛。斐又课民以间月取车材,使转相教匠作车。又课民无牛者,令畜猪狗,卖以买牛"②。可见,当时的地方官员主要要求老百姓养猪、养牛、养鸡,对养羊并不刻意强调。可以推断,秦汉大部分时期,普通老百姓食羊之风并不流行。东汉末年,民间食羊增加,《金匮要略·禽兽鱼虫禁忌并治》记载了食羊的禁忌:"羊肉其有宿热者,不可食之。羊肉不可共生鱼酪食之,害人。羊蹄甲中有珠子白者,名羊悬筋,食之令人癫。白羊黑头,食其脑,作肠痈。羊肝共生椒食之,破人五脏。猪肉共羊肝和食之,令人心闷……妇人妊娠,不可食兔肉、山羊肉及鳖、鸡、鸭,令子无声音。"这些禁忌出现,则反映出东汉以后,民间食羊有逐渐增加的趋势。

狗也是汉代普通老百姓的肉食来源。《史记·樊哙传》记载樊哙"以屠狗为事"。《淮南子·坠形训》记载北方"其地宜菽,多犬马"。《盐铁论·散不足》说当时民间:"屠羊杀狗。"狗也是祭祀祖先的动物,《礼记·王制》记载:"君无故不杀牛,大夫无故不杀羊,士无故不杀犬豕。"《礼记·郊特牲》记载:"羹,析稌犬羹。"此外,《四民月令》记载:"十一月,买白犬养之,以供祖祢。"《金匮要略·禽兽鱼虫禁忌并治》记载较多食用狗肉的禁忌,"白犬自死,不出舌者,食之害人……治食犬肉不消,心下坚或腹胀,口干大渴,心急发热,妄语如狂,或洞下方"。从目前发现的汉画像石中的庖厨和狩猎图来看,汉代山东地区食狗肉之风不亚于东周。③

秦汉时期,鸡是民众主要的肉食来源之一。西汉时期,昌邑王被废,其罪名之一是"始至谒见,立为皇太子,常私买鸡豚以食"④。黄霸任颍川太守以及龚遂任渤海太守都劝民养鸡。《西京杂记》卷四记载关中人陈广汉家有"万鸡将五万雏"。《金匮要略·禽兽鱼虫禁忌并治》记载较多食用狗肉的禁忌,

①《汉书·循吏传》。

②《三国志·魏书·杜畿传》《三国志·魏书·颜斐传》。

③ 杨爱国:《汉画像石中的庖厨图》,《考古》1991 年第 11 期。

④《汉书·霍光传》。

"鸡有六翮四距者，不可食之。乌鸡白首者，不可食之。鸡不可共葫蒜食之，滞气。山鸡不可合鸟兽肉食之。雉肉久食之，令人瘦"。汉画像石庖厨图中，鸡是主要的食材之一。① 当客人到来时，汉代人通常用鸡来招待，但在汉代，穷人家由于养鸡有限，食用鸡肉次数较少。②

除此之外，鹿肉是当时常见的肉食。《吕氏春秋·知分》中有"鹿生于山而命悬于厨"的记载，表现了鹿肉是常用烹制食材的事实。《西京杂记》卷二记载："高祖为泗水亭长，送徒骊山，将与故人诀去。徒卒赠高祖酒二壶，鹿肚、牛肝各一，高祖与乐从者饮酒食肉而去。后即帝位。朝晡尚食，常具此二炙，并酒二。"可知鹿肚是刘邦喜爱的食物。《汉官旧仪》卷下所记载的"宾客用鹿千枚"，也可看出鹿类食品在汉代贵族宴席中的重要地位。马王堆汉墓出土的随葬品中，与鹿有关的随葬食品数量非常多。《礼记·内则》载："牛修鹿脯，田豕脯，麋脯，麇脯，麋鹿田豕麇皆有轩，雉兔皆有芼……肉腥细者为脍，大者为轩。或曰：麋鹿为菹，野豕为轩，皆聂而不切。麇为辟鸡，兔为宛脾，皆聂而切之。切葱若薤实之，醯以柔……捣珍，取牛羊麋鹿麇之肉，必脄，每物与牛若一，捶反侧之，去其饵，孰出之，去其皽，柔其肉……为熬，捶之，去其皽，编萑，布牛肉焉，屑桂与姜，以洒诸上而盐之，干而食之。施羊亦如之。施麋，施鹿，施麇，皆如牛羊。"可见，鹿肉在当时肉食中占据的地位比较重要。《西京杂记》卷四记载善算术的曹元理为友人陈广汉计算囷米石数，"广汉为之取酒鹿脯数片……乃曰：'此资业之广，何供馈之褊邪？'广汉惭曰：'有仓卒客，无仓卒主人。'元理曰俎上蒸豚一头，厨中荔枝一样，皆可为设。广汉再拜谢罪，自入取之尽日为欢"。可见当时人认为鹿肉是常见的食物，而猪肉是比较少见的。《太平御览》卷八六二引《东观汉记》提到鹿脍："章帝与舅马光诏曰：'朝送鹿脍，宁用饭也。'"表明鹿肉制品常见。《金匮要略·禽兽鱼虫禁忌并治》记载较多食用鹿肉的禁忌："鹿肉不可和蒲白作羹，食之发恶疮。麋脂及梅李子，若妊妇食之，令子青盲，男子伤精。獐肉不可合虾及生菜，梅李果食之，皆病人……鲲鱼合鹿肉生食，令人筋甲缩。"除此之外，《汉官旧仪》记载："麋兔无数，伏飞具缯，缴以射凫雁，应给祭祀。置酒，每射收得万头以

---

① 杨爱国：《汉画像石中的庖厨图》，《考古》1991 年第 11 期。

② 余英时：《汉代的贸易与扩张》，上海古籍出版社 2005 年版，第 219 页。

上给太官。上林苑中，天子秋冬射猎，取禽兽无数。"

又据《金匮要略·禽兽鱼虫禁忌并治》记载，当时食用较多的肉食禁忌还有："马脚无夜眼者，不可食之。食酸马肉，不饮酒，则杀人。马肉不可热食，伤人心。马鞍下肉，食之杀人。白马黑头者，不可食之。白马青蹄者，不可食之。马肉豚肉共食饱，醉卧大忌。驴、马肉，合猪肉食之，成霍乱。马肝及毛不可妄食，中毒害人。食马肝中毒，人未死方……痼疾人不可食熊肉，令终身不愈……妇人妊娠，不可食兔肉、山羊肉及鳖、鸡、鸭，令子无声音。兔肉不可合白鸡肉食之，令人面发黄。兔肉着干姜食之，成霍乱。凡鸟自死，口不闭、翅不合者，不可食之。诸禽肉肝青者，食之杀人。妇人妊娠，食雀肉，令子淫乱无耻。雀肉不可合李子食之。燕肉勿食，入水为蛟龙所啖。鲫鱼不合猴雉肉食之。一云不可合猪肝食。"可知当时的肉食还有马肉、兔肉、熊肉以及各种禽类肉。

马王堆遣策记载了大量下葬的肉食，其中以牛最多，鹿次之，其次为猪，再次是狗和羊，此外还有兔。下葬的兽类骨骼也为这 6 种。此外还有 12 种鸟类和 6 种鱼类。牛、猪、狗、羊都是家养的，兔为野兔，鹿可能是豢养的。[①]不过，考虑到三国时期长沙走马楼吴简中有大量鹿皮作为赋税，[②]可知鹿类绝大部分应该是野生的。在 12 种鸟类中，除了家鸡之外，都是野生的，鱼类也应该是野生的居多。由此可知，从马王堆汉墓遣策和出土实物骨骼中可以推断，当时上层人的肉食中，取自野生的占据不小的比重。

西汉长安城西南角遗址出土 11 个属种动物骨骼，除鱼、鳖类外，其余 8 种均为兽类。这些兽类标本中，除兔、达乌尔黄鼠外，其余的可能都是家畜。因此我们只能大概地看出汉长安城城墙守卫人员可能主要是以家养的羊、猪、狗等为肉食资源，偶尔也猎获一些野生动物如兔，捕捞一些水生动物如鱼和鳖作为肉食补充。当时遗址周围的自然环境应该是以草地为主，同时还分布着一定面积的水域（南城墙外的护城壕和西城墙外的沨水），草地上有草兔、蒙古

---

① 《长沙马王堆一号汉墓出土动植物标本的研究》，文物出版社 1978 年版，第 43—57 页。

② 杨际平：《析长沙走马楼三国吴简中的"调"——兼谈户调制的起源》，《历史研究》2006 年第 3 期。

黄鼠等食草动物，水中有鱼、鳖等水生动物。①

从汉阳陵帝陵陵园外藏两个外葬坑提取动物骨骼标本 18 种，按照它们与人类的关系及在遗址中数量的多少可分为四类。一是人类饲养的动物：牛、羊、狗。二是偶尔捕获和捕捞的野生动物：兔、四不像鹿、小鹿、狍子、狐、豹、青蛙、丽蚌、短沟蜷。三是穴居动物：褐家鼠。可能是遗址废弃后进入原遗址所在地的动物。四是外来海洋动物：文蛤、珠带拟蟹守螺、扁玉螺、白带笋螺。达维四不像鹿主要生活在气候温暖湿润的森林和灌木丛中，小鹿、狍子主要栖息于灌木丛或山区。现在的丽蚌分布在长江中下游的河流和湖泊中，对水质和温度都有一定的要求，要求水较清、较深、较暖。因此，水温条件成为陆相地层沉积时气候环境的重要替代性指标。豹栖息于山地、丘陵、荒漠和草原，尤喜茂密的树林和大森林，无固定巢穴，单独行动。这些动物反映了当时阳陵一带气候温暖湿润，生态环境十分理想，以森林、灌木丛和草原为主的多生态环境。淡水动物丽蚌和短沟蜷的出现，也证明了当时水资源较为优越，水清澈见底，水流较大。②

上述可见，即使是在长安人口比较集中的地方，野生动物也是常见的肉食来源。在人口密度较少的地方，人们的肉食来源还是比较丰富的。秦汉时期，人均消费的肉食较前代有一定的增长。③ 野生动物也是肉食的主要来源。

有研究表明，秦汉时期与战国时期相比，肉食消费量没有明显的变化，但战国时期先民个体间的营养级别差异比两汉大，主要是因为战国时期不同阶层对肉食的占有量不同，阶层的高低与肉食量的多少有正相关性；而到了两汉时期，绝大部分先民主要从事农业生产，营养级别相对统一，肉食量日趋一

---

① 胡松梅等：《西安汉长安城城墙西南角遗址出土的动物骨骼研究报告》，《文博》
　2006 年第 5 期。

② 胡松梅、杨武站：《汉阳陵帝陵陵园外藏坑出土的动物骨骼及其意义》，《考古与
　文物》2010 年第 5 期。

③ 彭卫：《汉代人的肉食》，《中国社会科学院历史研究所学刊》（第七辑），商务
　印书馆 2011 年版。

致。① 不过，秦汉时期，由于野生肉食资源丰富，普通老百姓获取肉食资源的可能性相对较大。②

肉食资源比较丰富，秦汉时期人均身高相对较高。秦汉时期的史料中，有一些当时人身高的记载。秦汉时期一般女子的身高可能在七尺（161.7 厘米）左右或七尺以下；七尺以上的身高，当是女子中等偏上的身高。秦汉男子的身高，一般应在七尺至八尺之间（161.7—184.8 厘米）。七尺以下，就是较低的身高了；八尺以上属于高身材了。秦汉时期，成年男子都要为国家服役，但身高必须达到一定的标准，至少要身高六尺二寸（143 厘米）才能服役。③ 也有研究表明，汉代黄河流域及以北的地区，成年男性人均身高在 166—168 厘米之间，成年女性人均身高 150—152 厘米之间。长江流域及以南地区成年男性人均身高在 161 厘米左右，成年女性平均身高在 150 厘米。而唐宋之后，一些地区居民平均身高连续下降。④ 鸦片战争期间，英国士兵平均身高约为 165 厘米，而清朝士兵平均身高不超过 160 厘米。⑤ 秦汉时期成年男性人均身高，甚至比清朝末年清军士兵还要高一些，究其原因，与秦汉时期肉食来源比

---

① 侯亮亮等：《申明铺遗址战国至两汉先民食物结构和农业经济的转变》，《中国科学·地球科学》2012 年第 7 期。

② 这种原因可能与秦末农民战争有关。战国时期，老百姓都居住在城邦中，人口相对集中，获取肉食资源较少。秦末农民战争之后，人口比较分散，获取肉食的机会相对增加。

③ 朱金婵、袁延胜：《秦汉时期人的身高初探》，《华北水利水电学院学报》（社科版）2007 年第 3 期。

④ 彭卫：《秦汉人身高考察》，《文史哲》2015 年第 6 期。

⑤ 赖建诚：《西洋经济史的趣味》，浙江大学出版社 2009 年版，第 30 页。

较丰富而清朝时期普通人的肉食相对缺乏有关。①

二、植被与生业

秦汉时期，由于水资源和森林植被比较良好，野生食物资源相对丰富，人们在农耕之外，尚可以狩猎和渔采等来谋生。尽管秦汉时期北方地区农业成为人们主要的谋生方式，但汉代文献中明确提到尚农的地区却不多。

《史记·货殖列传》记载："总之，楚越之地，地广人希，饭稻羹鱼，或火耕而水耨，果隋嬴蛤，不待贾而足，地埶饶食，无饥馑之患，以故呰窳偷生，无积聚而多贫。是故江淮以南，无冻饿之人，亦无千金之家。沂、泗水以北，宜五谷桑麻六畜，地小人众，数被水旱之害，民好畜藏，故秦、夏、梁、鲁好农而重民。三河、宛、陈亦然，加以商贾。齐、赵设智巧，仰机利。燕、代田畜而事蚕。"由此看来，南方地区，狩猎和渔采占据很大比例，只有关中、颍川、南阳、梁地、鲁地以及三河、宛地和陈地比较重视农业。

不过关中地区，重视农业之风在汉武帝之后逐渐消失了。《盐铁论·通有》中文学说："荆、扬南有桂林之饶，内有江、湖之利，左陵阳之金，右蜀、汉之材，伐木而树谷，燔莱而播粟，火耕而水耨，地广而饶财；然民蛰窳偷生，好衣甘食，虽白屋草庐，歌讴鼓琴，日给月单，朝歌暮戚。赵、中山带大河，纂四通神衢，当天下之蹊，商贾错于路，诸侯交于道；然民淫好末，侈靡而不务本，田畴不修，男女矜饰，家无斗筲，鸣琴在室。是以楚、赵之民，均贫而寡富。宋、卫、韩、梁，好本稼穑，编户齐民，无不家衍人给。故利在自惜，不在势居街衢；富在俭力趣时，不在岁司羽鸠也。"可知当时只有宋、

① 清朝北方肉食比较缺乏，可见王建革《近代华北的农业特点与生活周期》（《中国农史》2003 年第 3 期）；南方地区肉食情况，赖建诚引用胡适的《四十自述》提到，在近代安徽绩溪的平常家庭一年吃不到几次肉，有人用木头雕成鱼形放在菜盘内，夹菜时顺便碰一下木鱼，表示沾到肉类。不管实情如何，这种现象表示当时人的肉食饥渴症。详见《西洋经济史的趣味》（浙江大学出版社 2009 年版，第 229 页）。不过，查各种版本的胡适《四十自述》，未见类似文字，其来源还得仔细查找。

卫、韩、梁地区比较重视农业。

《汉书·地理志》记载关中地区："其民有先王遗风，好稼穑，务本业，故《豳诗》言农桑衣食之本甚备。有鄠、杜竹林，南山檀柘，号称陆海，为九州膏腴。始皇之初，郑国穿渠，引泾水溉田，沃野千里，民以富饶。汉兴，立都长安，徙齐诸田，楚昭、屈、景及诸功臣家于长陵。后世世徙吏二千石、高訾富人及豪桀并兼之家于诸陵。盖亦以强干弱支，非独为奉山园也。是故五方杂厝，风俗不纯，其世家则好礼文，富人则商贾为利，豪桀则游侠通奸。濒南山，近夏阳，多阻险轻薄，易为盗贼，常为天下剧。又郡国辐凑，浮食者多，民去本就末，列侯贵人车服僭上，众庶放效，羞不相及，嫁娶尤崇侈靡，送死过度。"董仲舒也说："今关中俗不好种麦，是岁失《春秋》之所重，而损生民之具也。"[1] 可知关中地区由于移民等原因，已经不太重视农业了。

东汉时期，崔寔指出："今青、徐、兖、冀，人稠土狭，不足相供，而三辅左右，及凉、幽州内附近郡，皆土旷人稀，厥田宜稼，悉不肯垦发。"[2]

由此可以看到，秦汉时期，以农业为主要生业的只有宋、卫、韩、梁等地。大概在今以河南中北部为中心的地域以及与安徽、山东和河北接壤的一部分。

三河、宛、陈等地虽然人口密度较大，也重视农业。但由于自然资源比较丰富，或者处于交通要道，商业比较发达。当时老百姓，除了依靠农业和商业之外，尚有诸多生业可供谋生。

一是渔业。前面所述，秦汉时期，渔业发达，很多地区将渔业当作重要的谋生手段。吴楚之地不用说，即使是巴蜀等地，农业开发很早，但据《汉书·地理志》记载："巴、蜀，广汉本南夷，秦并以为郡，土地肥美，有江水沃野，山林竹木疏食果实之饶。南贾滇、棘僮，西近邛、莋马旄牛。民食稻鱼，亡凶年忧，俗不愁苦，而轻易淫泆，柔弱褊厄。"稻鱼并列，反映出渔业在生业中的重要地位。前文提及郑浑的举措以及刘般的上书，均可知渔业以及狩猎在普通人的生业中占据很重要的地位。

其次是狩猎。前面所述，秦汉时期，肉食很大一部分来自野生动物。《礼

---

①《汉书·食货志》。

②《全后汉文·崔寔·政论》。

记·王制》记载："天子诸侯无事，则岁三田，一为干豆，二为宾客，三为充君之庖。"天子诸侯田猎的目的之一是"充君之庖"，对于普通老百姓来说，田猎更可以当作获取肉食的方式之一，乃至作为主要谋生手段。至于与游牧民族接壤的地区，狩猎更是常见的事情，《汉书·地理志》记载："天水、陇西，山多林木，民以板为室屋。及安定、北地、上郡、西河，皆迫近戎狄，修习战备，高上气力，以射猎为先。"

　　再次就是采集业。除了依靠在水泽采集之外，还可采集果实于山中或者废弃的田地中。例如，"寇恂为颍川太守。时有豆生于郡界，收得十余万斛，以给诸营"①。《东观汉记》卷一记载："自王莽末，天下旱霜连年，百谷不成。元年之初，耕作者少，民饥馑，黄金一斤易粟一石。至二年秋，天下野谷旅生，麻菽尤盛，或生瓜菜疏实，野蚕成茧被山，民收其絮，采获谷果，以为蓄积。至是岁，野谷生者稀少，而南亩亦益辟矣。"而《后汉书·光武帝纪》则记载：建武二年"野谷旅生，麻木尤盛，野蚕成茧，被于山阜，人收其利焉"，可知在饥荒时期，人们把采集野生植物果实作为主要的生业手段。《尔雅》之《释草》与《释木》所列草与木的果实，据郭璞注释，很多"可食"或"可啖"。②因此，在平常时期，采集业也是农民重要的生业补充手段，因为采集业基本上是不花成本，并且收获颇丰。《太平御览》卷九四一记载："年六十二，兄弟同居二十余年，及为宗老分旧业，昱将妻子，逃入虞泽，结茅为室，捃获野豆，拾掇蠃蚌，以自振给。"《后汉书·独行传》记载，陈留外黄人范冉桓帝时遭党锢，"推鹿车，载妻子，捃拾自资，或寓息客庐，或依宿树荫。如此十余年，乃结草室而居焉。所止单陋，有时粮粒尽，穷居自若，言貌无改"。

　　由于渔猎和采集业在生业中所占的比重较高，老百姓对农业的依赖程度相对较低，对农业重视程度并不高。这与国家长治久安的目标背离，因此，秦汉时期，采取多种措施刺激农业的发展。秦始皇统一中国后，继续重视农业，秦

---

① 周天游：《八家后汉书辑注》，上海古籍出版社 1986 年版，第 337 页。

② 侯旭东：《渔采狩猎与秦汉北方民众生计——兼论以农立国传统的形成与农民的普遍化》，《历史研究》2010 年第 5 期。

始皇东巡琅琊，留下的石刻记载："皇帝之功，劝劳本事。上农除末，黔首是富。"① 汉朝时，以能孝悌力田作为荣誉头衔来鼓励努力从事农业生产的人。把"孝悌力田"列在一起，诏令全国。文献中最早的记载是汉惠帝四年（公元前191年）下的一道诏书："举民孝弟力田者，复其身。"后元年（公元前187年）又诏："初置孝弟力田二千石者一人。"这是对孝悌力田的进一步重视。之后，更加强调它的地位。如汉文帝十二年（公元前168年）三月诏："孝悌，天下之大顺也。力田，为生之本也。三老，众民之师也。廉吏。民之表也。朕甚嘉此二三大夫之行。今万家之县，云无应令，岂实人情？是吏举贤之道未备也。其遣谒者劳赐三老、孝者帛人五匹，悌者、力田二匹，廉吏二百石以上率百石者三匹，及问民所不便安，而以户口率置三老孝悌力田常员，令各率其意以道民焉。" 当时明确规定按户口比例确定孝悌力田人数，而且置为"常员"。此后，孝悌力田的设置成为两汉的定制。在文献中赏赐孝悌力田的情况屡见不鲜，如据《汉书》，武帝元狩元年四月1次，宣帝元康元年、元康四年、神爵四年、甘露三年二月，先后有过4次，元帝初元元年、初元五年、永光二年、建昭五年，有过4次，成帝建始元年、建始三年、河平四年、绥和元年，有过4次，哀帝绥和二年1次。又《后汉书》记载：建武中元二年、永平三年、永平十二年、永平十七年，有过4次，章帝永平十八年、建初三年、建初四年、元和二年，先后4次，和帝永元八年、永元十二年、元兴元年，先后3次，安帝永初三年、元初元年、延光元年，先后3次，顺帝永建元年、永建四年、阳嘉元年，先后3次，桓帝建和元年1次，灵帝光和四年1次，献帝建安二十年1次，两汉共34次赏赐孝悌力田。可见孝悌力田不仅在两汉得到普遍推行，而且受到政府的高度重视。②

生业的不同，影响地域思想和人才的分布。《汉书·地理志》记载："天水、陇西，山多林木，民以板为室屋。及安定、北地、上郡、西河，皆迫近戎狄，修习战备，高上气力，以射猎为先……汉兴，六郡良家子选给羽林、期门，以材力为官，名将多出焉。"《汉书·赵充国辛庆忌传》中《赞》曰："秦、汉已来，山东出相，山西出将。秦时将军白起，郿人；王翦，频阳人。

---

① 《史记·秦始皇本纪》。

② 万义广：《汉代"孝悌力田"述论》，《古今农业》2007年第4期。

汉兴，郁郅王围、甘延寿，义渠公孙贺、傅介子，成纪李广、李蔡，杜陵苏建、苏武，上邽上宫桀、赵充国，襄武廉褒，狄道辛武贤、庆忌，皆以勇武显闻。苏、辛父子著节，此其可称列者也，其余不可胜数。何则？山西天水、陇西、安定、北地处势迫近羌胡，民俗修习战备，高上勇力鞍马骑射。故《秦诗》曰：'王于兴师，修我甲兵，与子皆行。'其风声气俗自古而然，今之歌谣慷慨，风流犹存耳。"此外，《后汉书·虞诩传》记载了当时的谚语是"关西出将，关东出相"。可知"关西出将"，除了靠近羌胡外，还与"射猎为先"有关，即也与狩猎经济有关。

"关东出相"的记载，史书也有多处提及，《汉书·地理志》记载："汉兴以来，鲁东海多至卿相。"《盐铁论·国疾》记载辩论的大夫指责文学与贤良说道："世人有言：'鄙儒不如都士。'文学皆出山东，希涉大论。子大夫论京师之日久，愿分明政治得失之事，故所以然者也。"而贤良应对说："夫山东天下之腹心，贤士之战场也。高皇帝龙飞凤举于宋、楚之间，山东子弟萧、曹、樊、郦、滕、灌之属为辅，虽即异世，亦既闳夭、太颠而已。"但并不是当时山东有些地方的人不愿意为官，《汉书·地理志》记载："周人之失，巧伪趋利，贵财贱义，高富下贫，憙为商贾，不好仕宦。周地，柳、七星、张之分野也。今之河南洛阳、谷城、平阴、偃师、巩、缑氏，是其分也。"因此我们可以认为，在商业发达的地方，由于出路较多，人们对当官兴趣不太高，而在鲁东等地，由于农业发达，"邹、鲁、周、韩，藜藿蔬食"，导致了这些地方一方面出路较窄，当官是较好的选择；另一方面是重农，"故秦、夏、梁、鲁好农而重民。三河、宛、陈亦然，加以商贾"。一般认为，《盐铁论》中的贤良文学一方重视农业，认为农业是唯一重要的部门。[①] 由于这一地区思想领域有重农的传统，因此其思想与国家统治思想有诸多契合之处，所以秦汉时期，这一地区人多为卿相也不足为奇。

---

① 胡寄窗：《中国经济思想史》（中），上海财经大学出版社 1998 年版，第 107 页。

第五章

秦汉时期矿产分布与利用

第一节 铜矿的分布

在开采和冶炼矿产中，需要消耗大量的林木资源，研究矿产的分布，也能了解一个地区的环境状况。

铜是人类历史上较早被运用到日常生活中的金属之一，由于其熔点比较低，所以很容易冶炼。殷商时期，古人就利用铜作主要原料来制作大型的器物，司母戊大方鼎和四羊方尊就是其中杰出的代表。春秋时期，虽然铁器已经逐渐应用到社会生活和生产之中，但在很长一段时间内都是铜铁并用。到了秦汉时期，铜在日常生活和生产之中仍然占据重要的地位。秦始皇统一中国之后，为了防止人们的反抗，"收天下兵，聚之咸阳，销以为钟，金人十二，重各千石"。可见，在战国时期，各国的兵器还主要是由铜铸造的。《史记索引》引《三辅旧事》记载："铜人十二，各重三十四万斤。"不过到了东汉末年，这些铜人逐渐被毁掉，首先是董卓"悉椎破铜人、钟虡，及坏五铢钱。更铸为小钱，大五分，无文章，肉好无轮郭，不磨𨪙。于是货轻而物贵"[1]。即使是秦朝，其武器也大多是铜质的，秦俑坑的兵器绝大多数是青铜质地，"铁兵器还不到兵器总数的万分之一"[2]。

到了西汉，虽然各地都有铁官，但社会上铁制农具仍不足，一部分人还在使用铜制农具，甚至用木制的农具。据杨际平的研究，秦汉时期铁农具的应用相当普遍，青铜农具已较少见，石器、蚌器、骨器农具更少见。就起土农具而言，铁农具已经取代了骨器、石器起土农具；除云南、贵州外，铁器农具基本取代了青铜起土农具。铁器农具虽已成为农民最主要的生产工具，但它仍未完全取代木器农具。两汉铁器官营专卖政策，在财政上是很成功的。在提高与

---

[1]《三国志·魏书·董卓传》。

[2] 王学理、梁云著：《秦文化》，文物出版社 2001 年版，第 245 页。

推广先进技术方面，也是成功的。但在推广使用铁器农具方面，则既有利又有弊。其弊就是价格昂贵、质量较差、购买不便，从而影响铁农具的推广使用。秦汉时期，铁农具还不能充分满足社会生产的需要，因而木制农具尚未完全退出生产领域。① 西汉之后，铜逐渐退出了生产和兵器领域，但是在其他领域，对铜资源的要求仍然很高，这些领域包括钱币铸造、日常用品。"治霸陵，皆瓦器，不得以金、银、铜、锡为饰。"②

秦汉时期，据《汉书》和《后汉书》的记载，以及考古发现，这一时期铜矿资源分布较广，其主要分布地区有：

1. 安徽。据《汉书·地理志》记载"丹扬郡，故鄣郡……有铜官。"丹扬又作丹阳，汉代的丹扬郡管辖范围很广，包括现在的宣城、铜陵都是其有效的范围。据考古发现，许多铜镜上刻有"汉有嘉铜出丹阳，炼冶银锡清而明"等铭文；又有作"新有嘉铜出丹阳"者，当为王莽时物。③ 由此可知，在汉时以丹阳郡所出铜量最为丰富。《盐铁论·通有》记载："荆、扬南有桂林之饶，内有江、湖之利，左陵阳之金……"陵阳，据《汉书·地理志上》记载"丹阳郡：陵阳"，在今铜陵一带。在铜陵地区，发现了大量的古矿遗址，年代从春秋战国直到唐宋。④ 史书记载："吴有豫章郡铜山，即招致天下亡命者盗铸钱。"⑤ "会更立五铢钱，民多盗铸钱者，楚地尤甚。"⑥ 据《史记·货殖列传》记载，豫章在汉时属于楚地，这表明这一地区铜矿资源丰富。

2. 岭南。《汉书·地理志》记载："处近海，多犀、象、毒冒、珠玑、银、铜、果、布之凑，中国往商贾者多取富焉。"这表明在汉代岭南有铜矿开采。而《太平寰宇记》卷一五八《春州铜陵县》记载："铜山、昔越王赵佗于此山铸铜。"《旧唐书·地理志》记载："铜陵，汉临允县地，属合浦郡。宋立泷潭县。隋改为铜陵，以界内有铜山也。"可知在汉唐之间这一带的铜矿得到了一

① 杨际平：《试论秦汉铁农具的推广程度》，《中国社会经济史研究》2001 年第 2 期。

②《汉书·文帝纪》。

③ 陈直：《两汉经济史料论丛》，陕西人民出版社 1958 年版，第 156 页。

④ 张国茂：《安徽铜陵地区古矿、冶遗址调查报告》，《东南文化》1988 年第 6 期。

⑤《汉书·荆燕吴传》。

⑥《汉书·张冯汲郑传》。

定的开发。此外，据考古发掘，在广西北流铜石岭发现古人开采冶炼铜矿的遗址，该遗址年代为西汉晚期或东汉早期。在北流的容县还有西山炼铜遗址，面积 3 平方千米左右，是至今为止岭南发现的最大规模的古代冶铜遗址，经鉴定是汉唐之间的冶铜遗址。不过，容县冶铜遗址的原料来源并不在周边地区，其原料来源的具体位置尚需进一步考证。① 广西历史上就产铜鼓，"交趾得骆越铜鼓，乃铸为马式"②。这些铜鼓的原料应该是本地所产。

3. 浙江。《汉书·地理志》记载："东吴有海盐章山之铜。"章山具体位置不详，据宋谈钥《嘉泰吴兴志》卷四《山》中记载，章山应该在今湖州境内。"铜山在县西南九十五里，高三百尺，《括地志》云：'吴采郭山之铜。'即此山也……铜岘山在县西四十九里，山墟名云铜岘，前溪之发源，吴王采铜之所，俗号铜岭。"此外，该书还记载："武康山在县西十五里，本名铜官山。唐天宝六年敕改今名。山下两坎深数丈，方圆百丈，古采铜之所。"武康山下的"古采铜之所"时间应该是在秦汉至六朝之间。据《明一统志·严州府》记载："铜官山在府西八十里。秦时于此置官采铜，久废。"可知秦朝时在今建德有铜矿开采。

4. 山西。中条山是上古时期主要的铜矿产地，但《汉书·地理志》和《后汉书·郡国志》等古籍中，对这一时期山西的铜矿采掘情况没有详细的记载。不过，根据考古发掘和铭文记载，山西不少地方都发现秦汉时期铜矿的采掘与冶炼遗址。1958 年，在山西运城的铜沟发现了一处古代铜矿遗址，这里有古代矿洞，还发现了铁锤、铁钎和一块铜锭，证明这是一处采矿和冶铜遗址。在矿洞附近的摩崖上还发现了东汉的题记，如"光和二年""中平二年"等。题记和古矿洞中发现的遗物，表明此矿洞开采时间应该为东汉末年至魏晋时期。汉魏以后，这些矿洞就被废弃了。这些遗址的发掘，印证了不少铭文中记载的山西铜官，如内者高镫为"河东安邑造"等铭文。③ 在今垣曲县的铜锅

① 覃彩銮：《广西北流铜石岭汉代冶铜遗址的试掘》，《考古》1985 年第 5 期；李延祥等：《广西北流铜石岭容县西山冶铜遗址初步考察》，《有色金属》2007 年第 4 期。

②《后汉书·马援传》。

③ 安志敏等：《山西运城洞沟的东汉铜矿和题记》，《考古》1962 年第 10 期。

遗址、马蹄沟遗址、店头遗址等都发现了古铜矿开采与冶炼遗址，这些遗址开采与冶炼的最早年代可以追溯到战国时期。① 此外，一些金石文录也说明河东郡产铜器，比如一件弩机中就有"河东铜官"的字样，反映了河东郡曾设置过铜官。②《小校经阁金文》记载元康元年（公元前65年）河东为汤官制造的铜鼎以及为内者制定的铜灯，说明河东郡铜官也为宫廷制造铜器。满城汉墓出土铜器铭文中也有注明采自"河东"的，如在一钖上有"中山内府，铜钖一，容三斗，重七斤五两，第五，卅名四年上月，郎中定市河东，贾八百"32字的铭文，知此器从河东购进。1976年陕西武功县出土"阳邑铜烛行锭（灯），重三斤十二两，初元年三月河东造，第三"。③ 如果考虑到《新唐书·地理志》中这一地区铜矿开采的记载，我们可以断定，在晋南地区，秦汉魏晋南北朝时期铜矿的开采比较多。

5. 云南。云南是中国冶金的发源地之一。早在商周时期，就有铜输入中原地区。④ 据《汉书·地理志》记载，俞元、来唯、贲古三地是产铜区。俞元位于今云南澄江县，来唯在今云南蒙自市，贲古在今云南蒙自市东南。此外"哀牢出铜"，哀牢在今云南保山一代，东汉后设有永昌郡。⑤

6. 陕西。关中地区也有铜矿的开采，史书记载："汉兴，去三河之地，止霸、浐以西，都泾、渭之南，此所谓天下陆海之地，秦之所以虏西戎兼山东者也。其山出玉石，金、银、铜、铁。"⑥《水经注·渭水》记载："秦始皇大兴厚葬，营建冢圹于骊戎之山，一名蓝田，其阴多金，其阳多美玉，始皇贪其美名，因而葬焉。"根据这些材料的记载，秦汉时期关中地区应该有不少铜矿开采。

7. 四川。四川也是历史上产铜的重要地点之一。《史记·货殖列传》记载："巴蜀亦沃野，地饶丹沙、石、铜、铁。""蜀卓氏之先……求远迁。致之

① 李延祥：《中条山古铜矿冶遗址初步考察研究》，《文物季刊》1993年第2期。

② 陈直：《出土文物丛考》（续一），《文物》1973年第2期。

③ 吴镇烽等：《记武功县出土的汉代铜器》，《考古与文物》1980年第2期。

④ 李晓岑：《滇东北：中国冶金之发源地》，《云南社会科学》1994年第3期。

⑤《后汉书·南蛮西南夷列传》。

⑥《汉书·东方朔传》。

临邛，大喜，即铁山鼓铸。"《汉书·邓通传》记载，汉文帝曾赐邓通蜀郡严道铜山"得自铸钱"。汉文帝赐给邓通铜山的事情在《华阳国志》卷三《蜀志》也有记载："临邛县，有铁官。汉文帝时，以铁、铜赐侍郎邓通。"这说明在秦汉时期，四川是重要的产铜之地。《后汉书·郡国志》有"朱提山出银、铜"的记载，此外据《华阳国志》卷三《蜀志》记载："其宾则有璧玉、金、银、珠、碧、铜、铁、铅、锡……象、丹黄、空青、桑、漆、麻苧之饶。""邛都县，南山出铜。"卷四《南中志》也记载："堂螂县，因山名。出银、铅、白铜、杂药。""永昌郡，土地沃腴，黄金。光珠、虎魄、翡翠、孔雀、犀、象、残……宜五谷，出铜锡。""梁水县，有振山，出铜。""贲古县，山出银、铅、铜、铁。"不过后者主要分布在今云南等地，可见早在秦汉时期四川至云南一带有大量铜矿开采。

8. 湖北。历史上湖北的大冶、阳新是古铜矿发掘的主要区域。据考古发掘，铜矿遗址主要分布在鄂东南沿江一线，江北有少量分布。以大冶铜绿山、铜山口、付家山、叶花香、赤马山、冯家山、阳新港下、和尚恼、丰山洞、鄂州等著名铜矿采冶遗址为代表，与著名的黄陂盘龙城商代铸造遗址相呼应。采冶年代从商代晚期开始，不间断地持续了千余年，古炼渣规模仅铜绿山就有40万吨。[1]

9. 河北。承德地区发现的汉代铜矿遗址分为矿坑、选矿场、冶炼场。矿井深达 100 多米，超过战国铜绿山矿井的一倍，有宽敞的采矿场，一米多高的矿柱，表明支柱结构已经有了改进。巷道也有所增高扩大，采矿、通风、运输条件都有所改善。冶炼工场发现了四处，都在附近不远处。冶炼出来的成品是圆饼状的铸锭，每锭约五公斤到十五公斤不等。有的锭上铸有"二年"字样，表明其铸造年代可能在汉武帝建立年号之前。[2] 西安茂陵丛葬坑中出土了一批"阳信家"的铜器，不少购自邯郸，如釜等器物的铭文上有"奉主买邯郸，夷（第）二"，炉上记有"三年现孟所买"等文字。[3] 居延汉简中记载了"出四

---

① 秦颖等：《长江中下游古铜矿及冶炼产物输出方向判别标志初步研究》，《江汉考古》2006 年第 1 期。

② 罗平：《河北承德专区汉代矿冶遗址的调查》，《考古通讯》1957 年第 1 期。

③ 负安志：《陕西茂陵一号无名冢一号从葬坑的发掘》，《文物》1982 年第 9 期。

百册邯郸铫二枚"（26·29），邯郸铫一枚价值二百钱，铫是一种铜质炊具。[1]可知邯郸是一个重要的铜产地及加工地，其附近应该有不少铜资源的开采。

考古发掘表明，秦汉时期东北也是一个重要的铜矿开采与冶炼地区。从历代东北地区出土的汉代金属制品来看，除了农业和手工工具外，铜器仍然是大宗器具之一。其中广泛发现的铜制品除了货币、礼器之外，尚有车马具、铜刀、铜斧等实用工具以及铜镜、铜洗以及带饰等日用品。几乎所有较大型汉墓都有货币和日用铜器的出土。[2]

此外，秦汉时期，在今新疆阿克苏一带的姑墨国也出"铜、铁、雌黄"[3]。

① 郝良真、朱建路：《居延汉简所见邯郸铫》，《中原文物》2011 年第 3 期。

② 王绵厚：《秦汉东北史》，辽宁人民出版社 1994 年版，第 99 页。

③ 《汉书·西域传下》。

第二节　铁矿的分布

铁矿石在自然界中分布极为广泛，但其熔点较高。因此，比起铜矿来说，人们利用其时间较晚。中国人很早就开采与利用铁资源，在《山海经》中就记载了产铁的地点有三十七处之多，主要分布在今陕西、河南等省。

秦朝的铁矿开采情况，史料和考古材料比较匮乏。但根据《史记·货殖列传》记载，在巴蜀应该有较多的铁矿开采，在南阳的宛，在战国时期的赵地和梁地，有不少铁矿开采与冶炼。西汉建国至武帝元封元年，这一时期的冶铁业政策允许人民自由采矿、冶铸、经营，《汉书·食货志》中说："汉兴……盐铁皆归于民。"汉武帝时期逐渐实现盐铁专卖，在全国各地设立铁官，据《汉书·地理志》记载设铁官的郡县有：京兆尹、左冯翊、右扶风、弘农、河东、太原、河内、河南、颍川、汝南、南阳、庐江、山阳、沛、魏、常山、涿、千乘、济南、泰山、齐、东莱、琅邪、东海、临淮、汉中、蜀、犍为、陇西、右北平、辽东、中山、胶东、城阳、东平、鲁、楚、广陵、桂阳、渔阳。不过，西汉虽然设立四十多处铁官，但并不等于这些地方都有铁矿开采，有些地方铁官只是负责销售农器，或者回收旧铁器来重新冶炼。

东汉时期，自肃宗时期开始重新恢复铁官，[1] 但《后汉书》之中并没有提及各地铁官分布情况，只是在《后汉书·郡国志》中记载"有铁"的位置。《后汉书》中记载"有铁"的地方有：林虑、安邑、平阳、皮氏、雍、漆、阳城、西平、鲁国、武安、都乡、北平、嬴、朐、莒、彭城、堂邑、下邳、东平陵、历城、皖、沔阳、宕渠、临邛、台登、会无、滇池、不韦、弋居、大陵、渔阳、泉州、平郭等三十三处。东汉铁官一个很重要的特点是"出铁多者置

---

[1]《后汉书·郑兴传》。

铁官，主鼓铸"①。这三十三处铁官虽然设置上要比西汉少，但东汉三十三处铁官都有铁矿开采与冶炼，这一点与西汉有很大不同。除此之外，在西汉的铁官设置之中，只有桂阳一处在长江以南，但到了东汉时期，长江以南的铁官大为增加。除了这三十三处铁官之外，其他地方也有铁的开采与冶炼，比如，云南哀牢人生活的地区以及新疆地区都有铁的开采与冶炼。新疆的库车县阿艾山冶铁遗址就是一处汉代的冶铁遗址，洛浦县阿其克山遗址是汉唐期间的冶铁遗址，吉木萨尔县渭户沟口冶炼遗址是汉代的遗址。②

---

① 《后汉书·百官五》。

② 戴良佐：《新疆古代冶炼遗址与突厥、蒙古族的冶铁、锻钢》，《西北民族研究》1994 年第 1 期。

第三节　金银矿的分布

一、金矿的分布

黄金很早就被当作财富的象征。在我国，开采黄金的时间很早。黄金开采主要通过"淘金"的方式获得。早在战国时代，根据《管子》和《韩非子》的记载，在今河南的汝水、湖北的汉水，以及今金沙江一带都有黄金的开采。

秦汉时期，进行黄金开采的主要有以下这些地区。

1. 江西的鄱阳附近。《史记·货殖列传》记载："豫章出黄金。"徐广注曰："鄱阳有之。"张守节《正义》引《括地志》云："江州浔阳县有黄金山，山出金。"《汉书·地理志》记载："鄱阳，武阳乡右十余里有黄金。"《续后汉书·郡国志》也记载："鄱阳，有鄱水。黄金采。"

2. 湖北、湖南、河南。《汉书·地理志》记载，荆州"贡羽旄、齿、革、金三品"。荆州统治的区域在今湖南、湖北。此外在今湖南的桂阳郡还设有"金官"，和"铜官""铁官"一样来主管当地黄金开采与冶炼。在湖北的汉水流域和河南的汝水流域，金的开采还在继续，"汝、汉之金，纤微之贡，所以诱外国而钓胡、羌之宝也"①。可见，在汝水和汉水主要是以淘沙的方式来获得黄金。

3. 安徽。《盐铁论·通有》记载："荆、扬南有桂林之饶，内有江、湖之利，左陵阳之金，右蜀、汉之材。"陵阳，在今安徽黄山附近。《后汉书·明帝纪》记载："秋七月，司隶校尉郭霸下狱死。是岁，巢湖出黄金，庐江太守以献。时麒麟、白雉、醴泉、嘉禾所在出焉。"巢湖，湖名，今庐州合肥县

---

① 《盐铁论·力耕》。

东南。

4. 云南。《论衡》卷一九《验符篇》记载："永昌郡中亦有金焉，纤靡大如黍粟，在水涯沙中。民采得，日重五铢之金，一色正黄。土生金，土色黄。"水涯沙指今澜沧江，其所产之金应该是沙金。《续汉书·郡国志》中亦有博南产金的记载："博南，永平中置，南界出金。"另《华阳国志·南中志》记载，"永昌郡……土地沃腴"，出产"黄金、光珠、虎魄、翡翠、孔雀、犀、象"，又载"博南县……有金沙，以火融之，为黄金"。博南位于今云南永平县西南。这充分说明永昌郡有黄金出产。此外，在云南，哀牢人生活的区域也出产黄金。①

5. 四川。四川是汉代主要的产金地之一。据《华阳国志》记载："梓潼郡……土地出金、银、丹、漆、药、蜜也。""涪县，有宕田，平稻田。屠水出屠山，其源有金银矿，洗取，火融合之，为金银。阳泉出石丹。""晋寿县，有金银矿，民今岁岁取洗之。漆、药丹所出也。""刚氏县，有金银矿。""其宾则有璧玉、金、银、珠、碧、铜、铁、铅、锡……象、丹黄、空青、桑、漆、麻苎之饶。""晋宁郡……有鹦鹉、孔雀，盐池、田渔之饶，金银、畜产之富。"这些记载都说明四川产金地点分布广。

6. 扬州。当时扬州管辖地域很广，史书记载扬州也产金，据《周官》记载："东南曰扬州……其利金、锡、竹箭。"《史记·货殖列传》也记载江南盛产黄金。在《汉书·地理志》中也有记载："淮、海惟扬州……贡金三品。"不过，扬州地区产金的具体地点尚不清楚，据《盐铁论·通有》记载："五行：东方木，而丹、章有金铜之山。"可知扬州所产金可能是伴生产物，不像其他地方通过单纯的淘金获得。

7. 新疆阿尔泰山区。阿尔泰地区，自古是黄金的重要产区，阿尔泰山在东汉被称为金微山，史书记载："永元三年（公元91年）二月，大将军窦宪遣左校尉耿夔出居延塞，围北单于于金微山，大破之，获其母阏氏。"②史书对秦汉时期阿尔泰地区的出产记载并不详细，不过从考古发掘来看，秦汉时期

---

①《后汉书·南蛮西南夷列传》。

②《后汉书·和帝纪》。

这一地区所有普通百姓的墓葬中都有金饰物，应该是这一地区长期开采积累所致。①

8. 东北地区。东北地区在秦汉时期出产黄金。史书记载，生活在这里的乌桓人："妇人至嫁时乃养发，分为髻，著句决，饰以金碧，犹中国有簂步摇……男子能作弓矢鞍勒，锻金铁为兵器。"②

9. 内蒙古。西汉时期，生活在今内蒙古一带的匈奴人死后，"有棺椁、金银、衣裳，而无封树丧服"③。东汉后，鲜卑日渐衰落，向西迁徙，鲜卑逐渐占据原先匈奴生活的区域。史书记载："自匈奴遁逃，鲜卑强盛，据其故地，称兵十万，才力劲健，意智益生。加以关塞不严，禁网多漏，精金良铁，皆为贼有。"④

西汉时期，黄金被运用到人们生活的诸多方面，著名的刘胜墓中的金缕玉衣就用了一定的黄金。至于史书记载西汉的"黄金"数量更是惊人。顾炎武《日知录》卷一一《黄金》曾对汉时的黄金使用流通量作了评价："汉时黄金上下通行，故文帝赐周勃至五千斤。宣帝赐霍光至七千斤。而武帝以公主妻栾大，至赍金万斤。卫青出塞，斩捕首虏之士，受赐黄金二十余万斤，梁孝王薨，藏府余黄金四十余万斤，馆陶公主幸董偃，令中府董君所发一日金满百斤钱满百万。王莽禁列侯以下不得挟黄金，输御府受直。至其将败，省中黄金万斤者为一匮，尚有六十匮。黄门钩盾藏府中尚方处处各有数匮。而后汉光武帝纪言，王莽末天下旱蝗。黄金一斤易粟一斛。是民间亦未尝无黄金也。"赵翼《廿二史劄记》卷三《汉多黄金》也有类似的记载，赵翼认为："可见古时黄金之多也。后世黄金日少，金价亦日贵。盖由中土产金之地，已发掘净尽。而自佛教入中国后，塑像涂金，大而通都大邑，小而穷乡僻壤，无不有佛寺，即无不用金涂。以天下计之，无虑几千万万，此最为耗金之蠹。加以风俗侈靡，泥金写经，贴金作榜，积少成多，日消月耗。故老言：'黄金作器，虽变坏而金自在，一至泥金涂金，则不复还本。'此所以日少一日也。"

---

① 袁方策等：《阿尔泰山采金史略》，《干旱区地理》1991 年第 3 期。

②《后汉书·乌桓鲜卑列传》。

③《汉书·匈奴传上》。

④《后汉书·乌桓鲜卑列传》。

西汉记载的"黄金"是否是今天所说的黄金，值得怀疑。以卫青的赏赐为例，卫青因为抗击匈奴有功而被赐给黄金二十余万斤，汉代一斤约合现在200余克，卫青得到的赏赐如果真是现今所说的黄金的话，总量应该是超过了4万千克，而在2009年中国的黄金不过只有310吨左右。[1] 考虑到今天的机械化水平以及当时仅仅靠手工去淘金，所以20吨黄金在汉代应该是一个天文数字，故给卫青的赏赐不可能是黄金。《盐铁论·通有》记载："五行：东方木，而丹、章有金铜之山。"《汉书·地理志》记载："东吴有海盐章山之铜。" 如果我们把这两个记载对照起来看，"章山之铜"和"章有金铜之山"，应该是一个概念，也就是说，在汉代有时金主要指的是铜。再考虑到张家山汉简《二年律令·具律》中规定"赎死，金二斤八两。赎城旦舂、鬼薪白粲，金一斤八两。赎斩、府（腐），金一斤四两。赎劓、黥，金一斤。赎耐，金十二两"，以及"王莽末天下旱蝗。黄金一斤易粟一斛"。[2] 这两条记载都是针对大多数民众的，普通人家不可能有这么多黄金，是铜的可能性更高一些。当然这只是一种揣测，西汉时期的黄金产量怎样，还需要进一步研究。

二、银矿的分布

在相当长的一段时间内，白银是仅次于黄金的贵金属。银矿往往与其他矿藏处于伴生或共生的状态，在当时开采提炼技术有限的情况下，很难将白银和其他矿产分立出来，故产量很少，产地的记载也不多。

在秦汉时期，银矿的主要产地有以下几个地区。

1. 四川。四川的朱提产银。《汉书·地理志》记载："朱提，山出银。"《续后汉书·郡国志》也记载该地"山出银、铜"。诸葛亮称："汉嘉金，朱提银，采之不足以自食。"[3] 朱提在今四川宜宾，可见自西汉一直到三国时期，这里都在开采白银。当然，四川地区开采银矿的地点可能不止朱提一处，根据《后汉书》记载，李熊复认为："蜀地沃野千里，土壤膏腴，果实所生，无谷

①《中国黄金产需今年将创新高》，《参考消息》2009年11月30日。

②《后汉书·光武帝上》。

③《全三国文·诸葛亮·书》。

而饱。女工之业，覆衣天下。名材竹干，器构之饶，不可胜用。又有鱼、盐、铜、银之利，浮水转漕之便。"① 可见产银地方较多。

2. 云南。云南是秦汉时期主要的银矿开采地。《汉书·地理志》记载益州郡"（律高）东南螡町山出银、铅……羊山出银、铅"。益州在今云南。又《续后汉书·郡国志》也记载："律高，螡町山出银、铅……贲古，羊山出银、铅……双柏出银。"当然，在云南哀牢人生活的区域也盛产白银。此外，岭南和陕西一带也产银。在新疆的难兜国也出产白银。

3. 湖南、湖北等地。《汉书·地理志》记载："荆州……其利丹、银、齿、革。"

---

① 《后汉书·公孙述传》。

第四节　锡、铅、丹砂等矿产的分布

锡矿在我国开采时间很久，《山海经》中记载产锡的地方有五处。锡矿也多是一种伴生矿，在古代是一种稀有矿产。锡是构成合金的主要金属之一，商周时期的青铜器就是由铜、锡、铅构成。锡的熔点较低，单纯用锡制成的器物不容易长久保存，所以，历代出土的古代锡器很少。

秦汉时期锡矿主要分布在江南地区。李斯就说过："江南金锡不为用，西蜀丹青不为采。"①《史记·货殖列传》也记载江南出锡，可见当时江南地区是产锡的主要地区。据《史记·货殖列传》记载汉代长沙也出锡。《汉书·地理志》和《续后汉书·郡国志》记载，当时的益州郡律高石空山产锡，贲古县的北采山和南乌山也出锡。此外，东汉时期汉中郡的锡县，"有锡，春秋时曰锡穴"。

铅是作为一种伴生矿开采的产物，很早就是制造青铜的原料之一。在历史上，铅也是一种神秘的矿产，被认为可以作为原料来提取黄金。《史记·孝武本纪》记载"是时上方忧河决，而黄金不就"。《正义》认为"炼丹砂铅锡为黄金不就"。此外，历史上一些私自铸造铜钱的也把铅作为原料之一来盗铸铜钱，牟取暴利。《史记·平准书》记载"郡国多柬铸钱"。柬铸钱就是含有锡或铅的铜钱。秦汉时期的铅矿主要在西南地区。据《汉书·地理志》和《续后汉书·郡国志》记载："东南盬町山出银、铅……羊山出银、铅。"此外，据《汉书·西域传》记载在龟兹国出产铅。云南哀牢人居住区域也盛产铅。②

丹砂，是炼制水银的主要原料。丹砂在古代的名称很多，常见的名称为辰砂。丹砂在古代是一种很神秘的矿物质，在道教和道家那里通常把丹砂作为一

---

① 《史记·李斯列传》。

② 《后汉书·南蛮西南夷列传》。

种原料用以提炼所谓的长生不老之药，历史上很多皇帝因为过量服用这种药而毙命，典型的是唐太宗。不过，在中医中，丹砂也可以作为一种药材。历史上中国人很早利用丹砂提炼水银，用作防腐剂。秦始皇墓就"水银为百川江河大海，机相灌输"①。现在的勘探表明，秦始皇墓葬周围的水银含量比其他地方要高，可见秦始皇墓中用大量水银属实。秦汉时期，丹砂的产地主要在江南，《史记·货殖列传》记载，江南出产"丹沙"。在蜀地涪陵地区，"而巴寡妇清，其先得丹穴，而擅其利数世，家亦不訾"。可见该地的丹砂产量不小，以致"秦皇帝以为贞妇而客之，为筑女怀清台"。涪陵地区的丹砂开采时间很长，《续后汉书·郡国志》记载："涪陵，出丹。"《说文解字》卷五《丹部》记载："丹，'都寒切'，巴、越之赤石也。象采丹井，一象丹形。凡丹之属皆从丹。"这里的"巴"主要是指巴地，"越"指越人居住的江南一带。在牂牁郡（今贵州），《续后汉书·郡国志》记载："谈指，出丹。"此外，据《汉书·地理志》记载，当时的荆州也是出产丹砂的主要地区之一。

---

① 《史记·秦始皇本纪》。

第五节　盐业的分布

盐是人类生活的必需品。历史上，盐的品种很多，有池盐、井盐、海盐、岩盐等。多数盐，最终都要将盐卤进一步提炼，才能加工成可食用的盐。

秦汉时期，盐的产地很多。《史记·货殖列传》记载："山东多鱼、盐、漆、丝、声色……（越、楚）通鱼盐之货……（东楚）东有海盐之饶……山东食海盐，山西食盐卤。领南、沙北固往往出盐，大体如此矣。"西汉初年，允许民间从事盐业生产，国家收取一定的赋税。《二年律令·金布律》中规定："诸私为卤盐，煮济、汉，及有私盐井煮者，税之，县官取一，主取五。"① 汉武帝时期，实现盐铁专卖制度，在产盐地区设置盐官，以管理盐的生产与销售。《汉书·地理志》记载西汉时期设有盐官的郡县有：河东郡、千乘郡、陇西郡、太原郡和其管辖的龙山、南郡的巫县、巨鹿郡的堂阳县、勃海郡的章武、济南郡的都昌县和寿光县、东莱郡东牟等四县、琅邪郡的海曲等县、益州郡的连然县、蜀郡的临邛县、犍为郡的南安县、会稽郡的海盐县、雁门郡的楼烦、辽东郡的平郭县、南海郡的番禺县、苍梧郡白高要县、渔阳郡的雍奴县、五原郡白成宜县、辽西郡的海阳县、西河郡的富昌县和博陵县、朔方郡的沃野县和广牧县、安定郡的三水县、北地郡的弋居县、上郡等郡县。此外，在一些没有设置盐官的地方也产盐，比如越巂郡定莋"出盐"；朔方，"金连盐泽、青盐泽皆在南"，但在这一地方并没有设置盐官；相似的还有雁门郡的沃阳，也有盐泽，金城郡有盐池，上郡独乐有"盐民"。这些地方虽然没有官方设置的盐官，但由于盐业资源丰富，民间私自开采颇多。西汉产盐的二十多个郡中有三十六处设有盐官，有十多个郡分布在东部，反映出西汉时期

---

① 张家山二四七号汉墓竹简整理小组：《张家山汉墓竹简〔二四七号墓〕》（修订本），文物出版社2006年版，第68页。

海盐在盐中的比重，此外在朔方郡等地也有较多的盐官分布。这种盐业资源分布的情况在《汉书·地理志》中有记载："河东土地平易，有盐铁之饶……吴东有海盐章山之铜。"

东汉虽然一度恢复盐官制度，但东汉产盐分布史载并不清晰。东汉时期，河东地区仍然是盐的主要产地，《续后汉书·郡国志》记载："（河东郡）安邑……有盐池。"第五伦，"后为乡啬夫，平徭赋，理怨结，得人欢心。自以为久宦不达，遂将家属客河东，变名姓，自称王伯齐，载盐往来太原、上党，所过辄为粪除而去，陌上号为道士，亲友故人莫知其处"①。太原、上党一带的盐还需要河东的盐池来供应。广陵也有盐官，《后汉书·马援传》记载："章和元年，迁广陵太守。时谷贵民饥，奏罢盐官。"东汉时期的渔阳也是产盐的地区之一，"是时，北州破散，而渔阳差完，有旧盐铁官，宠转以贸谷，积珍宝，益富强"②。蜀地也是当时的重要食盐产地，"蜀地沃野千里……有鱼、盐、铜、银之利"③。巴郡南郡秦汉时期也是重要的产盐区，"此地广大，鱼盐所出"。益州郡也有"有盐池田渔之饶"④。在今青海湟中地区，也有盐池开采。新疆也有"龟兹盐池"⑤。

---

①《后汉书·第五伦传》。

②《后汉书·彭宠传》。

③《后汉书·公孙述传》。

④《后汉书·南蛮西南夷传》。

⑤《后汉书·西羌传》。

第六节　矿产开发与环境变迁

铁矿、铜矿等矿产的开采，必然要将矿产地周边的森林清理，才能有效开采矿石。此外无论是炼铁和炼金以及烧制陶器，都需要消耗大量的木柴。《盐铁论·禁耕》中说："故盐冶之处，大傲皆依山川，近铁炭，其势咸远而作剧。"虽然在汉代冶铁遗址之中也发现了烧煤的痕迹，① 但秦汉时期冶铁基本上还是用木材。②《盐铁论·复古》中也提及："往者，豪强大家，得管山海之利，采铁石鼓铸，煮海为盐。一家聚众，或至千余人，大抵尽收放流人民也。远去乡里，弃坟墓，依倚大家，聚深山穷泽之中，成奸伪之业，遂朋党之权，其轻为非亦大矣！"可知当时由于技术等原因，冶铁和制盐需要消耗大量木柴，故冶铁和制盐都在木柴比较丰富的地方。

这主要的原因是当时还没有将煤中硫化物质去除，故炼铁的主要燃料是木炭，究其原因主要是木炭的硫含量少，因而炼制过程之中铁中含硫少，铁质提高；而用煤炼铁的局限性在于煤在炉内受热容易碎裂，使炉料透气变坏，高炉不易顺利生产；煤中含硫一般较高，用煤炼铁常常引起铁中硫含量升高，降低生铁质量。直到南宋末年在新会才发现了用焦炭炼铁。据估计，每炼一吨铁，需要木炭 7850 公斤、矿石 1995 公斤、石灰石 130 公斤。由于冶铁需要大量的木材，因此在古代，冶铁冶铜选址都在森林资源比较丰富的地区。早期的铜绿山铜矿遗址就是选址在森林资源丰富的地区。③ 巩县铁生沟汉代冶铸遗址的附近就有丰富的森林、煤矿等燃料资源。④

① 郑州市博物馆：《郑州古荥镇汉代冶铁遗址发掘简报》，《考古》1978 年第 2 期。

② 夏鼐：《考古学与科技史》，《考古》1977 年第 2 期。

③ 周保权：《试论铜绿山古铜矿的生产水平》，《江汉考古》1984 年第 4 期。

④ 赵青云等：《巩县铁生沟汉代冶铸遗址再探讨》，《考古学报》1985 年第 2 期。

此外，煮盐也要用薪炭燃煮，盐灶要建立在水、卤、薪都方便的地方，所以对森林的破坏也是十分严重的。[1] 在秦汉时期，人口较少，煮盐对森林的破坏没有后世厉害。[2]

古人对为了开采矿山而毫无节制地砍伐森林，进而导致出现水害等灾害的现象早已有认识。西汉贡禹就说："今汉家铸钱，及诸铁官皆置吏卒徒，攻山取铜铁，一岁功十万人已上，中农食七人，是七十万人常受其饥也。凿地数百丈，销阴气之精，地臧空虚，不能含气出云，斩伐林木亡有时禁，水旱之灾未必不繇此也。"[3] 贡禹以阴阳五行说来解释采矿导致气候变化，并不符合实际。但其认为破坏森林导致水土流失的观点却是正确无疑的。《淮南子·本经训》中说："……煎熬焚炙，调齐和之适，以穷荆、吴甘酸之变，焚林而猎，烧燎大木，鼓囊吹埵，以销铜铁，靡流坚锻，无厌足目，山无峻干，林无柘梓，燎木以为炭，燔草而为灰，野莽白素，不得其时，上掩天光，下殄地财，此遁于火也。此五者，一足以亡天下矣。"可知《淮南子》也把冶炼当作毁坏森林的原因之一，并可能导致"亡天下"的后果。

古代在冶铜炼银过程之中，除了消耗大量森林资源之外，也产生了大量的废弃物，这些废弃物基本上没有经过任何处理就直接排放，在这个过程之中，不少土壤被污染。不同种类和品质的矿石冶炼工艺不同。据文献研究及冶铜物理化学可能性，可认定古代长期存在着三种方法炼铜工艺：一是氧化矿石还原熔炼成铜，简称"氧化矿—铜"工艺；二是硫化矿石死焙烧（理论上脱除全部硫）后再还原熔炼成铜，简称"硫化矿—铜"工艺；三是硫化矿石经多次焙烧（脱除部分硫）、富集熔炼，依次炼成多种中间产物冰铜，最后还原熔炼成铜，简称"硫化矿—冰铜—铜"工艺。三种工艺中，前两种技术简单、流程短、数日可完成，但矿石资源有限。第三种工艺技术复杂、流程长、冶炼时间需数十日，但矿石资源量大，是炼铜技术的重大进步，这一工艺的长期大规

① 赵冈：《中国历史上生态环境之变迁》中国环境科学出版社 1996 年版，第 77 页。

② 蓝勇、黄权生：《燃料换代历史与森林分布变迁——以近两千年长江上游为时空背景》，《中国历史地理论丛》2007 年第 2 期。

③《汉书·王贡两龚鲍传》。

模使用，必然在铜的成本、产量方面产生相应的影响，更进一步地影响社会经济。[①] 在这一种工艺的冶炼之中，铜矿伴生有铅、锌、砷、镍等亲硫性近于铁铜的元素时，其硫化物可进入产品和炉渣。因此，当炉渣被倾倒之后，对土壤有毒的物质如铅、锌、砷、镍就被土壤吸收。古代的采冶活动因其受客观条件和技术的限制，通常是"采富弃贫"和单一金属的冶炼，废弃物（主要是矿渣和炉渣）中伴生金属含量远远高于现代金属采冶所产生的废弃物，且记载不详，少有人知，其环境污染的风险更为突出。杨晓秋的研究发现，古矿区土壤重金属含量的分析测定和单一污染指数法评价结果表明，矿区土壤以镉污染最为严重，其次是锌和铅，其次是镍、铜污染最为严重，其次是镉和锌，再次是铅，接下来是镍，最后是铜。古银矿/铅锌古铜矿区以综合指数评价结果表明，衡州古银矿/铅锌矿区土壤重金属污染最为严重，其次是丽水松阳的古铜矿区和台州三门的古银矿/铅锌矿区，最后是杭州淳安的古铜矿区，但各调查矿物土壤重金属污染均已达到严重程度。[②]

① 李延祥等：《炉渣分析揭示我国古代炼铜技术》，《文物保护与考古科学》1995年第 1 期。

② 杨晓秋：《古采冶区土壤重金属污染风险与植物重金属积累特性的研究》，浙江大学 2006 年硕士论文，第 46 页。

第六章

秦汉时期的自然灾害

第一节　秦汉时期的旱灾

秦汉时期的旱灾，史书记载较多。

惠帝二年（公元前 193 年），夏，旱。（《汉书·惠帝纪》）

惠帝五年（公元前 190 年），夏，大旱。（《汉书·惠帝纪》）

文帝三年（公元前 177 年），秋，天下旱。（《汉书·五行志》）

文帝九年（公元前 171 年），春，大旱。（《汉书·文帝纪》）

文帝后元元年（公元前 163 年），三月，诏曰："间者数年比不登，又有水旱疾疫之灾，朕甚忧之。"（《汉书·文帝纪》）

文帝后元六年（公元前 158 年），春，天下旱。（《汉书·五行志》）夏四月，大旱，蝗。令诸侯无人贡，弛山泽，减诸服御，损郎吏员，发仓庾以振民，民得卖爵。（《汉书·文帝纪》）

景帝二年（公元前 155 年），上郡以西旱。（《汉书·食货志》）

景帝中元三年（公元前 147 年），夏，旱，禁酤酒。（《汉书·景帝纪》）秋，大旱。（《汉书·五行志》）

景帝后元二年（公元前 142 年），秋，大旱。（《汉书·景帝纪》）十月，大旱。（《史记·孝景本纪》）

武帝建元三年（公元前 138 年），河内贫人伤水旱万余家，或父子相食。（《汉书·汲黯传》）

武帝建元四年（公元前 137 年），六月，旱。（《汉书·武帝纪》）

武帝元光五年（公元前 130 年），夏，大旱。（《汉书·武帝纪》）

武帝元朔五年（公元前 124 年），春，大旱。（《汉书·武帝纪》）

武帝元狩三年（公元前 120 年），夏，大旱。（《汉书·武帝纪》）

武帝元封元年（公元前 110 年），是岁小寒，上令官求雨。（《汉书·平准书》）

武帝元封二年（公元前 109 年），夏，旱。（《史记·孝武本纪》）

武帝元封三年（公元前 108 年），是岁旱。（《汉书·郊祀志》）

武帝元封四年（公元前 107 年），夏，大旱。（《汉书·武帝纪》）

武帝元封六年（公元前 105 年），五月，旱。（《伏后古今注》）秋，大旱。（《汉书·武帝纪》）

武帝天汉元年（公元前 100 年），夏，大旱。（《汉书·五行志》）

武帝天汉三年（公元前 98 年），夏，大旱。（《汉书·五行志》）

武帝太始二年（公元前 95 年），秋，大旱，蝗。（《汉书·武帝纪》）

武帝征和元年（公元前 92 年），夏，大旱。（《汉书·五行志》）

昭帝始元六年（公元前 81 年），夏，旱，大雩，不得举火。（《汉书·昭帝纪》）

昭帝元凤五年（公元前 76 年），夏，大旱。（《汉书·昭帝纪》）

宣帝本始元年（公元前 73 年），夏，大旱。（《文献通考·物异考》）

宣帝本始三年（公元前 71 年），大旱，郡国伤旱甚者，民毋出租赋。三辅民就贱者，且毋收事，尽四年。（《汉书·宣帝纪》）

宣帝神爵元年（公元前 61 年），秋，大旱。（《汉书·五行志》）

元帝初元三年（公元前 46 年），夏，旱。（《汉书·元帝纪》）

元帝建昭二年（公元前 37 年）大旱。（《文献通考》卷三〇四《物异考》）

成帝建始二年（公元前 31 年），夏，旱。（《汉书·成帝纪》）

成帝河平元年（公元前 28 年），三月，旱，伤麦。（《汉书·天文志》）

成帝河平三年（公元前 26 年），时天下大旱。（《汉书·南蛮西南夷传》）

成帝鸿嘉二年（公元前 19 年），水旱。（《汉书·五行志》）

成帝鸿嘉三年（公元前 18 年），四月，大旱。（《汉书·成帝纪》）

成帝鸿嘉四年（公元前 17 年），水旱为灾。（《汉书·五行志》）

成帝永始三年（公元前 14 年），夏，大旱。（《汉书·五行志》）

成帝永始四年（公元前 13 年），夏，大旱。（《汉书·五行志》）

哀帝建平四年（公元前 3 年），春，大旱。（《汉书·哀帝纪》）

哀帝时（公元前 5 年—公元前 1 年），天大旱。（《后汉书·任文公传》）

平帝元始二年（公元 2 年），郡国大旱，蝗，青州尤甚，民流亡。（《汉书·平帝纪》）

新莽天凤五年（公元 18 年），荆、扬……连年久旱。（《汉书·王莽传》）

新莽天凤六年（公元 19 年），关东饥旱数年。（《汉书·王莽传》）

新莽地皇三年（公元 22 年），常苦枯旱。（《汉书·食货志下》）

新莽地皇四年（公元 23 年），王莽末年，天下大旱，蝗虫蔽天。（刘珍《东观汉记》）

王莽末，天下旱蝗，黄金一斤易粟一斛。（《后汉书·光武帝纪上》）

光武帝建武三年（公元 27 年），七月，洛阳大旱。（《伏侯古今注》）

光武帝建武五年（公元 29 年），夏四月，旱，蝗。（《后汉书·光武帝纪上》）

光武帝建武六年（公元 30 年），六月，旱。（《伏侯古今注》）

光武帝建武九年（公元 33 年），春，旱。（《伏侯古今注》）

光武帝建武十二年（公元 36 年），五月，旱。（《伏侯古今注》）

光武帝建武十八年（公元 42 年），五月，旱。（《后汉书·光武帝纪下》）

光武帝建武二十一年（公元 45 年），六月，旱。（《伏侯古今注》）

光武帝建武二十二年（公元 46 年），匈奴中连年旱蝗。（《后汉书·匈奴传》）

光武帝建武二十三年（公元 47 年），京师、郡国十八大蝗，旱，草木尽。（《伏侯古今注》）

光武帝建武二十七年（公元 51 年），匈奴旱蝗。（《后汉书·匈奴传》）

光武帝建武三十年（公元 54 年），五月，旱。（《后汉纪》）

明帝永平元年（公元 58 年），五月，旱。（《伏侯古今注》）

明帝永平二年（公元 59 年），水旱不节。（《后汉书·明帝纪》）

明帝永平三年（公元 60 年），夏，旱。（《后汉书·钟离意传》）

明帝永平八年（公元 65 年），冬，旱。（《伏侯古今注》）

明帝永平十一年（公元 68 年），八月，旱。（《伏侯古今注》）

明帝永平十四年（公元 71 年），时天旱。（《资治通鉴》卷四五《汉纪三十七》）

明帝永平十五年（公元 72 年），八月，旱。（《伏侯古今注》）

明帝永平十八年（公元 75 年），三月，旱。（《伏侯古今注》）是岁，年疫。京师及三州大旱。（《后汉书·章帝纪》）

章帝建初元年（公元 76 年），大旱。（《后汉书·杨终传》）今改元之后，年饥人流，此朕之不德感应所致。又冬春旱甚，所被尤广，虽内用克责，而不

知所定。(《后汉书·光武十王列传》)

章帝建初二年（公元 77 年），夏，大旱。(《后汉书·皇后纪》) 夏，洛阳旱。(《伏侯古今注》)

章帝建初四年（公元 79 年），夏，旱。(《伏侯古今注》)

章帝建初五年（公元 80 年），旱。(《后汉书·章帝纪》)

章帝元和元年（公元 84 年），春，旱。(《伏侯古今注》)

章帝元和二年（公元 85 年），旱。(《后汉书·陈宠传》)

章帝章和二年（公元 88 年），夏，旱。(《续后汉书·五行志》) 五月，京师旱。(《后汉书·和殇帝纪》)

和帝永元二年（公元 90 年），郡国十四旱。(《伏侯古今注》)

和帝永元四年（公元 92 年），是夏，旱、蝗。(《后汉书·和殇帝纪》)

和帝永元六年（公元 94 年），七月，京师旱。(《后汉书·和殇帝纪》)

和帝永元七年（公元 95 年），河内郡春夏大旱。(《后汉书·曹褒传》)

和帝永元九年（公元 97 年），六月，蝗、旱。(《后汉书·和殇帝纪》)

和帝永元十一年（公元 99 年），冬无宿雪。(《后汉书·和殇帝纪》)

和帝永元十二年（公元 100 年），春无澍雨。(《后汉书·和殇帝纪》)

和帝永元十五年（公元 103 年），洛阳郡国二十二并旱，或伤稼。(《伏侯古今注》)

和帝永元十六年（公元 104 年），七月，旱。(《后汉书·和殇帝纪》)

安帝永初元年（公元 107 年），郡国八旱。(《伏侯古今注》)

安帝永初二年（公元 108 年），夏旱，久祷无应。(《后汉书·周嘉传》)

安帝永初三年（公元 109 年），秋，久旱。(《后汉书·皇后纪》) 郡国八旱。(《伏侯古今注》)

安帝永初四年（公元 110 年），夏，旱。(《伏侯古今注》)

安帝永初五年（公元 111 年），夏，旱。(《伏侯古今注》)

安帝永初六年（公元 112 年），五月，旱。(《后汉书·安帝纪》)

安帝永初七年（公元 113 年），五月庚子，京师大雩。(《后汉书·安帝纪》)

安帝元初元年（公元 114 年），京师及郡国五旱、蝗。(《后汉书·安帝纪》)

安帝元初二年（公元 115 年），五月，京师旱，河南及郡国十九蝗。(《后

汉书·安帝纪》)

安帝元初三年（公元 116 年），四月，京师旱。(《后汉书·安帝纪》)

安帝元初五年（公元 118 年），三月，京师及郡国五旱，诏禀遭旱贫人。(《后汉书·安帝纪》)

安帝元初六年（公元 119 年），五月，京师旱 (《后汉书·安帝纪》)

安帝永宁元年（公元 120 年），夏旱。(《文献通考·物异考》)

安帝建光元年（公元 121 年），郡国四旱。(《伏侯古今注》)

安帝延光元年（公元 122 年），郡国五并旱，伤稼。(《伏侯古今注》)

顺帝永建二年（公元 127 年），三月，旱，遣使者录囚徒。(《后汉书·顺帝纪》)

顺帝永建三年（公元 128 年），六月，旱。遣使者录囚徒，理轻系。(《后汉书·顺帝纪》)

顺帝永建五年（公元 130 年），夏四月，京师旱。辛巳，诏郡国贫人被灾者，勿收责今年过更。京师及郡国十二蝗。(《后汉书·顺帝纪》)

顺帝阳嘉元年（公元 132 年），京师旱。庚申，敕郡国二千石各祷名山岳渎，遣大夫、谒者诣嵩高、首阳山，并祠河、洛，请雨。戊辰，雩。(《后汉书·顺帝纪》)

顺帝阳嘉二年（公元 133 年），六月，旱。(《后汉书·顺帝纪》)

顺帝阳嘉三年（公元 134 年），春二月己丑，诏以久旱，京师诸狱无轻重皆且勿考竟，须得澍雨。(《后汉书·顺帝纪》)

顺帝阳嘉四年（公元 135 年），二月，自去冬旱，至于是月。(《后汉书·顺帝纪》)

顺帝永和四年（公元 139 年），秋八月，太原郡旱，民庶流冗。(《后汉书·顺帝纪》)

冲帝永熹元年（公元 145 年），夏四月壬申，雩。(《后汉书·质帝纪》)

质帝本初元年（公元 146 年），二月，京师旱。(《伏侯古今注》)

桓帝建和元年（公元 147 年），四月，诏曰："比起陵茔，弥历时节，力役既广，徒隶尤勤。顷雨泽不沾，密云复散，倘或在兹。其令徒作陵者减刑各六月。"(《后汉书·桓帝纪》)

桓帝元嘉元年（公元 151 年），夏，旱。(《续后汉书·五行志》)

桓帝延熹二年（公元 159 年），大雩。(《后汉书·桓帝纪》)

桓帝延熹四年（公元 161 年），京师大雩。（《后汉书·桓帝纪》）

桓帝延熹九年（公元 166 年），扬州六郡连水、旱、蝗害。（《续后汉书·五行志》）

灵帝熹平五年（公元 176 年），四月，大雩。（《后汉书·灵帝纪》）

灵帝熹平六年（公元 177 年），四月，大旱，六州蝗。（《后汉书·灵帝纪》）

灵帝光和五年（公元 182 年），夏四月，大旱。（《后汉书·灵帝纪》）

灵帝光和六年（公元 183 年），夏，大旱。（《后汉书·灵帝纪》）

献帝初平四年（公元 193 年），时，旱势炎盛。（《后汉书·公孙瓒传》）

献帝兴平元年（公元 194 年），三辅大旱，自四月至于是月。帝避正殿请雨。（《后汉书·献帝纪》）

献帝兴平二年（公元 195 年），大旱。（《后汉书·献帝纪》）

献帝建安元年（公元 196 年），是时蝗虫起，岁旱无谷，从官食枣菜。（《三国志·魏书·董卓传》）

献帝建安二年（公元 197 年），天旱岁荒。（《后汉书·袁术传》）

献帝建安六年（公元 201 年），时大旱，所在熇厉。（《三国志》卷四六《吴书·孙破虏传》引《搜神记》）

献帝建安八年（公元 203 年），后，（海昌）县连年亢旱。（《三国志·吴书·陆逊传》引《陆氏祠堂像赞》）

献帝建安十二年（公元 207 年），九月，（辽东）时寒且旱，二百里无复水，军又乏食，杀马数千匹以为粮，凿地入三十余丈乃得水。（《三国志·魏书·武帝纪》引《曹瞒传》）

献帝建安十九年（公元 214 年），四月，旱。（《后汉书·献帝纪》）

旱灾是秦汉时期比较严重的灾害，据不完全统计，秦汉时期旱灾有 115 次左右，平均 3.85 年发生一次旱灾，旱灾发生频率较高。

公元前 221 年至公元前 147 年，75 年期间发生旱灾 7 次，平均近 10.7 年发生一次旱灾，是旱灾发生频率较低的时期。但这一时期旱情比较重，公元前 190 年、公元前 171 年以及公元前 158 年的旱灾都是"大旱"。旱灾发生的范围也较大，公元前 177 年、公元前 163 年和公元前 158 年都是"天下旱"。公元前 155 年西部发生旱灾，范围也比较大。

公元前 146 年至公元前 92 年，55 年间，发生旱灾 18 次，平均约 3 年发生一次旱灾，是旱灾发生频率较高的阶段。这一时期旱灾也有几个相对集中时期，公元前 110 年至公元前 98 年，13 年间有 7 年发生旱灾；其中公元前 110 至公元前 106 年连续 4 年发生旱灾，并且这一时期的旱灾灾情还比较重，公元前 147 年和公元前 142 都发了两次旱灾，属于大旱之列。公元前 130 年、公元前 124 年、公元前 120 年、公元前 107 年、公元前 100 年、公元前 98 年、公元前 95 年以及公元前 92 年都是大旱。

公元前 91 年至公元 17 年，109 年期间，发生 18 次旱灾，平均约 6 年发生一次旱灾，是旱灾发生频率相对较低的阶段。但这一时期发生大旱 13 次，占全部旱灾的 72%，可见旱灾灾情较重，并且旱灾发生范围比较广，"天下大旱"的年份不少，旱灾的影响比较深远。

公元 18 年至公元 139 年，122 年间发生旱灾 62 次，平均约 2 年发生一次旱灾，是旱灾频率发生较高的阶段。公元 18 年至公元 30 年旱灾比较多，所以史书就有记载："王莽末，天下旱蝗，黄金一斤易粟一斛。"这种干旱天气一直持续到光武帝初年。公元 42 年至公元 60 年，19 年间有 9 年发生旱灾，大约每两年一次。其中公元 107 年至公元 122 年间，几乎年年都发生旱灾。这一时期旱情也较重，久旱、连旱以及大旱 15 次，占全部旱灾的 24%。这一时期发生旱灾多用宗教方式祈雨，可见旱情较重。旱灾发生的地域较广，多个郡国同时发生旱灾的年份也比较多。

公元 140 年至公元 192 年，53 年间发生旱灾 11 次，平均约 4.8 年发生一次旱灾，是旱灾发生频率较低的时期。但这期间大旱比较多，为祈雨施行"雩"礼四次，其中"大雩"三次，可见当时旱情较严重。总的说来，11 次旱灾中有 8 次属于旱情较严重的大旱，占旱灾的近 73%。

公元 193 年至公元 207 年，15 年间发生 8 次旱灾，平均不足 2 年就有一次旱灾，旱灾频率较高。这一时期的灾情中有 6 次属于大旱，占旱灾的 75%。

公元 208 年至公元 220 年，13 年间发生旱灾 1 次，为旱灾发生频率较低的阶段。

总的说来，秦汉时期旱灾也具有不平衡性，秦朝至新莽时期，发生旱灾 47 次；平均约 5.2 年发生一次旱灾。东汉发生旱灾 68 次，平均约 2.9 年发生一次旱灾。东汉旱灾发生次数与频率远远高于秦朝至新莽时期，有两个原因：一是东汉气候变冷，降水减少，发生干旱较常见；另外一个原因就是这一阶段种植结构逐渐调整，旱灾的记载有增多的趋势。在以黍粟为主的农业体系之中，黍粟耐旱，适应性强，除却特大灾异，一般可以保持稳产，不易成灾。到了汉武帝时期，冬小麦种植逐渐推广，麦种面积扩大，夏旱问题渐逐渐引人注目，有关记载明显增多。① 比如永平四年（公元61年），春二月辛亥，就下诏说："朕亲耕藉田，以祈农事。京师冬无宿雪，春不燠沐，烦劳群司，积精祷求。而比再得时雨，宿麦润泽。其赐公卿半奏。有司勉遵时政，务平刑罚。"②

　　从秦汉时期旱灾的地域分布来看，很多旱灾没有明确的地域分布。有明确记载的旱灾中，北方有33次，南方有5次，旱灾次数中北方是南方的几倍。除了当时政治中心在北方，史书记载比较详细之外，还与当时人口分布、经济中心以及经济结构有关。《史记·货殖列传》记载："总之，楚越之地，地广人希，饭稻羹鱼，或火耕而水耨……无饥馑之患。"南方人口较少，加之水域和植被较丰富，即使发生干旱，农作物没有收成，老百姓可以通过渔猎与采集为生，干旱也不容易成灾，故旱灾记载比较少。

---

① 樊志民、冯风：《关于历史上的旱灾与农业问题研究》，《中国农史》1988年第1期。
②《后汉书·明帝纪》。

第二节　秦汉时期的水灾

秦汉时期的水灾，史书记载如下。

秦二世元年（公元前 209 年），会天大雨，道不通，度已失期。（《史记·陈涉世家》）

秦二世二年（公元前 208 年），连雨自七月至九月。（《汉书·高帝纪》）

秦二世三年（公元前 207 年），天寒大雨，士卒冻饥。（《史记·项羽本纪》）

高后三年（公元前 185 年）夏，汉中、南郡大水，水出流四千余家。（《汉书·五行志》）

高后四年（公元前 184 年）秋，河南大水，伊、洛流千六百余家，汝水流八百余家。（《汉书·五行志》）

高后八年（公元前 180 年）夏，汉中、南郡水复出，流六千余家。南阳沔水流万余家。（《汉书·五行志》）

文帝元年（公元前 179 年），多雨，积霖至百日而止。（《西京杂记》卷二）

文帝十五年（公元前 165 年），河溢通泗。（《史记·封禅书》）

文帝后元元年（公元前 163 年），诏曰："间者数年比不登，又有水旱疾疫之灾，朕甚忧之。"（《汉书·文帝纪》）

文帝后元三年（公元前 161 年）秋，大雨，昼夜不绝三十五日。蓝田山水出，流九百余家。汉水出，坏民室八千余所，杀三百余人。（《汉书·五行志》）

景帝六年（公元前 151 年），冬十二月，雷，霖雨。（《汉书·景帝纪》）

景帝中元五年（公元前 145 年），六月丁巳，赦天下，赐爵一级。天下大潦。（《史记·孝景本纪》）

武帝元光三年（公元前 132 年），五月，河水决濮阳，泛郡十六。发卒十

万救决河。(《汉书·武帝纪》)

武帝元狩元年（公元前122年），遣谒者劝有水灾郡种宿麦。(《汉书·武帝纪》)

武帝元鼎二年（公元前115年），三月，大雨雪。夏，大水，关东饿死者以千数。秋九月，诏曰："仁不异远，义不辞难，今京师虽未为丰年，山林、池泽之饶与民共之。今水潦移于江南，迫隆冬至，朕惧其饥寒不活。江南之地，火耕水耨，方下巴、蜀之粟致之江陵，遣博士中等分循行，谕告所抵，无令重困。吏民有振救饥民免其厄者，具举以闻。"(《汉书·武帝纪》)

武帝元封三年（公元前108年），河决，灌梁、楚地，固已数困，而缘河之郡堤塞河，辄坏决，费不可胜计。(《汉书·食货志》)

昭帝始元元年（公元前86年），秋七月，大雨，渭桥绝。(《汉书·昭帝纪》)

昭帝元凤三年（公元前78年），诏曰："乃者民被水灾，颇匮于食，朕虚仓廪，使使者振困乏。"(《汉书·昭帝纪》)

宣帝地节四年（公元前66年），九月，诏曰："朕惟百姓失职不赡，遣使者循行郡国问民所疾苦。吏或营私烦扰，不顾厥咎，朕甚闵之。今年郡国颇被水灾，已振贷。盐，民之食，而贾咸贵，众庶重困。其减天下盐贾。"(《汉书·宣帝纪》)

元帝初元元年（公元前48年），九月，关东郡国十一大水，饥，或人相食，转旁郡钱、谷以相救。(《汉书·元帝纪》)

元帝初元五年（公元前44年），五年夏及秋，大水。颍川、汝南、淮阳、庐江雨，坏乡聚民舍，及水流杀人。(《文献通考》卷二九二《物异考二》)

元帝永光五年（公元前39年），夏及秋，大水。颍川、汝南、淮阳、庐江雨，坏乡聚民舍，及水流杀人。(《汉书·五行志》)河决清河灵鸣犊口，而屯氏河绝。(《汉书·沟洫志》)

成帝建始元年（公元前32年），河者水阴，四渎之长，今乃大决，没漂陵邑。(《汉书·外戚传》)

成帝建始三年（公元前30年），夏，大水，三辅霖雨三十余日，郡国十九雨，山谷水出，凡杀四千余人，坏官寺民舍八万三千余所。秋，关内大水。七月，虒上小女陈持弓闻大水至，走入横城门，阑入尚方掖门，至未央宫钩盾中。吏民惊上城。九月，诏曰："乃者郡国被水灾，流杀人民，多至千数。京

师无故讹言大水至，吏民惊恐，奔走乘城。"（《汉书·成帝纪》）

成帝建始四年（公元前 29 年），九月，大雨十余日。（《汉书·五行志》）秋，桃、李实。大水，河决东郡金堤。（《汉书·成帝纪》）

成帝河平三年（公元前 26 年），河复决平原，流入济南、千乘，所坏败者半建始时，复遣王延世治之。（《汉书·沟洫志》）

成帝河平四年（公元前 25 年），遣光禄大夫博士嘉等十一人行举濒河之郡水所毁伤困乏不能自存者。（《汉书·成帝纪》）

成帝阳朔二年（公元前 23 年），秋，关东大水。（《汉书·成帝纪》）

成帝鸿嘉二年（公元前 19 年），诏书："朕承鸿业十有余年，数遭水、旱、疾疫之灾，黎民娄困于饥寒，而望礼义之兴，岂不难哉!"（《汉书·成帝纪》）

成帝鸿嘉四年（公元前 17 年），诏曰："数敕有司，务行宽大，而禁苛暴，讫今不改。一人有辜，举宗拘系，农民失业，怨恨者众，伤害和气，水旱为灾，关东流冗者众，青、幽、冀部尤剧，朕甚痛焉。"（《汉书·成帝纪》）

成帝永始二年（公元前 15 年），梁国、平原郡比年伤水灾，人相食，刺史、守、相坐免。（《汉书·食货志》）

成帝元延元年（公元前 12 年），时，灾异尤数，永当之官，上使卫尉淳于长受永所欲言。永对曰："往年郡国二十一伤于水，灾，禾黍不入。今年蚕麦咸恶。百川沸腾，江河溢决，大水泛滥郡国五十有余。"（《汉书·谷永传》）

成帝绥和二年（公元前 7 年），乃者河南、颍川郡水出，流杀人民，坏败庐舍。朕之不德，民反蒙辜，朕甚惧焉。已遣光禄大夫循行举籍，赐死者棺钱，人三千。其令水所伤县邑及他郡国灾害什四以上，民赀不满十万，皆无出今年租赋。（《汉书·哀帝纪》）

新莽始建国三年（公元 11 年），河决魏郡，泛清河以东数郡。（《汉书·王莽传》）

新莽天凤二年（公元 15 年），邯郸以北大雨雾，水出，深者数丈，流杀数千人。（《汉书·王莽传》）

新莽地皇元年（公元 20 年），（九月）是月，大雨六十余日。令民入米六百斛为郎，其郎吏增秩赐爵至附城。（《汉书·王莽传》）

王莽时，往者天尝连雨，东北风，海水溢，西南出，浸数百里，九河之地

已为海所渐矣。(《汉书·沟洫志》)

光武帝建武四年(公元28年),东郡以北伤水。(《伏侯古今注》)

光武帝建武六年(公元30年),正月辛酉,诏曰:"往岁水、旱、蝗虫为灾,谷价腾跃,人用困乏。朕惟百姓无以自赡,恻然愍之。其命郡国有谷者,给禀高年、鳏、寡、孤、独及笃癃、无家属贫不能自存者,如《律》。二千石勉加循抚,无令失职。"(《后汉书·光武帝纪下》)九月,大雨连月。(《伏侯古今注》)

光武帝建武七年(公元31年),是夏,连雨水。(《后汉书·光武帝纪下》)

光武帝建武八年(公元32年),秋,大水。是岁大水。(《后汉书·光武帝纪下》)

光武帝建武十七年(公元41年),洛阳暴雨,坏民庐舍,压杀人,伤害禾稼。(《伏侯古今注》)

光武帝建武二十一年(公元45年),郡国皆大水,百姓饥馑。(袁宏《后汉纪》卷七)

光武帝建武三十年(公元54年),五月及明年,郡国大水,坏城郭,伤禾稼,杀人民。(《续后汉书·天文志上》)

光武帝建武三十一年(公元55年),夏五月,大水。(《后汉书·光武帝纪下》)

明帝永平三年(公元60年),京师及郡国七大水。(《后汉书·明帝纪》)

明帝永平八年(公元65年),秋,郡国十四雨水。(《后汉书·明帝纪》)

明帝永平十三年(公元70年),今兖、豫之人,多被水患。(《后汉书·明帝纪》)

和帝永元元年(公元89年),七月,郡国九大水,伤稼。(《续后汉书·五行志》)

和帝永元五年(公元93年),七月水,大漂杀人民,伤五谷。许侯马光有罪自杀。(《续后汉书·五行志中》)

和帝永元十年(公元98年),十月,五州雨水。(《后汉书·和殇帝纪》)

和帝永元十二年(公元100年),六月,颍川大水,伤稼。(《续后汉书·五行志下》)

和帝永元十三年(公元101年)、十四年(公元102)、十五年(公元

103），淫雨伤稼。（《续后汉书·五行志上》）是秋，三州雨水。冬十月甲申，诏："兖、豫、荆州今年水雨淫过，多伤农功。其令被害什四以上皆半入田租、刍稿；其不满者，以实除之。"（《后汉书·和殇帝纪》）

和帝永元十六年（公元104年），二月己未，诏兖、豫、徐、冀四州比年雨多伤稼，禁沽酒。（《后汉书·和殇帝纪》）

和帝元兴元年（公元105年），刘毅上书："及元兴、延平之际，国无储副，仰观乾象，参之人誉，援立陛下为天下主，永安汉室，绥静四海。又遭水潦，东州饥荒。"（《后汉书·邓皇后纪》）

殇帝延平元年（公元106年），五月，郡国三十七大水，伤稼。（《续后汉书·五行志下》）

安帝永初元年（公元107年），冬十月辛酉，河南新城山水暴出，突坏民田，坏处泉水出，深三丈。是年郡国四十一水出，漂没民人。（《续后汉书·五行志下》）

安帝永初二年（公元108年），大水。（《续后汉书·五行志下》）

安帝永初三年（公元109年），大水。（《续后汉书·五行志下》）

安帝永初四年（公元110年），大水。（《续后汉书·五行志下》）

安帝永初五年（公元111年），大水。（《续后汉书·五行志下》）

安帝元初四年（公元117年），京师及郡国十雨水。诏曰："今年秋稼茂好，垂可收获，而连雨未霁，惧必淹伤。夕惕惟忧，思念厥咎。夫霖雨者，人怨之所致。其吏以威暴下，文吏妄行苛刻，乡吏因公生奸，为百姓所患苦者，有司显明其罚。"（《后汉书·安帝纪》）安帝元初四年秋，郡国十淫雨伤稼。（《续后汉书·五行志上》）

安帝永宁元年（公元120年），自三月至是月（十月），京师及郡国三十三大风，雨水。（《后汉书·安帝纪》）永宁元年，郡国三十三淫雨伤稼。（《续后汉书·五行志上》）

安帝建光元年（公元121年），京都及郡国二十九淫雨伤稼。（《续后汉书·五行志上》）

安帝延光元年（公元122年），是岁，京师及郡国二十七雨水，大风，杀人。诏赐压、溺死者年七岁以上钱，人二千；其坏败庐舍、失亡谷食，粟，人三斛；又田被淹伤者，一切勿收田租；若一家皆被灾害而弱小存者，郡、县为收敛之。（《后汉书·安帝纪》）延光元年，郡国二十七淫雨伤稼。（《续后汉

书·五行志上》)

安帝延光二年（公元 123 年），九月，郡国五雨水。（《后汉书·安帝纪》）二年，郡国五连雨伤稼。（《续后汉书·五行志上》）

安帝延光三年（公元 124 年），是岁，京师及郡国三十六雨水，疾风，雨雹。（《后汉书·安帝纪》）延光三年，大水，流杀民人，伤苗稼。（《续后汉书·五行志下》）

顺帝永建元年（公元 126 年），十月，甲辰，诏以疫疠水潦，令人半输今年田租；伤害什四以上，勿收责；不满者，以实除之。（《后汉书·顺帝纪》）

顺帝永建四年（公元 129 年），五州雨水。秋八月庚子，遣使实核死亡，收敛禀赐。（《后汉书·顺帝纪》）顺帝永建四年，司隶、荆、豫、兖、冀部淫雨伤稼。（《续后汉书·五行志上》）

顺帝永建六年（公元 131 年），冬十一月辛亥，诏曰："连年灾潦，冀部尤甚。比蠲除实伤，赡恤穷匮，而百姓犹有弃业，流亡不绝。疑郡县用心怠惰，恩泽不宣。《易》美'损上益下'，《书》称'安民则惠'。其令冀部勿收今年田租、刍稿。"（《后汉书·顺帝纪》）六年，冀州淫雨伤稼。（《续后汉书·五行志上》）

顺帝阳嘉元年（公元 132 年），以冀部比年水潦，民食不赡，诏案行禀贷，劝农功，赈乏绝。（《后汉书·顺帝纪》）

质帝本初元年（公元 146 年），今宦官俱用，水虫为还。（《后汉纪·孝质皇帝纪》）

桓帝建和二年（公元 148 年），秋七月，京师大水。（《汉书·桓帝纪》）

桓帝建和三年（公元 149 年），八月，京师大水。（《汉书·桓帝纪》）

桓帝永兴元年（公元 153 年），秋七月，河水溢。百姓饥穷，流冗道路，至有数十万户，冀州尤甚。诏在所赈给乏绝，安慰居业。（《汉书·桓帝纪》）

桓帝永寿元年（公元 155 年），六月，洛水溢，坏鸿德苑。南阳大水。（《汉书·桓帝纪》）

桓帝永寿三年（公元 157 年），往岁并州水雨，灾螟互生，稼穑荒耗，租更空阙。（《汉书·陈龟传》）

桓帝延熹二年（公元 159 年），夏，京师雨水。（《汉书·桓帝纪》）桓帝延熹二年夏，霖雨五十余日。（《续后汉书·五行志上》）

桓帝延熹五年（公元 162 年），八月庚子，以京师水旱疾病，帑藏空虚，

虎贲、羽林不任事者住寺，减半奉。（刘珍《东观汉记》卷三）

桓帝延熹六年（公元 163 年），车驾幸广成校猎。蕃上疏谏曰："又秋前多雨，民始种麦。今失其劝种之时，而令给驱禽除路之役，非贤圣恤民之意也。"（《后汉书·陈蕃传》）

桓帝延熹九年（公元 166 年），诏曰："比岁不登，民多饥穷，又有水旱疾疫之困。盗贼征发，南州尤甚。灾异日食，谴告累至。政乱在予，仍获咎征。其令大司农绝今岁调度征求，及前年所调未毕者，勿复收责。其灾旱盗贼之郡，勿收租，余郡悉半入。"（《汉书·桓帝纪》）

桓帝永康元年（公元 167 年），六州大水，勃海海溢。诏州郡赐溺死者七岁以上钱，人二千；一家皆被害者，悉为收敛；其亡失谷食，禀人三斛。（《汉书·桓帝纪》）扬州六郡连水、旱、蝗害。（《文献通考》卷三一四《物异考二十·蝗虫》引《谢沈书》）

灵帝建宁元年（公元 168 年），六月，京师雨水。（《汉书·灵帝纪》）夏，霖雨六十余日。（《续后汉书·五行志上》）

灵帝熹平元年（公元 172 年），六月，京师雨水。（《汉书·灵帝纪》）夏，霖雨七十余日。（《续后汉书·五行志上》）

灵帝熹平四年（公元 175 年），夏四月，郡国七大水。（《汉书·灵帝纪》）

灵帝中平五年（公元 188 年），六月，郡国七大水。（《汉书·灵帝纪》）

灵帝中平六年（公元 189 年），夏，霖雨八十余日。（《续后汉书·五行志上》）六月雨，至于九月乃止。（《后汉纪》卷二五《后汉孝灵皇帝纪下》）

献帝初平三年（公元 192 年），春，连雨六十余日。（《后汉书·王允传》）

献帝初平四年（公元 193 年），六月，雨水。（《后汉书·献帝纪》）夏，大雨昼夜二十余日，漂没人庶，又风如冬时。（《后汉书·董卓传》）

献帝建安二年（公元 197 年），秋九月，汉水溢。（《后汉书·献帝纪》）

献帝建安十二年（公元 207），七月，大水。（《三国志·魏书·武帝纪》）

献帝建安十七年（公元 212 年），秋七月，洧水、颍水溢。（《后汉书·献帝纪》）

献帝建安十八年（公元 213 年），五月，大雨水。（《后汉书·献帝纪》）

献帝建安十九年（公元 214 年），五月，雨水。（《后汉书·献帝纪》）

献帝建安二十四年（公元 219 年），八月，汉水溢。（《后汉书·献帝纪》）

献帝延康元年（公元 220 年），大霖雨五十余日，魏有天下乃霁。（《艺文类聚》卷二《天部下》引《魏略》）

秦汉时期，水灾发生约百次，平均约 45 年发生一次水灾，这一时期水灾可以分几个阶段：

公元前 221 年至公元前 40 年，182 年间发生水灾 22 次，平均约 8.3 年发生一次水灾，是水灾比较稀少的阶段。其中发生 5 次河决。公元前 165 年，"河溢通泗"，这次应该是黄河部分流水由泗水进入淮河，再流入东海，但当时江南人口较少，危害较轻。公元前 132 年春"河水决濮阳，泛郡十六。发卒十万救决河。河水徙，从顿丘东流入渤海"。公元前 108 年，"河复北决于馆陶，分为屯氏河，东北经魏郡、清河、信都、渤海入海，广深与大河等，故因其自然，不堤塞也"。"河决，灌梁、楚地，固已数困，而缘河之郡堤塞河，辄坏决，费不可胜计。"除了公元前 165 年水灾较轻外，其余灾害严重。此外，还有几次因为河水或者江水、渭水溢出造成的灾害。因长期下雨或者大雨发生的水灾有 8 次，可见这一时期灾情比较严重。另外，公元前 185 年，"汉中、南郡大水，水出流四千余家"。公元前 180 年，"汉中、南郡水复出，流六千余家。南阳沔水流万余家"。可能是地震引发山崩，形成堰塞湖的垮塌之后造成的。这一时期水灾集中的年份为公元前 185 至公元前 179 年。

公元前 39 年至公元 97 年，137 年间发生水灾 30 次，平均约 4.6 年发生一次水灾，是水灾发生频率较低时期。这一时期发生 7 次河决，造成的危害比较大。这一阶段中，公元前 32 年至公元前 27 年发生水灾次数较多；公元 28 年至公元 34 年，7 年间发生 5 次水灾，水灾发生频率也不低。

公元 98 年至公元 132 年，35 年间发生水灾 23 次，平均约 1.5 年发生一次水灾，是水灾的高发阶段。公元 100 年至公元 111 年 12 年间发生水灾 12 次，连续 12 年都有水灾，而且"大水"有 6 次，可见水灾危害比较大。公元 112 年至公元 120 年，9 年间发生了一次水灾，是水灾较少的时段，但在公元 120 至公元 132 年，13 年间发生了 9 次水灾，是水灾发生频率较高的时段。

公元 133 年至公元 152 年间，20 年间发生水灾 2 次，平均每 10 年发生一次水灾，是水灾发生频率较低的时段。

公元 153 年至公元 220 年，68 年间发生水灾 22 次，平均约 3.1 年发生一次水灾，是水灾发生较频繁时期。其中公元 153 年至公元 168 年水灾比较集中，16 年间发生水灾 9 次；公元 169 年至公元 187 年水灾比较少，19 年间发生水灾 2 次；公元 188 年至公元 197 年间以及公元 207 年至公元 220 年间发生水灾都比较频繁。这一时期水灾还有另外一个特点，就是长时间下雨成灾的年份比较多，公元 159 年、公元 168 年、公元 172 年、公元 189 年、公元 192 年、公元 193 年和公元 220 年都是长时间下雨成灾，而长时间下雨多发生在春夏时期。

秦汉时期，水灾发生的地域，大部分没有记载。有明确记载的，北方发生了 48 次，南方 10 次。其中的原因，一是北方是全国经济政治中心，人口密度较高，比较容易受灾。二是建立了雨水上报制度，"自立春至立夏尽立秋，郡国上雨泽"①。而这种制度在京城周边地区实施比较严格。三是南方人口比较少，加之水域较多，不易形成水灾，即使雨水较多，当时的经济结构也不易使其成灾。

---

① 《续后汉书·礼仪志中》。

第三节 秦汉时期的蝗灾

蝗灾是农业主要危害之一，古人比较注意蝗灾的记载，《诗经》就提及：
"去其螟螣，及其蟊贼，无害我田稚。田祖有神，秉畀炎火。"秦汉时期，加
之董仲舒天人感应神学模式在政治中逐渐推行，蝗灾的记载也比较详细。

文帝后元六年（公元前 158 年），（冬，）天下旱，蝗。（《史记·孝文本
纪》）夏四月，大旱，蝗。（《汉书·文帝纪》）

景帝中元三年（公元前 147 年），秋九月，蝗。（《汉书·景帝纪》）

景帝中元四年（公元前 146 年），夏，蝗。（《汉书·景帝纪》）

武帝建元五年（公元前 136 年），五月，大蝗。（《汉书·武帝纪》）

武帝元光六年（公元前 129 年），夏，大旱，蝗。（《汉书·武帝纪》）

武帝元鼎五年（公元前 112 年），秋，蝗。（《汉书·五行志》）

武帝元封六年（公元前 105 年），秋，大旱，蝗。（《汉书·武帝纪》）

武帝太初元年（公元前 104 年），八月，蝗从东方飞至敦煌。（《汉书·武
帝纪》）是岁，西伐大宛，蝗虫大起。（《史记·孝武本纪》）

武帝太初二年（公元前 103 年），秋，蝗。（《汉书·武帝纪》）

武帝太初三年（公元前 102 年），秋，复蝗。（《汉书·五行志》）

武帝征和三年（公元前 90 年），秋，蝗。（《汉书·五行志》）

武帝征和四年（公元前 89 年），夏，蝗。（《汉书·五行志》）

平帝元始二年（公元 2 年），秋，蝗，遍天下。（《汉书·五行志》）郡国
大旱，蝗，青州尤甚，民流亡。安汉公、四辅、三公、卿大夫、吏民为百姓困
乏献其田宅者二百三十人，以口赋贫民。遣使者捕蝗，民捕蝗诣吏，以石、斗
受钱。天下民赀不满二万及被灾之郡不满十万，勿租税。（《汉书·平帝纪》）
平帝时，天下大蝗，河南二十余县皆被其灾，独不入密县界。（《后汉书·卓
茂传》）

新莽始建国三年（公元 11 年），濒河郡蝗生。（《汉书·王莽传》）

新莽地皇元年（公元 20 年），诏书："即位以来，阴阳未和，风雨不时，数遇枯旱蝗螟为灾，谷稼鲜耗，百姓苦饥，蛮夷猾夏，寇贼奸宄，人民正营，无所错手足。"（《汉书·王莽传》）

新莽地皇二年（公元 21 年），秋，关东饥，蝗。（《汉书·王莽传》）

新莽地皇三年（公元 22 年），夏，蝗从东方来。（《汉书·王莽传》）莽末，天下连岁灾蝗，寇盗锋起。初，王莽末，天下旱蝗，黄金一斤易粟一斛（《后汉书·光武纪上》）

光武帝建武五年（公元 29 年），夏四月，旱，蝗。（《后汉书·光武帝纪上》）

光武帝建武六年（公元 30 年），夏，蝗。（《后汉书·光武帝纪下》）

光武帝建武二十二年（公元 46 年），青州蝗（《后汉书·光武帝纪下》）三月，京师、郡国十九蝗。（《伏侯古今注》）匈奴中连年旱蝗，赤地数千里，草木尽枯，人畜饥疫，死耗太半。（《后汉书·匈奴传》）

光武帝建武二十三年（公元 47 年），京师、郡国十八大蝗，旱，草木尽。（《伏侯古今注》）

光武帝建武二十八年（公元 52 年），郡国共八十蝗。（《文献通考》卷三一四《物异考二十·蝗虫》）三月，郡国八十蝗。（《伏侯古今注》）

光武帝建武二十九年（公元 53 年），四月，威武、酒泉、清河、京兆、魏郡、弘农蝗。（《文献通考》卷三一四《物异考二十·蝗虫》）

光武帝建武三十年（公元 54 年），六月，郡国十二大蝗。（《伏侯古今注》）

光武帝建武三十一年（公元 55 年），是夏，蝗。（《后汉书·光武帝纪下》）

光武帝建武中元元年（公元 56 年），秋，郡国三蝗。（《后汉书·光武帝纪下》）三月，郡国十六大蝗。（《伏侯古今注》）建武中元元年，山阳、楚、沛多蝗，其飞至九江界者，辄东西散去，由是名称远近。（《后汉书·宋均传》）

明帝永平四年（公元 61 年），酒泉大蝗，从塞外入。（《文献通考》卷三一四《物异考二十·蝗虫》）

明帝永平十年（公元 67 年），郡国十八或雨雹，蝗。（《伏侯古今注》）

明帝永平十五年（公元 72 年），蝗起泰山，弥行兖、豫。（《文献通考》

卷三一四《物异考二十·蝗虫》)

明帝永平十八年（公元 75 年），（永平）未数年，豫章遭蝗，谷不收。民饥死，县数千百人。(《全后汉文》卷二七《钟离意·谏起北宫疏》)

章帝建初元年（公元 76 年），其年，南部苦蝗，大饥，肃宗禀给其贫人三万余口。(《后汉书·南匈奴传》)

章帝章和二年（公元 88 年），休兰尸逐侯鞮单于屯屠何，章和二年立。时北虏大乱，加以饥蝗，降者前后而至。(《后汉书·南匈奴传》)

和帝永元四年（公元 92 年），蝗。(《续后汉书·五行三》) 是夏，旱、蝗。十二月壬辰，诏："今年郡国秋稼为旱、蝗所伤，其什四以上勿收田租、刍稿；有不满者，以实除之。"(《汉书·和帝纪》)

和帝永元八年（公元 96 年），五月，河内、陈留蝗。九月，京都蝗。(《续后汉书·五行志三》)

和帝永元九年（公元 97 年），蝗从夏至秋。(《续后汉书·五行三》) 六月，蝗、旱。戊辰，诏："今年秋稼为蝗虫所伤，皆勿收租、更、刍稿；若有所损失，以实除之，余当收租者亦半入。其山林饶利，陂池渔采，以赡元元，勿收假税。"秋七月，蝗虫飞过京师。(《汉书·和帝纪》)

安帝永初四年（公元 110 年），夏，蝗。(《续后汉书·五行三》) 夏四月，六州蝗。(《汉书·安帝纪》)

安帝永初五年（公元 111 年），夏，九州蝗。(《续后汉书·五行三》) 重以蝗虫滋生，害及成麦，秋稼方收，甚可悼也。(《汉书·安帝纪》)

安帝永初六年（公元 112 年），三月，去蝗处复蝗子生。(《续后汉书·五行三》) 三月，十州蝗。(《汉书·安帝纪》) 郡国四十八蝗。(《伏侯古今注》)

安帝永初七年（公元 113 年），夏，蝗。(《续后汉书·五行三》) 八月丙寅，京师大风，蝗虫飞过洛阳。诏赐民爵。郡国被蝗伤稼十五以上，勿收今年田租；不满者，以实除之。(《汉书·安帝纪》)

安帝元初元年（公元 114 年），京师及郡国五旱、蝗。(《汉书·安帝纪》)

安帝元初二年（公元 115 年），京师旱，河南及郡国十九蝗。"(《汉书·安帝纪》) 夏，郡国二十蝗。(《续后汉书·五行志三》)

安帝延光元年（公元 122 年），六月，郡国蝗。(《续后汉书·五行志

三》）

顺帝永建四年（公元129年），四年，（杨）厚上言"今夏必盛寒，当有疾疫蝗虫之害"。是岁，果六州大蝗，疫气流行。（《后汉书·杨厚传》）

顺帝永建五年（公元130年），京师及郡国十二蝗。（《后汉书·顺帝纪》）

顺帝永和元年（公元136年），七月。偃师蝗。（《后汉书·顺帝纪》）

桓帝永兴元年（公元153年），秋七月，郡国三十二蝗。（《后汉书·桓帝纪》）

桓帝永兴二年（公元154年），六月，诏司隶校尉、部刺史曰："蝗灾为害，水变仍至，五谷不登，人无宿储。其令所伤郡国种芜菁以助人食。"京都蝗。（《后汉书·桓帝纪》）

桓帝永寿三年（公元157年），六月，京都蝗。（《续后汉书·五行志三》）

桓帝延熹元年（公元158年），五月，京都蝗。（《续后汉书·五行志三》）

桓帝延熹八年（公元165年），扬州六郡连水、旱、蝗害。（《文献通考》卷三一四《物异考二十·蝗虫》引《谢沈书》）

灵帝熹平六年（公元177年），夏四月，大旱，七州蝗。（《后汉书·灵帝纪》）

灵帝光和元年（公元178年），诏策问曰："连年蝗虫至冬踊，其咎焉在？"蔡邕对曰："臣闻《易传》曰：'大作不时，天降灾；厥咎蝗虫来。'《河图秘征篇》曰：'帝贪则政暴而吏酷，酷则诛深必杀，主蝗虫。'蝗虫，贪苛之所致也。"（《后汉书·五行志三》）

献帝兴平元年（公元194年），大蝗。（《后汉书·献帝纪》）

献帝兴平二年（公元195年），是时蝗虫大起，岁旱无谷。（《后汉纪》卷二八）

献帝建安二年（公元197年），五月，蝗。（《汉书·献帝纪》）

秦汉时期的蝗灾，可以分以下几个阶段：

公元前221至公元前159年，63年间，没有蝗灾的记录。

公元前158年至公元前89年，70年间发生蝗灾13次，平均约5.4年发生一次蝗灾，蝗灾发生频率相对较高。其中公元前158年发生两次蝗灾。蝗灾主要发生在夏秋两季，其中夏季 5 次，秋季 8 次。

公元前 88 年至公元 10 年，99 年期间发生蝗灾 2 次，平均约 49.5 年发生一次蝗灾，是蝗灾发生频率较低的时段。

公元 11 年至公元 220 年，210 年间，发生蝗灾 48 次，平均 4.4 年发生一次蝗灾，是蝗灾发生频率较高的阶段。其中公元 20 年到公元 30 年，11 年间发生 5 次蝗灾，实际情况可能多于 5 次，因为王莽时期蝗灾记载次数不具体。公元 46 年至公元 56 年间，11 年间有 9 次蝗灾记录，发生频率较高。公元 110 至公元 115 年持续 6 年发生蝗灾，而且有的年份发生 2 次蝗灾。公元 31 年至公元 45 年、公元 98 年至公元 109 年、公元 137 年至公元 152 年、公元 169 年至公元 176 年、公元 179 年至公元 193 年、公元 198 年至公元 220 年，没有蝗灾发生的记载。

第四节　秦汉时期的冻灾

秦汉时期，冻灾发生也比较多。

高祖七年（公元前200年），冬十月，至楼烦，会大寒，士卒坠指者十二三。（《汉书·高帝纪》）

文帝四年（公元前176年），六月，大雨雪。（《汉书·五行志》）

景帝中元六年（公元前144年），春三月，雨雪。（《汉书·五行志》）

武帝元光四年（公元前131年），夏四月，陨霜杀草。（《汉书·武帝纪》）

武帝元狩元年（公元前122年），十二月，大雨雪，民冻死。（《汉书·武帝纪》）

武帝元鼎二年（公元前115年），三月，雪，平地厚五尺。（《汉书·五行志》）

武帝元鼎三年（公元前114年），三月水冰，四月雨雪，关东十余郡人相食。（《汉书·五行志》）

武帝元封二年（公元前109年），大寒，雪深五尺，野鸟兽皆死。（《西京杂记》卷二）

武帝太初元年（公元前104年），其冬，匈奴大雨雪，畜多饥寒死。（《汉书·匈奴传》）

宣帝本始二年（公元前72年），冬，会天大雨雪，一日深丈余，人民畜产冻死，还者不能什一。（《汉书·匈奴传》）

元帝永光元年（公元前43年），三月，是月雨雪，陨霜伤麦稼，秋罢。（《汉书·元帝纪》）三月，陨霜杀桑。九月二日，陨霜杀稼，天下大饥。（《汉书·五行志》）春霜夏寒，日青亡光。（《汉书·于定国传》）

元帝建昭二年（公元前37年），冬十一月，齐、楚地震，大雨雪，树折屋坏。（《汉书·元帝纪》）（京）房因免冠顿首曰："《春秋》纪二百四十二年灾异，以示万世之君。今陛下即位已来，日月失明，星辰逆行，山崩、泉涌，地震，石陨，夏霜，冬雷，春凋，秋荣，陨霜不杀，水、旱、螟虫，民人饥、疫，盗贼不禁，刑人满市，《春秋》所记灾异尽备。陛下视今为治邪，乱邪？"（《资治通鉴》卷二九《汉纪二十一》）

元帝建昭四年（公元前 35 年）三月，雨雪，燕多死。（《后汉书·五行志》）

成帝建始四年（公元前 29 年），四月，雨雪。（《汉书·成帝纪》）

成帝阳朔二年（公元前 23 年），春，寒。（《汉书·成帝纪》）

成帝阳朔四年（公元前 21 年），四月，雨雪，燕雀死。（《汉书·五行志》）

新莽天凤元年（公元 14 年），四月，陨霜，杀草木，海濒尤甚。（《汉书·王莽传》）

新莽天凤三年（公元 16 年），二月乙酉，大雨雪，关东尤甚，深者一丈，竹柏或枯。（《汉书·王莽传》）

新莽天凤四年（公元 17 年），八月……铸作威斗。铸斗日，大寒，百官人马有冻死者。（《汉书·王莽传》）

新莽天凤六年（公元 19 年），四月，霜杀草木。（《太平御览》卷八七八《咎征部五·霜》）案，此处引《汉书·五行志》，今本无，姑且存疑。

新莽地皇二年（公元 21 年），秋，陨霜杀菽，关东大饥，蝗。（《汉书·王莽传》）

新莽地皇四年（公元 23 年），秋，霜，关东人相互食。（《太平御览》卷八七八《咎征部五·旱寒疫》）

更始二年（公元 24 年）正月，晨夜兼行，蒙犯霜雪，天时寒，面皆破裂。（《后汉书·光武帝纪上》）

光武帝建武二年（公元 26 年），九月，眉至阳城番须中，逢大雪，坑谷皆满，士多冻死。（《资治通鉴》卷四○《汉纪三十二》）

光武帝建武七年（公元 31 年），四月，今年正月繁霜，自尔以来，率多寒日。（《后汉书·郑兴传》）

明帝永平元年（公元 58 年），六月乙卯，初令百官貙膢，白幕皆霜。（《续后汉书·礼仪志》注引《古今注》）

明帝永平十二年（公元 69 年），汉时大雪积地丈余，洛阳令自出案行，见民家皆除雪出，有乞食者至袁安门，无有行路，谓安已死。令人除雪入户，见安僵卧，问何不出？安曰："大雪，人皆饿，不宜干人。"令以为贤，举为孝廉。（《太平御览》卷一二《天部·雪》引《录异传》）

章帝建初元年（公元 76 年），先是，（耿）恭遣军吏范羌至敦煌迎兵士寒服，羌因随王蒙军俱出塞。羌固请迎恭，诸将不敢前，乃分兵二千人与羌，从山北迎恭，遇大雪丈余，军仅能至。（《后汉书·耿恭传》）

章帝建初七年（公元 82 年），因盛夏多寒，上疏谏曰："臣闻政化之本，必顺阴阳。伏见立夏以来，当暑而寒，殆以刑罚刻急，郡国不奉时令之所致也。农人急于务而苛吏夺其时，赋发充常调而贪吏割其财，此其巨患也。"（《后汉书·韦彪传》）

安帝永初元年（公元 107 年），自三月以来，阴寒不暖，物当化变而不被和气。（《后汉书·鲁恭传》）

桓帝延熹七年（公元 164 年），前七年十二月，荧惑与岁星俱入轩辕，逆行四十余日，而邓皇后诛。其冬大寒，杀鸟兽，害鱼鳖，城傍竹柏之叶有伤枯者。（《后汉书·襄楷传》）臣奔走以来，三离寒暑，阴阳易位，当暖反寒，春常凄风，夏降霜雹，又连年大风，折拔树木。（《后汉书·寇荣传》）

桓帝延熹八年（公元 165 年），前入春节连寒，木冰，暴风折树，又八九州州郡并言陨霜杀菽。（《续后汉书·五行志二》注引《袁山松书》）

桓帝延熹九年（公元 166 年），自春夏以来，连有霜雹及大雨雷，而臣作威作福，刑罚急刻之所感也。（《后汉书·襄楷传》）

灵帝光和六年（公元 183 年），冬，大寒，北海、东莱、琅邪井中冰厚尺余。（《续后汉书·五行志》）

献帝初平四年（公元 193 年），六月，寒风如冬时。（《后汉书·献帝纪》）夏，风如冬时。（《后汉书·董卓传》）

秦汉时期，发生冻灾有 35 次，可分为以下两个阶段：

公元前 221 年至公元前 44 年，178 年间发生冻灾 10 次，平均约 17.8 年发生一次冻灾。但在公元前 122 年至公元前 104 年间冻灾发生了 5 次，发生频率相对较高。

公元前 43 年至公元 220 年，264 年间，发生冻灾 26 次，平均约 10.2 年发生一次冻灾，冻灾发生频率较高。其中公元前 29 年至公元 31 年发生冻灾 12 次；公元164 年至公元 166 年连续三年发生冻灾，是冻灾发生比较密集的时期。

第五节 秦汉时期的地震

秦汉时期，地震发生比较频繁，地震的强度也比较大，史书记载比较详细。

惠帝二年（公元前193年），正月，地震陇西，厌四百余家。（《汉书·五行志》）

汉高后元年（公元前187年），春正月乙卯，地震，羌道、武都道山崩。（《汉书·高后纪》）

文帝元年（公元前179年），四月，齐、楚地震，二十九山同日崩，大水溃出。（《汉书·文帝纪》）

文帝五年（公元前175年），春二月，地震。（《汉书·文帝纪》）

文帝十一年（公元前169年），上幸代，地动。（《史记·汉兴以来将相名臣年表》）

文帝后元二年（公元前162年），地动。（《史记·汉兴以来将相名臣年表》）

景帝中元元年（公元前149年），地动。（《汉书·景帝纪》）

景帝中元三年（公元前147年），地震。（《资治通鉴》卷一六《汉纪八》）

景帝中元五年（公元前145年），地震。（《资治通鉴》卷一六《汉纪八》）

景帝后元元年（公元前143年），五月，丙戌，地震。上庸地震二十二日。坏城垣。（《资治通鉴》卷一六《汉纪八》）

景帝后元二年（公元前142年），正月，地一日三动。（《史记·孝景本纪》）

武帝建元四年（公元前137年），十月，地动。（《汉书·天文志》）

武帝元光四年（公元前131年），五月，地震。赦天下。（《汉书·武帝

纪》）十二月丁亥，地动。（《史记·汉兴以来将相名臣年表》）

武帝征和二年（公元前91年），八月癸亥，地震，厌杀人。（《汉书·五行志》）

武帝后元元年（公元前88年），秋七月，地震，往往涌泉出。（《汉书·武帝纪》）

宣帝本始元年（公元前73年），夏四月庚午，地震。诏内郡国举文学高第各一人。（《汉书·宣帝纪》）

宣帝本始四年（公元前70年），四月壬寅，地震河南以东四十九郡，北海琅邪坏祖宗庙城郭，杀六千余人。（《汉书·五行志》）夏四月壬寅，郡国四十九地震，或山崩水出。诏曰："盖灾异者，天地之戒也。朕承洪业，奉宗庙，托于士民之上，未能和群生。乃者地震北海、琅邪，坏祖宗庙，朕甚惧焉。丞相、御史其与列侯、中二千石博问经学之士，有以应变，辅朕之不逮，毋有所讳。令三辅、太常、内郡国举贤良方正各一人。律令有可蠲除以安百姓，条奏。被地震坏败甚者，勿收租赋。"大赦天下。上以宗庙堕，素服，避正殿五日。（《汉书·宣帝纪》）

宣帝地节三年（公元前67年），冬十月，诏曰："乃者九月壬申地震，朕甚惧焉。有能箴朕过失，及贤良方正直言极谏之士以匡朕之不逮，毋讳有司。朕既不德，不能附远，是以边境屯戍未息。今复饬兵重屯，久劳百姓，非所以绥天下也。其罢车骑将军、右将军屯兵。"（《汉书·宣帝纪》）

元帝初元元年（公元前48年），夏四月，诏曰："朕承先帝之圣绪，获奉宗庙，战战兢兢。间者地数动而未静，惧于天地之戒，不知所由。"（《汉书·元帝纪》）

元帝初元二年（公元前47年），二月戊午，地震于陇西郡，毁落太上皇庙殿壁木饰，坏败表道县城郭官寺及民室屋，压杀人众。山崩地裂，水泉涌出。（《汉书·元帝纪》）三月，地大震。（《汉书·楚元王传》）秋七月，诏曰："岁比灾害，民有菜色，惨怛于心。已诏吏虚仓廪，开府库振救，赐寒者衣。今秋禾麦颇伤。一年中地再动。北海水溢，流杀人民。阴阳不和，其咎安在？"（《汉书·元帝纪》）七月乙酉，地复震。（《汉书·翼奉传》）冬，地复震。（《汉书·楚元王传》）

元帝永光三年（公元前41年），冬，地震。（《汉书·五行志》）

元帝建昭二年（公元前37年），冬十一月，齐、楚地震。（《汉书·元帝

纪》）

元帝建昭四年（公元前35年），六月，蓝田地震。（《前汉纪·元帝纪》）

成帝建始三年（公元前30年），冬十二月戊申朔，夜，地震未央宫殿中。越巂山崩。（《汉书·成帝纪》）

成帝河平三年（公元前26年），春二月丙戌，犍为地震、山崩、雍江水，水逆流。（《汉书·成帝纪》）

成帝阳朔元年（公元前24年），商死后，连年日蚀、地震，直臣京兆尹王章上封事召开，讼商忠直无罪，言凤颛权蔽主。（《汉书·王商传》）

成帝永始四年（公元前13年），六月甲午，霸陵园门阙灾。出杜陵诸未尝御者归家。诏曰："乃者，地震京师，火灾娄降，朕甚惧之。有司其悉心明对厥咎，朕将亲览焉。"（《汉书·成帝纪》）

成帝绥和二年（公元前7年），九月丙辰，地震，自京师至北边郡国三十余坏城郭，凡杀四百一十五人。（《汉书·五行志》）

哀帝建平二年（公元前5年），山崩地震。（《汉书·师丹传》）

哀帝建平四年（公元前3年），郡国地震。（《汉书·鲍宣传》）

平帝元始二年（公元2年），秋八月，地震。（《三国史记·高句丽本纪》）

居摄三年（公元8年），春，地震。大赦天下。（《汉书·王莽传》）

新莽天凤三年（公元16年），二月乙酉，地震。大司空王邑上书言："视事八年，功业不效，司空之职尤独废顿，至乃有地震之变。愿乞骸骨。"莽曰："夫地有动有震，震者有害，动者不害。《春秋》记地震，《易·系》'坤'动，动静辟胁，万物生焉。灾异之变，各有云为。天地动威，以戒予躬，公何辜焉，而乞骸骨，非所以助予者也。使诸吏散骑司禄大卫脩宁男遵谕予意焉。"（《汉书·王莽传》）

光武帝建武二十二年（公元46年），九月戊辰，地震裂。制诏曰："日者地震，南阳尤甚。夫地者，任物至重，静而不动者也。而今震裂，咎在君上。鬼神不顺无德，灾殃将及吏人，朕甚惧焉。其令南阳勿输今年田租刍稿。遣谒者案行，其死罪系囚在戊辰以前，减死罪一等；徒皆弛解钳，衣丝絮。赐郡中居人压死者棺钱，人三千。其口赋逋税而庐宅尤破坏者，勿收责。吏人死亡，或在坏垣毁屋之下，而家羸弱不能收拾者，其以见钱谷取佣，为寻求之。"（《后汉书·光武帝纪》）祖建武二十二年九月，郡国四十二地震，南阳尤甚，

地裂压杀人。(《续后汉书·五行志》)

章帝建初元年（公元 76 年），三月甲寅，山阳、东平地震。己巳，诏曰："朕以无德，奉承大业，夙夜栗栗，不敢荒宁。而灾异仍见，与政相应。朕既不明，涉道日寡；又选举乖实，俗吏伤人，官职耗乱，刑罚不中，可不忧与。"(《后汉书·章帝纪》)

和帝永元四年（公元 92 年），六月丙辰，郡国十三地震。(《续后汉书·五行志》)

和帝永元五年（公元 93 年），二月戊午，陇西地震。(《续后汉书·五行志》)

和帝永元七年（公元 95 年），九月癸卯，京师地震。(《续后汉书·五行志》)

和帝永元九年（公元 97 年），三月庚辰，陇西地震。(《续后汉书·五行志》)

安帝永初元年（公元 107 年），郡国十八地震。(《续后汉书·五行志》)

安帝永初二年（公元 108 年），郡国十二地震。(《续后汉书·五行志》)

安帝永初三年（公元 109 年），十二月辛酉，郡国九地震。(《续后汉书·五行志》)

安帝永初四年（公元 110 年），三月癸巳，郡国四地震。(《续后汉书·五行志》) 郡国九地震。九月，益州郡地震。(《汉书·安帝纪》)

安帝永初五年（公元 111 年），正月丙戌，郡国十地震。(《续后汉书·五行志》)

安帝永初七年（公元 113 年），正月壬寅，二月丙午，郡国十八地震。(《续后汉书·五行志》)

安帝元初元年（公元 114 年），郡国十五地震。(《续后汉书·五行志》)

安帝元初二年（公元 115 年），十一月庚申，郡国十地震。(《续后汉书·五行志》)

安帝元初三年（公元 116 年），二月，郡国十地震。十一月癸卯，郡国九地震。(《续后汉书·五行志》)

安帝元初四年（公元 117 年），郡国十三地震。(《续后汉书·五行志》)

安帝元初五年（公元 118 年），郡国十四地震。(《续后汉书·五行志》)

安帝元初六年（公元 119 年），二月乙巳，京都、郡国四十二地震，或地

坼裂，涌水，坏败城郭、民室屋，压杀人。冬，郡国八地震。（《续后汉书·五行志》）

安帝永宁元年（公元120年），郡国二十三地震。（《续后汉书·五行志》）

安帝建光元年（公元121年），九月己丑，郡国三十五地震，或地坼裂，坏城郭室屋，压杀人。（《续后汉书·五行志》）

安帝延光元年（122年），七月癸卯，京都、郡国十三地震。九月戊申，郡国二十七地震。（《续后汉书·五行志》）

安帝延光二年（123年），京都、郡国三十二地震。（《续后汉书·五行志》）

安帝延光三年（124年），京都、郡国二十三地震。（《续后汉书·五行志》）

安帝延光四年（125年），十一月丁巳，京都、郡国十六地震。（《续后汉书·五行志》）

顺帝永建三年（公元128年），正月丙子，京都、汉阳地震。汉阳屋坏杀人，地坼涌水出。（《续后汉书·五行志》）

顺帝阳嘉二年（公元133年），四月己亥，京都地震。（《续后汉书·五行志》）

顺帝阳嘉三年（公元134年），孔氏仲渊为司空，以地震免。（《后汉书集解》引《鲁国先贤传》）

顺帝阳嘉四年（公元135年），十二月甲寅。京都地震。（《续后汉书·五行志》）

顺帝永和二年（公元137年），四月丙申，京都地震。十一月丁卯，京都地震。（《续后汉书·五行志》）

顺帝永和三年（公元138年），二月乙亥，京都、金城、陇西地震裂，城郭、室屋多坏，压杀人。闰月己酉，京都地震。（《续后汉书·五行志》）

顺帝永和四年（公元139年），三月乙亥，京都地震。（《续后汉书·五行志》）

顺帝永和五年（公元140年），二月戊申，京都地震。（《续后汉书·五行志》）

顺帝建康元年（公元144年），正月，凉州部郡六地震。从去年九月以来

至四月，凡百八十地震，山谷圻裂，坏败城寺，伤害人、物。九月丙午，京都地震。(《续后汉书·五行志》)

顺帝建康三年（公元 146 年），九月己卯，地震，庚寅又震。(《续后汉书·五行志》)

桓帝建和元年（公元 147），四月，京师地震。九月，京师地震。(《汉书·桓帝纪》) 四月庚寅，京都地震。九月丁卯，京都地震。(《续后汉书·五行志》)

桓帝元嘉元年（公元 151 年），十一月辛巳，京都地震。(《续后汉书·五行志》)

桓帝元嘉二年（公元 152 年），正月丙辰，京都地震。十月乙亥，京都地震。(《续后汉书·五行志》)

桓帝永兴元年（公元 153 年），冬十二月，(高句丽) 地震。(《三国史记·高句丽本纪》)

桓帝永兴二年（公元 154 年），二月癸卯，京都地震。(《续后汉书·五行志》)

桓帝永寿二年（公元 156 年），十二月，京都地震。(《续后汉书·五行志》)

桓帝延熹二年（公元 159 年），地数震裂。(《后汉书·李云传》)

桓帝延熹四年（公元 161 年），京都、右扶风、凉州地震。(《续后汉书·五行志》)

桓帝延熹五年（公元 162 年），五月乙亥，京都地震。(《续后汉书·五行志》)

桓帝延熹八年（公元 165 年），九月丁未，京都地震。(《续后汉书·五行志》)

灵帝建宁四年（公元 171 年），二月癸卯，地震。(《续后汉书·五行志》)

灵帝熹平二年（公元 173 年），六月，地震。(《续后汉书·五行志》)

灵帝熹平六年（公元 177 年），十月辛丑，地震。(《续后汉书·五行志》)

灵帝光和元年（公元 178 年），二月辛未，地震。四月丙辰，地震。(《续后汉书·五行志》)

灵帝光和二年（公元 179 年），三月，京兆地震。

灵帝光和三年（公元 180 年）至灵帝光和四年（181 年），三年自秋至明年春，酒泉表氏地八十余动，涌水出，城中官寺民舍皆顿。县易处，更筑城郭。（《续后汉书·五行志》）

献帝初平二年（公元 191 年），六月丙戌，地震。（《续后汉书·五行志》）

献帝初平四年（公元 193 年），十月辛丑，京师地震。十二月辛丑；地震。（《续后汉书·五行志》）

献帝兴平元年（公元 194 年），六月丁丑，地震。（《续后汉书·五行志》）

献帝建安十四年（公元 209 年），冬十月，荆州地震。（《后汉书·献帝纪》）

秦汉时期的地震，大致可以分为几个阶段。

公元前 221 年至公元前 150 年，72 年间，发生地震 6 次，平均每 12 年发生一次地震，属于地震发生频率较低的时期。这一时期地震虽然少，但破坏比较严重，公元前 193 年陇西地震，强度较大，虽然只有 400 户受到灾害，但当时陇西人数较少，这个地震烈度应该还是比较大的。公元前 187 年的地震，导致山体滑坡，形成堰塞湖，对长江上游的水系造成影响。公元前 179 年的地震，强度也大，造成了大水，对人民的生命财产造成了破坏。

公元前 149 年至公元前 131 年，19 年间，发生了 8 次地震，平均约 2.4 年发生一次地震，是地震发生频率比较高的时期。这一时期地震强度不大，只有公元前 143 年发生在陇西的地震强度比较大。其余地震对人民的生产、生活的影响不大。

公元前 130 年至公元前 92 年，这一段时期没有地震活动的记载。

公元前 91 年至公元前 44 年，48 年间，发生 6 次地震，平均每 8 年发生一次地震。地震频率较低，但地震强度较大。公元前 91 年的地震和公元前 70 年的地震，强度较高，影响范围较大。公元前 88 年的地震也比较大，但没有造成伤亡。

公元前 43 年至公元前 24 年，20 年间发生地震 9 次，平均约 2.2 年发生一次地震，地震活动频率较高。公元前 43 年地震活动比较频繁，这一年就发生了 3 次地震。公元前 43 年陇西地震强度较大，造成人员伤亡和房屋倒塌。此外，这一年还发生了"大震"，地震强度大。此外，公元前 30 年和公元前 26

年发生的地震强度也比较大，但由于受灾地点主要在人烟稀少的地方，财产损失比较少。

公元前 23 年至公元 91 年，115 年间，发生地震 9 次，平均约 12.8 年发生一次地震，属于地震活动频率较低的阶段。公元前 7 年与公元 46 年两次地震强度较大，前者造成自长安到北边死亡 415 人，当时震中应该在北边，如在长安附近，死亡人口较多；公元 46 年的地震应该在南阳附近，南阳在东汉属于帝乡，人口稠密，是东汉时期仅次于洛阳的城市，人口密度较大，导致死亡较多。

公元 92 年至公元 194 年，103 年间发生地震 62 次。平均约 1.7 年发生一次地震，属于地震活动比较频繁的时期。公元 119 年、公元 121 年、公元 128 年、公元 138 年、公元 144 年、公元 179 年、公元 180 年和公元 181 年，地震强度较大，出现房屋倒塌，人员伤亡较重的情况。

公元 195 年至公元 220 年，26 年间，只发生了 1 次地震，属于地震不活跃时期。

秦汉时期，地震发生频率总体上较低，平均约 4.4 年发生一次地震。但发生地震强度较大，一共发生了 20 次强度比较大的地震，由于当时人烟稀少，地震造成的财产损失并不严重。这一时期地震主要发生在洛阳，与东汉时期洛阳作为都城，史料记载比较丰富有关，也与洛阳处于地震带中有关。陇西是秦汉时期地震活动频繁的地点之一，有十余次地震活动的记载，而且多是强度较大的地震。渭河地区和晋南也是地震比较活跃的地区。这两个地区都处于地震带。

从秦汉时期地震分布看，公元 92 年至公元 194 年地震活动比较频繁，与东汉时期气候变冷有关，气候变冷会导致地震活动频繁。刘恭德指出云南地震与气候变异存在相互关联。[1] 于希贤也探讨了历史时期气候变迁的周期性与地震活动期的关系，他指出二者有一定的相关性。[2] 张士三等人指出，气候变化是引发自然灾害的重要因素之一。[3] 可见，公元 92 年至公元 194 年的地震，与气候变化有关。

---

① 刘恭德：《云南气候变异与地震的关系初步探讨》，《地震研究》1987 年第 4 期。

② 于希贤：《历史时期气候变迁的周期性与中国地震活动期问题的探讨》，《中国历史地理论丛》1997 年第 4 期。

③ 张士三等：《气候演变与自然灾害》，《台湾海峡》1998 年第 4 期。

第六节 秦汉时期的疫病

一、疫病流行的情况

秦朝统一中国后，在其短暂的统治期间，正史中并没有疫病的记载，但这一时期并非没有发生较大的疫病，《列仙传》记载："崔文子者，太山人也。文子世好黄老事，居潜山下，后作黄散赤丸，成石父祠，卖药都市，自言三百岁。后有疫气，民死者万计，长吏之文所请救。文拥朱幡，系黄散以徇人门。饮散者即愈，所活者万计。后去，在蜀卖黄散。故世宝崔文子赤丸黄散，实近于神焉。"在《列仙传》中，崔文子被列入秦朝时期，由此可知，在秦朝时期，也曾发生过大规模的流行疫病。

关于两汉疫病的研究，成果颇多，最早的研究大概是邓拓，在其著作《中国救荒史》中，其统计两汉时期的疫病有十三次。这里的统计显然有缺失，仅《续后汉书》卷一七《五行·疫》中就有十一次。两汉的史料少，又很零乱，有关疫病记载的材料除了正史《史记》《汉书》《后汉书》《资治通鉴》等之外，还有《伏侯古今注》《东观汉记》等书也有不少记载。张德二等人主编的《中国三千年气象记录总集》（凤凰出版社2004年版）虽然收集了很多这一时期的疾疫资料，但正史中关于一些疫病的记载还是有遗漏，特别是皇帝颁布的诏书之中，很多应该提及疾疫的基本上没有提及。根据上述材料，参考前人的成果，粗略统计，西汉疫病记载有十八次，[①] 分别如下所列。

---

① 龚胜生等：《先秦两汉时期疫灾地理研究》（《中国历史地理论丛》2010年第3期）对这一时期的疫病有比较详细的统计，由于对材料的理解不同，笔者与之的统计也不尽一致。

高后七年（公元前 181 年），遣将军隆虑侯灶往击之。会暑湿，士卒大疫。（《史记·南越列传》）

文帝后元元年（公元前 163 年），间者数年比不登，又有水旱疾疫之灾，朕甚忧之。（《汉书·文帝纪》）

景帝后元元年（公元前 143 年），五月……民大疫死，棺贵，至秋止。（《汉书·天文志》）

景帝后元二年（公元前 142 年），十月……衡山国、河东、云中郡民疫。（《史记·孝景本纪》）

武帝后元元年（公元前 88 年），人民疫病。（《汉书·匈奴传》）

昭帝始元二年（公元前 85 年），郴人苏耽感神仙，授以道术……又云，明年郡有疾疫，可取庭前井水橘叶以救人，少资甘旨，言毕升天。明年果大疫，百姓竞诣母，母依法救之皆愈。（《佛祖统纪》卷三六）（不过，也有文献记载这次疫病发生在汉文帝时期）"苏耽，桂阳人也，汉文帝时得道，人称苏仙。……又语母曰：明年天下疾疫，庭中井水橘树，患疫者，与井水一升，橘叶一枚，饮之立愈。后果然。求水叶者，远至千里，应手而愈。"（《古今图书集成》卷五〇四《医术名流列传·苏耽》）

宣帝元康二年（公元前 64 年），今天下颇被疾疫之灾，朕甚愍之。（《汉书·宣帝纪》）

元帝初元元年（公元前 48 年）六月，以民疾疫，令大官损膳，减乐府员，省苑马，以振困乏。（《汉书·元帝纪》）

元帝初元五年（公元前 44 年），乃者关东连遭灾害，饥寒疾疫，夭不终命。（《汉书·元帝纪》）

成帝鸿嘉二年（公元前 19 年）三月，朕承鸿业十有余年，数遭水、旱、疾疫之灾，黎民娄困于饥寒。（《汉书·成帝纪》）

成帝永始二年（公元前 15 年），遂册免宣曰："朕既不明，变异数见，岁比不登，仓廪空虚，百姓饥馑，流离道路，疾疫死者以万数。"（《汉书·薛宣传》）（案：《资治通鉴》卷三一《汉纪二十三》记载：永始二年，"冬，十一月，己丑，册免丞相宣为庶人"。）

成帝绥和二年（公元前 7 年），上乃召见方进。还归，未及引决，上遂赐册曰："皇帝问丞相：君孔子之虑，孟贲之勇，朕嘉与君同心一意，庶几有成。惟君登位，于今十年，灾害并臻，民被饥饿，加以疾疫溺死，关门牡开，

失国守备，盗贼党辈。"（《汉书·翟方进传》）

平帝元始二年（公元 2 年），民疾疫者，舍空邸第，为置医药。（《汉书·平帝纪》）

新莽天凤三年至天凤五年（公元 16 年—公元 18 年），出入三年，疾疫死者什七，巴、蜀骚动……士卒饥疫，三岁余死者数万。（《汉书·西南夷两粤朝鲜传》）

新莽天凤三年（公元 16 年），平蛮将军冯茂击句町，士卒疾疫，死者什六七，赋敛民财什取五，益州虚耗而不克，征还下狱死。（《汉书·王莽传》）

新莽地皇三年（公元 22 年），大疾疫，死者且半，乃各分散引去。（《后汉书·刘玄传》）

王莽统治时期（公元 9 年—公元 23 年），战斗死亡，缘边四夷所系虏，陷罪，饥疫，人相食，及莽未诛，而天下户口减半矣。（《汉书·食货志》）

王莽统治时期（公元 9 年—公元 23 年），颍川太守高府君到官，民人大疫，郡中死者过半，太守家大小悉病。府君使珍从根求消灾除疫之术，珍叩头述府君意，根教于太岁宫气上穿地作孔，深三尺，以沙着中，以酒沃之。君依言，病者即愈，疫气登绝，后常用之，有效。（《神仙传》卷八《刘根》）

其中王莽统治时期，史料记载比较模糊，不能判断有几次疫病，但这一时期有疫病流行是不可否认的。

东汉疫病记载比较多，初步统计有四十多次。

光武帝建武十三年（公元 37 年），扬徐部大疾疫，会稽江左甚。（《续后汉书·五行志五》引《古今注》）

光武帝建武十四年（公元 38 年），会稽大疫。（《后汉书·光武帝纪下》）会稽大疫，死者万数，意独身自隐亲，经给医药，所部多蒙全济。（《后汉书·钟离意传》）

光武帝建武二十年（公元 44 年），秋，振旅还京师，军吏经瘴疫死者十四五。（《后汉书·马援传》）

光武帝建武二十二年（公元 46 年），匈奴中连年旱蝗，赤地数千里，草木尽枯，人畜饥疫，死耗太半。（《后汉书·南匈奴传》）

光武帝建武二十五年（公元 49 年）三月，（马援攻打武陵五溪蛮夷）会暑甚，士卒多疫死，援亦中病，遂困，乃穿岸为室，以避炎气。（《后汉书·马援传》）

光武帝建武二十六年（公元 50 年），郡国七大疫。（《伏侯古今注》）后匈奴饥疫，自相分争……二十七年（公元 51 年），宫乃与杨虚侯马武上书曰："匈奴贪利，无有礼信，穷则稽首，安则侵盗，缘边被其毒痛，中国忧其抵突。虏今人畜疫死，旱蝗赤地，疫困之力，不当中国一郡。万里死命，县在陛下。"（《后汉书·臧宫传》）

光武帝建武年间，李善字次孙，南阳缩阳人也……建武中疫疾，元家相继死没，唯孤儿续始生数旬。（《汉书·独行·李善传》）

明帝永平十八年（公元 75 年），是岁，年疫。（《后汉书·章帝纪》）

章帝建初二年（公元 77 年），建初孟年，无妄气至，岁之疾疫也，比旱不雨，牛死民流，可谓剧矣。皇帝敦德，俊义在官，第五司空，股肱国维，转谷振赡，民不乏饿，天下慕德，虽危不乱。（《论衡·宣汉篇》）

章帝建初六年（公元 81 年）左右，邓训为护乌桓校尉，吏士常大病疟，转易至数十人，训身煮汤药，咸得平愈。（《东观汉记·邓训传》）

和帝永元六年（公元 94 年），迁城门校尉、将作大匠。时有疾疫，褒巡行病徒，为致医药，经理馆粥，多蒙济活。（《后汉书·曹褒传》）

和帝永元八年（公元 96 年）十月，四时不和，害气蕃溢。嗟命何辜，独遭斯疾。（高文：《汉碑集释·孟孝琚碑》，河南大学出版社 1985 年版第 15 页，此碑出土于云南昭通。）

安帝元初六年（公元 119 年），夏四月，会稽大疫，遣光禄大夫将太医循行疾病，赐棺木，除田租、田赋。（《后汉书·安帝纪》）

安帝建光元年（公元 121 年），安帝初，天灾疫，百姓饥馑，死者相望。（《后汉纪·孝安皇帝纪下》）

安帝延光四年（公元 125 年），是冬，京师大疫。（《后汉书·安帝纪》）

顺帝永建元年（公元 126 年）春正月甲寅，诏曰："先帝圣德，享祚未永，早弃鸿烈。奸慝缘间，人庶怨谤，上干和气，疫疠为灾。（十一月）甲辰，诏以疫疠水潦，令人半输今年田租。"（《后汉书·顺帝纪》）

顺帝永建年间。京师大疫……其后岁岁有病。（《全后汉文·应劭·风俗通义佚文》）

顺帝永建四年（公元 129 年），厚上言"今夏必盛寒，当有疾疫蝗虫之害"。是岁，果六州大蝗，疫气流行。（《后汉书·杨厚传》）

桓帝建和三年（公元 149 年），京师厮舍，死者相枕，郡县阡陌，处处有之。甚违周文掩骴之义。其有家属而贫无以葬者，给直，人三千，丧主布三匹；若无亲属，可于官铼地葬之，表识姓名，为设祠祭。又徒在作部，疾病致医药，死亡厚埋藏。① (《后汉书·桓帝纪》)

桓帝元嘉元年 (公元 151 年) 春正月，京师疾疫，使光禄大夫将医药案行。二月，九江、庐江大疫。(《后汉书·桓帝纪》)

桓帝元嘉三年 (公元 153 年)，(马江) 以和平元年举孝廉，除郎中，谦虚接下，冠名三署……昊天不 (缺)，遭离 (缺) 疠，年卅，元嘉三年正 (下缺) 失贞干，士丧仪宗。(《全后汉文·郎中马江碑》) 从文献记载来看，马江在京师因疫病而死。

桓帝永兴二年 (公元 154 年)，时有温风。遥县客吏，多有疾病。② (《华阳国志·巴志》)

桓帝永兴年间 (公元 153—154 年)，(度尚) 迁文安令，遇时疾疫，谷贵人饥，尚开仓廪给，营救疾者，百姓蒙其济。时冀州刺史朱穆行部，见尚甚奇之。③ (《后汉书·度尚传》)

桓帝延熹四年 (公元 161 年)，春正月，大疫。(《后汉书·桓帝纪》)

桓帝延熹五年 (公元 162 年)，(皇甫) 规因发其骑共讨陇右，而道路隔绝，军中大疫，死者十三四。(《后汉书·皇甫规传》) 以京师水旱疫病……减半俸。(《东观汉记·桓帝纪》)

---

① 此处虽然没有提到京师发生疫病，但从死亡人数较多的情况来看，只有发生疫病才会出现这种惨状。龚胜生等：《先秦两汉时期疫灾地理研究》，《中国历史地理论丛》2010 年第 3 期。

② 据《小品方》卷六《治冬月伤寒诸方》记载："古今相传，称伤寒为难治之病，天行温疫是毒病之气，而论治者，不别伤寒与天行温疫为异气耳。云伤寒是雅士之辞，云天行温疫是田舍间号耳，不说病之异同也。"可知温风能导多种传染疾病。

③《后汉书·朱乐何列传》记载："永兴元年，河溢，漂害人庶数十万户，百姓荒馑，流移道路。冀州盗贼尤多，故擢穆为冀州刺史。"可知文安发生的疫病在永兴年间。

桓帝延熹九年正月（公元 166 年），诏曰：比岁不登，民多饥穷，又有水旱疾疫之困。（《后汉书·桓帝纪》）今天垂尽，地吐妖，人厉疫。（《后汉书·襄楷传》）

桓帝永康元年（公元 167 年）十二月，（武荣）遭孝桓大忧，屯守玄武（指驻守京师），戚哀悲恸，加遇害气，遭疾陨灵。（高文：《汉碑集释·武荣碑》，河南大学出版社 1985 年版，第 305 页。）

灵帝建宁二年（公元 169 年），太岁在酉，疫气流行，死者极众。有书生丁季回从蜀青城山来，东过南阳，从西市门入，见患疫疠者颇多，遂于囊中出药，人各惠之一丸。灵药沾唇，疾无不瘥。（《备急千金药方》卷九《辟温·雄黄丸》）

灵帝建宁四年（公元 171 年），三月大疫，使中谒者巡行致医药。（《后汉书·灵帝纪》）

灵帝熹平二年（公元 173 年），春正月，大疫，使使者巡行致医药。（《后汉书·灵帝纪》）

灵帝时期，酒泉烈女庞娥亲者，表氏庞子夏之妻，禄福赵君安之女也。君安为同县李寿所杀，娥亲有男弟三人，皆欲报仇，寿深以为备。会遭灾疫，三人皆死。寿闻大喜，请会宗族，共相庆贺，云："赵氏强壮已尽，唯有女弱，何足复忧！"至光和二年（公元 179 年）二月上旬……遂拔其刀以截寿头，持诣都亭，归罪有司，徐步诣狱，辞颜不变。（《三国志·魏书·庞淯传》引皇甫谧《列女传》）

灵帝光和二年（公元 179 年），春，大疫，使常侍、中谒者巡行致医药。（《后汉书·灵帝纪》）

灵帝光和五年（公元 182 年）二月，大疫。（《后汉书·灵帝纪》）

灵帝中平二年（公元 185 年），春正月，大疫。（《后汉书·灵帝纪》）

建安元年至建安十年（公元 196—205 年），余宗族素多，向余二百，建安纪元以来，犹未十稔，其死亡者，三分有二，伤寒十居其七。[1]（《伤寒杂病

---

[1] 据上述疫病资料以及蔡坤坐考证，在建安元年至建安十年，并没有大的疫病流行，结合日本南丰秋吉氏所著《温病论私评》所记载，"建安"为"建宁"。蔡坤坐：《由五运六气推断仲景宗族遇疫时间》，《中医文献杂志》2007 年第 2 期。

论·序》）

建安二年（公元 197 年）左右，世路戎夷，祸乱遂合，驽怯偷生，自窜蛮貊，成阔十年，吉凶礼废……靖寻循渚岸五千余里，复遇疾疠，伯母陨命，并及群从，自诸妻子，一时略尽。①（《三国志·蜀书·许靖传》）

汉建安四年（公元 199 年）二月，武陵充县妇人李娥，年六十岁，病卒，埋于城外，已十四日……谓佗曰："来春大病，与此一丸药，以涂门户，则辟来年妖疠矣。"言讫忽去，竟不得见其形。至来春，武陵果大病，白日皆见鬼。（《搜神记》卷一五）

建安五年（公元 200 年）左右，朱桓字休穆，吴郡吴人也。孙权为将军，桓给事幕府，除余姚长。往遇疫疠，谷食荒贵，桓分部良吏，隐亲医药，餐粥相继，士民感戴之。②（《三国志·吴书·朱桓传》）

建安十三年（公元 208 年），公至赤壁，与备战，不利。于是大疫，吏士多死者，乃引军还。（《三国志·魏书·武帝纪》）离绝以来，于今三年，无一日而忘前好……往年在谯，新造舟舠，取足自载，以至九江，贵欲观湖潫之形，定江滨之民耳……闻荆杨诸将，并得降者，皆言交州为君所执，豫章距命，不承执事，疫旱并行，人兵减损，各求进军，其言云云。（《昭明文选·应瑒·阮元瑜作书与孙权》）

---

① 据《三国志·蜀书·许靖传》记载："又张子云昔在京师，志匡王室，今虽临荒域，不得参与本朝，亦国家之籓镇，足下之外援也。"张子云即张津，据《三国志·吴书·孙破虏讨逆传》裴松之注说："建安六年，张津犹为交州牧。"又《三国志·吴书·士燮传》记载："朱符死后，汉遣张津为交州刺史，津后又为其将区景所杀，而荆州牧刘表遣零陵赖恭代津。"又《南方草木状·卷中·木类》记载："建安八年，交州刺史张津，尝以益智子粽饷魏武帝。"《资治通鉴》卷六十六《汉纪五十八》将区景杀刘津放在建安十五年，但刘表死于建安十三年，建安十五年是不可信的。此信应该在建安十二年，可知该信写于建安十二年或之前，许靖到达交州的时间应该在建安二年左右，即公元 197 年左右。

② 据《三国志·吴书·吴主传》记载，建安五年（公元 200 年），"曹公表权为讨虏将军"。故余姚一带发生疫病当在公元 200 年左右。

建安十六年（公元 211 年），三辅乱，又随正方南入汉中。汉中坏，正方入蜀，累与相失，随徙民诣邺，遭疾疫丧其妇。① （《三国志·魏书·管宁传》）

建安十六年（公元 211 年）之后，（大阳一带）后疫力作，人多死者，县常使埋瘗之。（《续后汉书·焦先传》）

建安十六年后，三辅乱，（扈累）又随正方南入汉中。汉中坏，正方入蜀，累与相失，随徙民诣邺，遭疾疫丧其妇。（《三国志·魏书·管宁传》）

建安二十年（公元 215 年），（甘宁）从攻合肥，会疫疾，军旅皆已引出。（《三国志·吴书·甘宁传》）

建安二十二年（公元 217），是岁大疫。（《后汉书·献帝纪》）去冬（公元 217 年）天降疫疠，民有凋伤。（《三国志·魏书·武帝纪》引《魏书》）建安二十二年，与夏侯惇、臧霸等征吴。到居巢，军士大疫，朗躬巡视，致医药。遇疾卒，时年四十七。（《三国志·魏书·司马朗传》）

建安二十四年（公元 219 年），是岁大疫，（孙权）尽除荆州民租税。（《三国志·吴书·吴主传》）

建安末年，是时征役繁数，重以疫疠，民户损耗，统上疏曰："……今强敌未殄，海内未义，三军有无已之役，江境有不释之备，征赋调数，由来积纪，加以殃疫死丧之灾，郡县荒虚，田畴芜旷，听闻属城，民户浸寡，又多残老，少有丁夫，闻此之日，心若焚燎。"② （《三国志·吴书·骆统传》）

建安二十五年（公元 220 年），太祖崩洛阳，遂典丧事。魏略曰时太子在邺，鄢陵侯未到，士民颇苦劳役，又有疾疠，于是军中骚动。（《三国志·魏书·贾逵传》引《魏略》）

此外，还有一些疫病年份不详，《全后汉文》卷七九《蔡邕·太傅安乐侯胡公夫人灵表》记载："夫人编县旧族，章氏之长子也，字曰显章。令仪小

---

① "汉中坏"，指曹操进军汉中，征讨张鲁，此事发生在公元 215 年至 216 年间。"随徙民诣邺，遭疾疫丧其妇"，迁徙到邺，当在 216 年左右，其妇疫死，可能在 216—217 年之间。

② 林富士认为这次疫病发生在 216—219 年之间。林富士：《东汉晚期的疫病与宗教》，《中央研究院历史语言研究所集刊》1995 年第 3 分。

心，秉操塞渊，仁孝婉顺，率礼无遗，体季兰之姿，蹈思齐之迹，永初三年，年十有五，爰初来嫁……夫人生五男，长曰整伯齐……伯仲各未加冠，遭厉气同时夭折……遭太夫人忧笃，年七十七，建宁三年薨。"这位胡夫人应该生活在洛阳或者周边地区，两个儿子"遭厉气同时夭折"，所谓厉气，多认为是传染病，属于疫病一种。① 不过从时间上来判断，这次疫病发生在公元 130 年左右，地点在洛阳附近。

此外，在安徽亳州出土的镇墓文也可以判断当时疫病流行程度："元延女凉子薄命禄尽，夭年逢灾，宗疾（族）悲痛伤侧（恻）……元延甚质，复来何来！前年枉死，延至今兹，家室悲伤，哭无解休。"② "薄命禄尽，夭年逢灾"，可知元凉女儿死于疫病，而且这次疫病持续时间比较长，"前年枉死，延至今兹"。

另外，据《肘后备急方》卷二《治伤寒时气温病方》记载："比岁有病时行。仍发疮头面及身，须臾周匝，状如火疮，皆戴白浆，随决随生，不即治，剧者多死。治得瘥后，疮瘢紫黑，弥岁方减，此恶毒之气。"这种疾病是"建武中于南阳击虏所得，仍呼为虏疮"。"虏疮"，即后世所谓的天花，可见在建武中有过天花的流行，但"建武中于南阳击虏"史实不明，待考。

秦汉时期的疫病分布在时间和空间上不平衡。秦朝建立后到公元前 49 年，发生了 8 次疫病，且其中还有一次发生在军队之中。西汉后期，大致从公元前 48 年开始到建武年间，近百年期间，有近 19 次疫灾，有些疫灾流行时间比较长，但史书记载比较模糊，其时间情况可能不止 19 次，可见这个阶段是疫灾比较流行的时期。公元 149 年到东汉灭亡，是疫病的一个高峰时期，70 年间，发生疫病至少 27 次，有些疫病流行时间比较长，但记载比较模糊，此外，洛阳一带疫病资料也比较模糊，实际上要比 27 次多。剔除军队中发生的疫病，黄河中下游、长安附近以及洛阳附近是秦汉时期疫病发生的主要地区，其与这

① 秦汉魏晋南北朝时期，疫病含义比较广泛，主要指有传染或者流行特征而且伤亡比较严重的一类疾病。其包括的病种相当广泛，包括多种传染病。也可能包括某些非传染性流行病。详见张志斌的《疫病含义与范围考》（《中华医史杂志》2003 年第 3 期）。

② 韩自强、李灿：《亳县、阜阳出土汉代铅券笺释》，《文物研究》1986 年第 3 辑。

一地区人口集中有关。会稽附近也是秦汉时期一个重要的疫病流行区域。东汉早期，匈奴统治区域疫病也比较流行。东汉晚期，南阳地区也时常发生疫病，其与这一地区人口较多分不开。

二、洛阳地区疫病流行与信仰

（一）疫病流行的原因

从以上东汉疫病的资料我们可以发现，东汉时期的洛阳地区，疫病频繁。公元 120 年至公元 130 年前后，洛阳地区疫病频发。进入公元 160 年后，洛阳地区又进入了一个疫病暴发的高峰期。洛阳地区疫病流行的频率，高于全国的平均值，具有典型的地域特征。

东汉时期疫病流行，特别是东汉末年疫病的流行，与环境变化有一定关系。东汉末年，疫病流行的原因，龚胜生认为与"气候寒冷，极端事件频发有关，也与战乱连绵，人口大规模迁徙有关"[1]。也有人认为是克罗米亚—刚果出血热病毒流行造成的。西域自古存在这种病毒，张骞通西域后，中原和西域人员往来频繁，加之汉武帝时期长期对匈奴战争，这种病毒就传入到中原地区。东汉末年，由于气候不正常，病毒就流行起来。[2] 对于建安年间的疫病，有人认为是鼠疫[3]，还有人认为是流感[4]。据钱超尘的研究及结合相关文献分

---

① 龚胜生：《中国疫灾的时空分布变迁规律》，《地理学报》2003 年第 6 期。

② 付滨等：《从疾病演变史探"伤寒"原义》，《河南中医》2007 年第 5 期。克罗米亚—刚果出血热病毒，即 CCHF，国内称为新疆出血热，死亡率为 25%，流行季节为每年的 3—6 月，4—5 月为高峰，呈散发流行。疫区人群有隐性感染的病人发病后第 6 天出现中和抗体，两周达高峰，病后可获得持久免疫力。

③ 吕世琦《漫谈鼠疫》，《新中医药》1952 年第 3 期；吴安然：《鼠疫》，《新中医药》1958 年第 9 期。

④ 赖文、李永宸：《东汉末建安大疫考——兼论仲景〈伤寒论〉是世界上第一部流行性感冒研究专著》，《上海中医药杂志》1998 年第 8 期。

析，建安二十二年流行的疫病，应该在春季就已经流行，冬季出现大爆发。①故而可以排除是流感和新疆出血热，可能使一次大规模的鼠疫，"夫罹此者，悉被褐茹藿之子，荆室蓬户之人耳！若夫殿处鼎食之家，重貂累蓐之门，若是者鲜焉"。说明得疫病而死的多是贫困之人，而富贵之家死亡较少。主要原因是鼠疫宿主是田鼠，只有家鼠和田鼠接触后家鼠才有可能传播疫病。穷人与田鼠接触机会较多，富人与田鼠接触机会较少，故这一时期死者多为穷人。

以上仅是东汉时期疫病流行的一些共同原因，就洛阳地区而言，其疫病频发，还有以下两个原因值得考虑。

一是洛阳地区人口众多，卫生环境较差，利于病菌繁殖与传播。东汉时期的洛阳，人口基本上在 50 万左右。东汉时期，洛阳及其周边地区有许多贫民死后被草草下葬或抛尸野外。《后汉书·曹褒传》记载："褒在射声，营舍有停棺不葬者百余所，褒亲自履行，问其意故。吏对曰：'此等多是建武以来绝无后者，不得埋掩。'褒乃怆然，为买空地，悉葬其无主者，设祭以祀之。"此事发生在公元94年前后，距东汉定都已经快七十年，仍然还有许多无名尸骸没有安葬，这些没有安葬的尸骨肯定是病菌传播的因素。《后汉书·安帝纪》也记载，元初二年二月戊戌，"遣中谒者收葬京师客死无家属及棺椁朽败者，皆为设祭；其有家属，尤贫无以葬者，赐钱人五千"。此外，《后汉书·桓帝纪》记载，建和三年"十一月甲申，诏曰：'朕摄政失中，灾眚连仍，三光不明，阴阳错序。监寐寤叹，疢如疾首。今京师厮舍，死者相枕，郡县阡陌，处处有之，甚违周文掩胔之义。其有家属而贫无以葬者，给直，人三千，丧主布三匹；若无亲属，可于官铢地葬之，表识姓名，为设祠祭。又徒在作部，疾病致医药，死亡厚埋藏。民有不能自振及流移者，禀谷如科。州郡检

---

① 关于王粲的死，史书记载比较传奇，《太平御览》卷七二二《何颙别传》记载："王仲宣年十七，尝遇仲景，仲景曰：'君有病，宜服五石汤，不治且成门，后年三十，当眉落。'仲宣以其贳长也，远不治也。后至三十，疾果成，竟眉落，其精如此。"因为有这条记载，很多人认为王粲死于麻风，不过根据王粲的诗文及其活动来看，王粲在建安二十一年体力和精神俱佳，不应死于麻风，而是死于疫病。因此，这次疫病应该是从这一年的春季开始流行，一直持续到冬季。钱超尘：《王粲死于大疫非死于麻风考》，《中医文献杂志》2008 年第 3 期。

察，务崇恩施，以康我民。'"像这样在非常时期给死者赐棺下葬的次数并不多，《后汉书》所见，仅有这两次，这意味着平时或者其他疫病时期的死者仍有无以为葬而抛尸野外的可能性存在，这种做法加剧了病菌的传播，导致疫病流行。此外，在东汉时期的洛阳，由于犯人被处以"弃市"或者其他原因被处死后，在很长时间内不得收尸，也导致疫病的传播。这一点，东汉人已有认识，《后汉书·皇后纪下》记载：汉灵帝的宋皇后"无宠而居正位，后宫幸姬众，共谮毁。初，中常侍王甫枉诛勃海王悝及妃宋氏，妃即后之姑也。甫恐后怨之，乃与太中大夫程阿共构言皇后挟左道祝诅，帝信之。光和元年，遂策收玺绶。后自致暴室，以忧死。在位八年。父及兄弟并被诛"。宋皇后的父亲以及兄弟被诛杀以后，长期不得收尸，《后汉书·卢植》传中就说："宋后家属，并以无辜委骸横尸，不得收葬，疫疠之来，皆由于此。"

二是东汉时期洛阳地震频繁发生。洛阳本处于邢台至河间地震带与许昌至淮南地震带交会处，为地震高发地区。东汉中后期，地震较为频繁。据《后汉书》等资料记载，东汉时期，京师洛阳有明确记载的地震达 30 次。地震频发，也容易引起疫病流行。徐好民的研究表明，地壳运动与疾病之间有密切的关系，主要表现是地震前后疫病流行，气候异常引起疾病，气体溢出引起疫病；其主要原因是在地壳运动过程中释放物质和能量，影响地表物理化学场变异产生地光及其他异常现象，在这一过程中溢出物质的毒性、电性，能引起人和动物行为异常、产生疾病甚至死亡。[①]

（二）与疫病有关的信仰

疫病的流行，导致人口大量死亡。东汉时期医疗资源有限，即使是京师地区发生疫病后，仅灵帝时期只有三次派医生对百姓进行了救助。因此在大部分疫病流行时期，对于一般百姓，政府是无暇救济的，因而普通老百姓会对传染病产生恐惧与无助的心态。《宋书·周朗传》记载了社会医疗资源不足导致普通百姓弃医信巫的情况，"又针药之术，世寡复修，诊脉之伎，人鲜能达。民因是益征于鬼，遂弃于医"。这种状况虽然反映的是刘宋时期的情况，但在东

---

① 徐好民：《地壳运动与灾异群发》，《灾害学》1988 年第 1 期；《地壳运动与疾疫流行》，《灾害学》1991 年第 2 期。

汉时期的洛阳，也照样如此。在这种情况下，老百姓除了需要生理治疗外，在心理上精心治疗与安慰也特别重要。此外，在"天人感应"模式的信仰体系之中，频繁发作的疫灾，也对统治者的救灾思想产生了一定的影响。

1. 官方的传统大傩逐疫仪式

在古代科学不发达的情况之下，人们相信疫病在冥冥之中受到某种神灵的主导。《汉书·天文志》记载："氐为天根，主疫。"可见，人们认为疫病是受到某种超自然的魔力控制的。要摆脱疫病，就要驱除这种魔力。所以在东汉疫病流行的时候，就举行大傩来逐疫，"旧事，岁终当飨遣卫士，大傩逐疫"①。《续后汉书》卷五《礼仪五》中记载了"大傩逐疫"的程序："仪：选中黄门子弟年十岁以上，十二以下，百二十人为侲皆赤帻皂制，执大鼗。方相氏黄金四目，蒙熊皮，玄衣朱裳，执戈扬盾。十二兽有衣毛角。中黄门行之，冗从仆射将之，以逐恶鬼于禁中……因作方相与十二兽舞。欢呼，周遍前后省三过，持炬火，送疫出端门；门外驺骑传炬出宫，司马阙门外五营骑士传位定，大鸿胪言具，谒者以闻。皇后东向，贵人、公主、宗室妇女以次立后；皇太子、皇子在东，西向；皇子少退在南，北面。皆伏哭。大鸿胪传哭，群臣皆哭。三公升自阼阶，安梓宫内珪璋诸物，近臣佐如故事。嗣子哭踊如礼。东园匠、武士下钉衽，截去牙。太常上太牢奠，太官食监、中黄门、尚食次奠，执事者如礼。太常、大鸿胪传哭如仪。"

张衡《东京赋》也记载："尔乃卒岁大傩，殴除群厉。方相秉钺，巫觋操茢。侲子万童，丹首玄制。桃弧棘矢，所发无臬。飞砾雨散，刚瘅必弊。煌火驰而星流，逐赤疫于四裔。然后凌天池，绝飞梁，捎魑魅，斫獝狂，斩蜲蛇，脑方良。囚耕父于清泠，溺女魃于神潢。残夔魖与罔像，殪野仲而歼游光。八灵为之震慑，况魖蜮与毕方。度朔作梗，守以郁垒，神荼副焉，对操索苇。目察区陬，司执遗鬼。京室密清，罔有不韪。"傩本来是一种驱除恶鬼的形式，其根源可能上溯至商代，《周礼·夏官司马》中记载大傩主角方相氏的职责是："掌蒙熊皮，黄金四目，玄衣朱裳，执戈扬盾，帅百隶而时难，以索室驱疫。大丧，先柩。及墓，入圹，以戈击四隅，驱方良。"《周礼》成书不晚于战国晚期，可见当时就有大傩逐疫的仪式，不过当时是"时难"，就是说当时

①《后汉书·皇后纪上》。

大傩在四季都可以举行。到了东汉时期，在京师洛阳，大傩逐疫仪式在当时是一个相当盛大的节日，官民百姓均可以参加，其举行地点不在室内或墓中。①这种固定仪式经常举行，恰好说明疫病的流行，使得这种仪式有持续下去的必要。王充在《论衡》卷二五《解除篇》记载："解逐之法，缘古逐疫之礼也。昔颛顼氏有子三人，生而皆亡，一居江水为虐鬼，一居若水为魍魉，一居欧隅之间主疫病人。故岁终事毕，驱逐疫鬼，因以送陈、迎新、内吉也。"此外，在不少汉画像石中也有逐疫的主题，可见大傩逐疫是当时社会的一种主要的宗教活动，在洛阳周边地区特别流行，在当时社会是一种普遍信仰。

除了传统的大傩逐疫之外，发生疫病时，皇帝有时也按照"天人感应"的一套来应对疫灾，即所谓的免三公等措施。此外，据张衡《上顺帝封事》中提到："臣窃见京师为害兼所及，民多病死，死有灭户。人人恐惧，朝廷燋心，以为至忧。臣官在于考变禳灾，思任防救，未知所由，夙夜征营。臣闻国之大事在祀，祀莫大于郊天奉祖……且凡夫私小有不蠲，犹为谴谪，况以大秽，用礼郊庙？孔子曰：'曾谓泰山不如林放乎！'天地明察，降祸见灾，乃其理也。又间者，有司正以冬至之后，奏开恭陵神道。陛下至孝，不忍距逆，或发冢移尸。《月令》：'仲冬，土事无作，慎无发盖，及起大众，以固而闭。地气上泄，是谓发天地之房，诸蛰则死，民必疾疫，又随以丧。'厉气未息，恐其殆此二事，欲使知过改悔。《五行传》曰：'六沴作见，若时共御，帝用不差，神则不怒，万福乃降，用章于下。'臣愚以为可使公卿处议，所以陈术改过，取媚神祇，自求多福也。"也就是要多祭祀，并且采取减轻老百姓的负担等措施。

2. 著五彩

大傩逐疫毕竟是由朝廷出面主持的，时间基本固定，老百姓参与机会比较少，把除疫的全部希望寄托在朝廷并不保险，因为疫病还会时常发生。如果有老百姓能亲身参与的信仰，老百姓心中的底气会更足一些。到东汉中后期，洛阳一带流行着夏至著五彩避疫的信仰。"夏至著五彩，辟兵，题曰游光厉鬼，知其名者无温疾。五彩，辟五兵也。案：人取新断织系户，亦此类也。谨案：

---

① 蒲慕州：《追寻一己之福——中国古代的信仰世界》，（台北）允晨文化实业有限公司 1995 年版，第 105—106 页。

织取新断二三寸帛，缀著衣衿，以己织维告成于诸姑也。后世弥文，易以五彩。又永建中，京师大疫，云厉鬼字野重游光。亦但流言，无指见之者。其后岁岁有病，人情愁怖，复增题之，冀以脱祸。今家人织新缣，皆取著后缣绢二寸许系户上，此其验也。"

还有"五月五日以五彩丝系臂者，辟兵及鬼，令人不病温。又曰亦因屈原"。这些信仰由于老百姓能亲自参与避疫的活动，信仰民众众多。

3. 解注信仰

东汉中后期，洛阳一带疫病流行，这一带便产生了解注信仰。东汉墓葬中，出土了一些刻在石、玉、铅或者是瓶、盆、罐上的文字。根据内容，学者将之分为买地券和镇墓文。最初将买地券与镇墓券分为两类者是罗振玉。他在《蒿里遗珍》中提出："以传世诸券考之，殆有二种：一为买之于人，如建初、建宁二券是也；一为买之于鬼神，则术家假托之词。"这种看法，得到后来绝大多数学者的认同。随着这类出土文物的增加，出现了一些含有解注类词语文字的镇墓文，其中以是否含有"注"字为主要区分标准之一。目前含有"注"字的镇墓文主要出土于魏晋时期的河西地区，但最早的含"注"字的镇墓文出现在东汉时期。目前出土的一共有五件，主要在洛阳地区出土，一件在罗振玉的《古器物小识》中记载为"永建三年三月□□朔三日□□，天帝绝死德□死□死之□人不□为□生□□□□人□□□□□□□□□□□□□土□子孙□□□□卒乃得复。□□帝□绝□□注□□□□□□□□□□□□□死人精注，□□□为今死非□□即□复□持君□瓶别□□赫，丘丞墓伯，中□二千石，各瓶别律令"。此解注文出土地点不明，但应该出土于洛阳关中一带。罗振玉在《贞松石集古遗文》卷十五收录了东汉末年的《刘伯平镇墓券》，其为五件中的其中一件，其记载内容为："……月乙亥朔廿二日丙申朔，天帝下令移前洛东乡东郡里刘伯平，薄命蚤……医药不能治，岁月重复，适与同时，魅鬼尸注，皆归墓丘，大山君召……相念苦，勿相思，生属长安，死属大山，生死异处，不得相防，须河水清，大山……□六丁，有天帝教如律令。"第三件是1954年在洛阳西郊的墓葬中出土的一个解注瓶，除了有朱书符箓一道外，还写有文字"解注瓶，百解去，如律令"，被认为是"汉人以符驱

病习俗的实物遗存"①。此外，在洛阳唐门寺也出土了两个解注瓶，"M1：66
……天帝白止，告天上使者：凶之吏，今有小杜里成氏后死子贝。二十一美建
颁泉为拒泉口瓶，十八物口龟神药，口绝钩注、重复、君。使死利生，口口相
防，他如律令……M1：106……口酒……无凶口……后死妇口美不得相防……
口注安……如……"，后一个解注瓶还有道符。②

　　由于镇墓文内容不同，刘昭瑞先生提出，镇墓文中可以分为若干小类，将
带有解注类词语的文字，称之为解注文。③ 张勋燎先生也认为镇墓文中的一部
分应该归之于解注文。④ 刘屹先生也注意到了其中的区别，不过他并没有进行
细分，只是把它和买地券分开，统称之为"镇墓—解除"类型。⑤ 易守菊虽然
注意到解注文中很多是针对当时的传染病即所谓的"注"病，但其主要探讨
当时的传染病，没有将传染病与解注信仰联系起来，同时也将镇墓文与解注文
等同。⑥ 目前大部分学者还将解注文等同于镇墓文，或者认为解注文是镇墓文
的一部分。⑦ 目前有很多学者将含有"注"的称之为解注文，与疫病有关。⑧

---

① 郭宝均等：《一九五四年春洛阳西郊发掘报告》，《考古学报》1956 年第 2 期。

② 张剑、余扶危：《洛阳唐寺门两座汉墓发掘简报》，《中原文物》1984 年第 3 期。

③ 刘昭瑞：《谈考古发现的道教解注文》，《敦煌研究》1991 年第 4 期。

④ 张勋燎：《东汉墓葬出土的解注器材料和天师道的起源》，陈鼓应主编：《道家文
化研究》（第九辑），上海古籍出版社 1996 年版，第 253—266 页。

⑤ 刘屹：《敬天与崇道——中古道教形成的思想史背景之一》，首都师范大学 2000
年博士论文，第 14 页。

⑥ 易守菊：《概述解注文中的传染病思想》，《南京中医药大学学报》（社会科学
版）2001 年第 3 期。

⑦ 孙机：《汉代物质文化资料图说》，文物出版社 1990 年版，第 404 页。

⑧ 除了前面提及的刘昭瑞认为解注与疫病有关之外，万方认为注病包括部分传染
病、地方病、精神病以及寄生虫病（详见《古代注（疰）病及其禳解治疗术
考》，《敦煌研究》1992 年第 4 期）。连劭名认为与疾病无关（详见《汉晋解除
文与道家方术》，《华夏考古》1998 年第 4 期）。席文以传染性疾病来解释注病
（详见陈昊《汉唐间墓葬文书中的注（疰）病书写》，《唐研究》第十二卷）。

笔者认为，镇墓文和解注文应该是并列的两类，它们是针对不同死者而产生的信仰，其中解注信仰主要是针对疫病死者而出现的信仰。

中国传统文化宗教信仰中，祖先崇拜是一个重要内容。早在商代，据晁福林先生研究，迄今所见关于祭祀上甲的卜辞有 1100 多条，祭祀成汤的有 800 多条，祭祀祖乙的有 900 多条，祭祀武丁的有 600 多条；在全部卜辞里，确认为祭祀祖先的卜辞共有 15000 多条。祭祀祖先的卜辞比祭祀其他的要多，说明祖先崇拜在殷人的信仰体系中占据重要的地位。[①] 崇拜祖先，就要对他们祭祀。祭祀祖先的目的，在于祈福求佑，《礼记·祭统》中说："贤者之祭也，必受其福。非世所谓福也。福者，备也。备者，百顺之名也。无所不顺者，谓之备。言内尽于己，而外顺于道也。忠臣以事其君，孝子以事其亲，其本一也。上则顺于鬼神，外则顺于君长，内则以孝于亲。如此之谓备。唯贤者能备，能备然后能祭。是故，贤者之祭也，致其诚信与其忠敬，奉之以物，道之以礼，安之以乐，参之以时。明荐之而已矣，不求其为。此孝子之心也。祭者，所以追养继孝也。孝者畜也。顺于道不逆于伦，是之谓畜。是故，孝子之事亲也，有三道焉：生则养，没则丧，丧毕则祭。养则观其顺也，丧则观其哀也，祭则观其敬而时也。尽此三道者，孝子之行也。"据西周时期的出土文献记载，祭祀祖先的目的还有求长寿、福禄、康佑、官爵。自周代开始，中国的祖先崇拜显示出双重性质，即单纯的宗教性逐渐被世俗性所取代。[②]

在祖先崇拜基础上，中国人很早出现"承负"的观点。"承负说"是东汉《太平经》提出的善恶报应思想，其渊源可以上追至商周时期。殷墟卜辞有："……于受令。丏工方于受令。贞于受令丏。"连劭名先生认为"受令"就是"受命"。《尚书·君奭》也提出"天不庸释于文王受命"，《尚书·洪范》中还有"惟天阴骘下民"，说的就是上天依据个人善恶行为在冥冥中决定其贫富寿夭。《易经·坤》中"积善之家，必有余庆；积不善之家，必有余殃"，更明确地反映了善恶报应观念。长沙马王堆三号汉墓出土帛也有类似的思想，可

---

① 晁福林：《论殷代神权》，《中国社会科学》1990 年第 1 期。

② 何飞燕：《从周代金文看祖先神崇拜的二重性特点》，《人文杂志》2008 年第 4 期；陈筱芳：《周代祖先崇拜的世俗化》，《西南民族大学学报》（人文社科版）2005 年第 12 期。

见先秦之世已有鲜明的善恶报应观念了。西汉刘向《说苑·说丛》中指出"贞良而亡，先人余殃；猖取而活，先人余烈"，此外还有"积善之家，必有余庆，积恶之家，必有余殃"，等等。由此可以判断，善恶报应观念在西汉已经是普遍的社会意识了。

实际上，在中国传统社会，人的死亡不是简单的生命消逝，生命虽然不存在，但仍然以某种形式作用于生者。产生于中国本土的"承负"之说，以宗法制和祖先崇拜为基础，以"父祖—子孙"为主要报应链条。人们普遍相信，个人命运好歹与其祖先的善恶行为有直接关系，而他自己的善恶行为又与自己子孙的命运相关。"不难看出，道教的承负报应说实际上就是这种祖宗崇拜意识的进一步发扬。"①"承负"之说表明，祖上积德，后代就会平安富贵长寿；祖上不积德，后代就会面临厄运灾难早夭。

祖先崇拜以及"承负"信仰与祭祀密切相关。《论衡·解除篇》中说："祖先世信祭祀，以为祭祀者必有福，不祭祀者必有祸。是以病作卜祟，祟得修祀，祀毕意解，意解病已，执意以为祭祀之助，勉奉不绝。谓死人有知，鬼神饮食，犹相宾客，宾客悦喜，报主人恩矣。"祭祀后死去的祖先给后人带来好处；如果不祭祀，祖先的灵魂很快就消散，对生者不再回报。②这也表明，即使祖先积累了很大的功德，如果不祭祀死去的祖先，祖先也不会降福给生者。

东汉之前，人们虽然把"鬼"分成若干种，依据死者的年龄与死因等的不同，将鬼分为"哀乳之鬼""不辜鬼""暴鬼"。③但在东汉之前，人们祭祀死者时并不追究其死因。到了东汉时期，人们逐渐认识到不同死因的死者对生者来说"承负"是不一样的。《论衡·偶会篇》中指出，如果因为某种原因早死，"父殁而子嗣，姑死而妇代，非子妇嗣代使父姑终殁也，老少年次自相承也……男女早死者，夫贼妻，妻害夫"。东汉末年刘熙在《释名·释疾病》中

---

① 刘昭瑞：《"承负说"缘起论》，《世界宗教研究》1995 年第 4 期；连劭名：《建兴廿八年"松人"解除简考述》，《世界宗教研究》1996 年第 3 期；黄景春：《"承负说"源流考——兼谈汉魏时期解除"重复"法术》，《华东师范大学学报》（哲学社会科学版）2009 年第 6 期。

② 余英时著，侯旭东等译：《东汉生死观》，上海古籍出版社 2005 年版，第 141 页。

③ 吴小强：《秦简日书集释》，岳麓书社 2000 年版，第 132—133 页。

说："注病，一人死，一人复得，气相灌注也。"这些思想虽然成文比较晚，但对疫病及疫病死者的认识应该比较早。疫病可以传染，也就是说被传染者也会得疫病而死，按照"承负之厄"的说法，这些都是没有积德的人，会给后代带来厄运与早夭。

《太平经》卷九二《万二千国始火诀第一百三十四》指出得疫病而死的人是"天杀"："愿闻烈病而死者，何故为天杀？""天者，为神主神灵之长也，故使精神鬼杀人。地者，阴之卑；水者，阴之剧者也，属地；阴者主怀妊。凡物怀妊而伤者，必为血，血者，水之类也，怀妊而伤者，必怒不悦，更以其血行污伤人。水者，乃地之血脉也，地之阴也。阴者卑，怒必以其身行战斗杀人。比若臣往捕贼，必以其身行捕取之也。不得若君，但居其处而言也。中和者人主之，四时五行共治焉，人当调和而行之。人失道不能顺，忿之。故四时逆气，五行战斗，故使人自相攻击也。此者，皆天地中和，忿忿不悦，积久有病悒悒，故致此。"得疫病而死的人由于冒犯上天，而被上天所杀。既然是"天杀"，这种人就是没有积德，会使后人再得疫病而死。

这样，疫病的传染性及"承负之厄"的信仰，使得生者处于两难的境地，如果继续祭祀死者，死者灵魂不散，给后人带来不幸。如果不祭祀，死者灵魂很快消失，不能回报生人，也与中国传统孝文化背道而驰。在残酷的生存现实面前，生者只好断绝同疫病死者之间的联系。在出土的朱书文字中，含有"注"的文字，一般可以判断死者是疫病而死的，故要"解注"，以避免死者将疫病传染给生人。

不过，流行于洛阳一带的解注信仰，并没有在这一地区持续比较长的时间。目前洛阳地区出土解注文，基本上是东汉时期的。魏晋以后，解注文多出土于河西地区。刘屹认为这或许也反映出"镇墓—解除"类源出山西、关中，在汉末开始的人口大迁徙中，分别随着山西、关中人口的西迁逐渐形成目前所见的这种分布状况。① 刘屹没有区分镇墓文与解注文，实际上，镇墓文在东汉之后，洛阳一带目前虽没有出土，但在西晋还有出土。② 不过，与前期相比，

---

① 刘屹：《敬天与崇道——中古道教形成的思想史背景之一》，首都师范大学 2000
　年博士论文，第 24 页。

② 张全民：《曹魏景元元年朱书镇墓文读解》，《考古与文物》2007 年第 2 期。

东汉之后出土的关中洛阳一带的镇墓文的确减少很多，解注文则基本上没有出现。反映了解注信仰在这一地区逐渐衰亡，究其原因，一是与解注信仰本身存在的缺陷有关，这种信仰只是针对疫病死后的隔绝，并不治疗疫病本身，也不存在事先的预防。其次，可能有新的信仰取代了解注信仰。

4. 悬挂符箓避疫

东汉中后期，洛阳一带，在大傩逐疫仪式基础上，避疫措施有了一定的发展，即增加了画荼垒、悬苇索等内容。王充《论衡·谢短篇》记载："岁终逐疫，何驱？使立桃象人于门户，何旨？挂芦索于户上，画虎于门阑，何放？除墙壁书画厌火丈夫。"王充是会稽上虞人，但在洛阳居住了很长的时间。《后汉书·王充传》记载："后到京师，受业太学，师事扶风班彪。好博览而不守章句。家贫无书，常游洛阳市肆，阅所卖书，一见辄能诵忆，遂博通众流百家之言。"《论衡》一书是其回到会稽后写成的，如果仅仅反映会稽本地的风俗，其意义并不大。若是反映洛阳地区的风俗，才具有典型意义。东汉末年，蔡邕《独断》中记载："疫神：帝颛顼有三子，生而亡去为鬼，其一者居江水，是为瘟鬼。其一者居若水，是为魍魉。其一者居人宫室枢隅处，善惊小儿，于是命方相氏黄金四目，蒙以熊皮玄衣朱裳，执戈扬楯。常以岁竟十二月从百隶及童儿而时傩，以索宫中驱疫鬼也。桃弧棘矢土鼓鼓旦，射之以赤丸，五谷播洒之，以除疾殃。已而立桃人苇索儋牙虎神荼郁垒以执之。儋牙虎神荼郁垒二神：海中有度朔之山，上有桃木蟠屈三千里，卑枝东北有鬼门，万鬼所出入也。神荼与郁垒二神居其门，主阅领诸鬼。其恶害之鬼执以苇索食虎，故十二月岁竟常以先腊之夜逐除之也，乃画荼垒，并悬苇索于门户，以御凶也。"这种信仰的出现，或许与早期道教有关。[①]

汉灵帝时期，一种新的信仰在洛阳一带开始传播，信徒颇多，这种信仰就是太平教。洛阳一带疫病频发，很早就有带有宗教色彩的人士在洛阳一带从事治病活动，《太平经合校》卷一百十四《有功天君敕进诀第一百九十八》记载："天君出教日，且待于外，须敕诸神伏地，自以当直危立也。教日敕诸神言，天君欲不惜诸神，且未忍相中伤，教谪于中和地上，在京洛十年，卖药治

---

① 姜生：《〈风俗通义〉等文献所见东汉原始道教信仰》，《宗教学研究》1998 年第 1 期。

病，不得多受病者钱。谪竟，上者著闻曹，一岁有功，乃复故。诸神见天君贯不死之罪，才得薄谪，诚自知过失，自以摧折，不望其生，不忍有中伤之意，复以事谢。"这位"天君"什么时候在洛阳一带活动，是否有传教活动，史料缺乏，不得而知。不过既然能在洛阳一带十年间卖药治病，可见其治疗患者很多，如果有某种思想，很容易接受。张角创立太平教以后，其活动范围主要在青、徐、幽、冀、荆、扬、兖、豫等地。但在京师洛阳，也有太平教活动的足迹，《后汉书·栾巴传》记载："圣王以天下耳目为视听，故能无不闻见。今张角支党不可胜计。前司徒杨赐奏下诏书，切敕州郡，护送流民，会赐去位，不复捕录。虽会赦令，而谋不解散。四方私言，云角等窃入京师，觇视朝政，鸟声兽心，私共鸣呼。州郡忌讳，不欲闻之，但更相告语。"栾巴的话主要是提醒朝廷要注意张角等人的活动，从中也可以看出在京师洛阳太平教教徒颇多。张角准备起义时，京师中的信徒也准备响应。《后汉书·皇甫嵩传》记载，洛阳的信徒"以白土书京城寺门及州郡官府，皆作'甲子'字。中平元年，大方马元义等先收荆、扬数万人，期会发于邺。元义素往来京师，以中常侍封谞、徐奉等为内应，约以三月五日内外俱起。未及作乱，而张角弟子济南唐周上书告之，于是车裂元义于洛阳。灵帝以周章下三公、司隶，使钩盾令周斌将三府掾属，案验宫省直卫及百姓有事角道者，诛杀千余人，推考冀州，逐捕角等"。从中可以看出，在京师洛阳，即使是宦官，也有很多信奉太平教的，普通的人应该更多，虽然诛杀了千余人，这些可能只是其中的一小部分。

太平教之所以能吸引众多信徒，主要是它治疗疫病有独特之处。《三国志·魏书·张鲁传》引典略记载："熹平中，妖贼大起，三辅有骆曜。光和中，东方有张角，汉中有张脩。骆曜教民缅匿法，角为太平道，脩为五斗米道。太平道者，师持九节杖为符祝，教病人叩头思过，因以符水饮之，得病或日浅而愈者，则云此人信道，其或不愈，则为不信道。"吞符治疫是太平教的一个重要吸引信徒的手段。对于哪些暂时没有得疫病的人来说，太平教也有其措施来避免其得疫病，《太平经·太平金阙帝晨后圣帝君师辅历纪岁次平气去来兆候贤圣功行种民定法本起》中记载："请受灵书紫文、口口传诀在经者二十有四：一者真记谛，冥谙忆；二者仙忌详存无忘；三者〈起〉采飞根，吞日精；四者服开明灵符；五者服月华；六者服阴生符；七者拘三魂；八者制七魄；九者佩皇象符；十者服华丹；十一者服黄水；十二者服回水；十三者食镮刚；十四者食凤脑；十五者食松梨；十六者食李枣；十七者服水汤；十八者镇白银紫金；十九者服云腴；二十者作白银紫金；二十一者作镇；二十二者食竹笋；二十三者食鸿脯；二十四者佩五神符。备此二十四，变化无穷，超凌三界之外，游浪六合之中。〈止〉灾害不能伤，魔邪不敢难。皆自降伏，位极道宗，恩流一切，幽显荷赖。""……九者佩皇象符……二十四者佩五神符。备此二十四，变化无穷，超凌三界之外，游浪六合之中。〈止〉灾害不能伤，魔邪不敢难。皆自降伏，位极道宗，恩流一切，幽显荷赖。"通过服符和佩戴符箓来避疫。作为太平教的思想来源之一，此信仰逐渐被广大信徒接受。

洛阳地区这种避疫信仰出现后，很快流行开来，建安二十二年大疫时，曹植在《说疫气》中指出："建安二十二年，疠气流行，家家有僵尸之痛，室室有号泣之哀。或阖门而殪，或覆族而丧。或以为：疫者，鬼神所作。夫罹此者，悉被褐茹藿之子，荆室蓬户之人耳！若夫殿处鼎食之家，重貂累蓐之门，若是者鲜焉。此乃阴阳失位，寒暑错时，是故生疫，而愚民悬符厌之，亦可笑也。"可见当时老百姓已经用悬挂符箓避疫了。

在其他地区，类似的情况也有出现。普通人如何避免疫病呢？《三国志》卷八《张鲁传》引《典略》记载："熹平中，妖贼大起，三辅有骆曜。光和中，东方有张角，汉中有张脩。骆曜教民缅匿法，角为太平道，脩为五斗米道。太平道者，师持九节杖为符祝，教病人叩头思过，因以符水饮之，得病或日浅而愈者，则云此人信道，其或不愈，则为不信道。脩法略与角同，加施静室，使病者处其中思过。又使人为奸令祭酒，祭酒主以老子五千文，使都习，号为奸令。为鬼吏，主为病者请祷。请祷之法，书病人姓名，说服罪之意。作三通，其一上之天，著山上，其一埋之地，其一沉之水，谓之三官手书。使病者家出米五斗以为常，故号曰五斗米师。实无益于治病，但为淫妄，然小人昏愚，竞共事之。"实际上，张角等人利用了普通人们对疫病的恐慌，宣传自己能用符水治病，得到民众的信任。而且张角等人也一再强调"得病或日浅而愈者，则云此人信道，其或不愈，则为不信道"，则反映出信道即得救的思想。张角等人的信徒极多，可见疫病对普通民众造成的心理恐惧也很大。

5. 服药与神仙信仰

东汉末年开始的疫病大流行，是我国疫病史上的第一个高峰时期。这次疫病流行夺取了很多人的生命。建安七子之中，有几位死时只有四十岁左右，天才的思想家王弼死时只有二十四岁。由于疫病所导致的生命无常，使很多人对生命的意义做了思考。在《三国志》卷二《魏书·文帝纪》中所记载的魏文帝曹丕的经历最为典型，"帝初在东宫，疫疠大起，时人凋伤，帝深感叹，与素所敬者大理王朗书曰：'生有七尺之形，死唯一棺之土，唯立德扬名，可以不朽，其次莫如著篇籍。疫疠数起，士人凋落，余独何人，能全其寿？'故论撰所著典论、诗赋，盖百余篇，集诸儒于肃城门内，讲论大义，侃侃无倦。常嘉汉文帝之为君，宽仁玄默，务欲以德化民，有贤圣之风"。曹丕在《与吴质书》中也提到"昔年疾疫，亲故多离其灾，徐、陈、应、刘，一时俱逝，痛可言邪！昔日游处，行则连舆，止则接席，何曾须臾相失！每至觞酌流行，丝竹并奏，酒酣耳热，仰而赋诗。当此之时，忽然不自知乐也。谓百年已分，可长共相保，何图数年之间，零落略尽，言之伤心。顷撰其遗文。都为一集。观其姓名，以为鬼录，追思昔游，犹在心目，而此诸子化为粪壤，可复道哉！"在《古诗十九首》之中，有很多诗歌充满了对生命价值的思考。《回车驾言迈》中写道："所遇无故物，焉得不速老。盛衰各有时，立身苦不早。人生非金石，岂能长寿考。奄忽随物化，荣名以为宝。"诗中充满对生命急遽衰老死亡的感叹，也表达出对声名与荣禄的渴望。

有贵族为避免疫病，求得长寿，服用各种药物。《古诗十九首》中的《驱车上东门》就写道："驱车上东门，遥望郭北墓。白杨何萧萧，松柏夹广路。下有陈死人，杳杳即长暮。潜寐黄泉下，千载永不寤。浩浩阴阳移，年命如朝露。人生忽如寄，寿无金石固。万岁更相送，贤圣莫能度。服食求神仙，多为药所误。不如饮美酒，被服纨与素。"作者除了感叹死亡无常之外，还指出当时追求长寿的方式之一就是"服食求神仙"，但是"多为药所误"。这里的服药主要是指当时社会上流行的服食五石散之风，五石散主要由石钟乳、紫石英、白石英、石硫黄、赤石脂五味石药合成的一种中药散剂，服用五石散之后，必须以食冷食来散热。不过因为五石散的药性不仅猛烈而且复杂，所以仅仅靠"寒食"来散发药性是远远不够的，还要辅以冷浴、散步、穿薄而旧的宽衣等各种举动来散发、适应药性，即所谓的"寒衣、寒饮、寒食、寒卧，极寒益善"，只有一样是要例外的，那就是饮酒要"温"。服用五石散之后需要一系列的措施，这些措施被后世称之为魏晋风度。服食五石散之风持续时间很长，在东晋时期，王羲之等人还在服用。

汉末时期，道教获得长足发展，其背景之一就是这一时期疫病的流行。由于疫病的肆虐横行，这一时期道教的劫运观念也十分流行。《太平经》《女青鬼律》等许多这一时期的道教经典中都反复强调劫运即将来临，只有所谓的

"种民"才能平安度过劫运,而做"种民"的前提为是否能够遵循并践履传统的世俗伦理原则。《太平经》认为,劫运到来将使"天地混薾,人物糜溃。唯积善者免之,长为种民"。《九天生神章经》则认为:"大运将期,数终甲申,洪流荡秽,凶灾弥天,三官鼓笔,料别种人,考算功过,善恶当分。"《女青鬼律》认为:"乱不可久,狼了宜除,道运应兴,太平期近,令当驱除,留善种人。"①《太上洞渊神咒经》中也多次提到了"大劫",要求人们信奉道教,可以避免因疫病带来的劫难。

---

① 黄勇:《汉末魏晋时期的瘟疫与道教》,《求索》2004 年第 2 期。

第七章

秦汉时期的野生动物环境

秦汉时期，很多地方土地未开垦，野生动物比较多。因此，研究这一时期的野生动物环境，可以从典型的野生动物来入手，即虎与鹿。虎是食物链中的最高端，从其分布情况可以推测出其他野生动物分布概况。鹿处于食物链中的低端，是许多大型食肉动物的主要食物来源，从其分布状况也可以推测出其他野生动物的概况，进而可以反映出这一时期野生动物的生存环境。

虎，属食肉猫科动物。汉代许慎在《说文解字·虎部》中说："虎，山兽之君。"说明虎在野生动物中占有重要地位。在日常生活与文献中，虎有多种称呼，如大虫、黄斑等，有时也用"猛兽"称呼老虎，特别是在唐人的文献之中。唐代要避唐高祖李渊父亲李虎的讳，在《晋书》等史书中，常常以"猛兽"来替代虎。虎的栖息地主要是森林山地，但虎不属于群居动物，一般单独活动，每只老虎都有自己的活动领地。虎以野猪为主要食物，也食鹿、羊等。历史上，虎在中国境内分布很广。除台湾和海南岛之外，[①] 其他地区都有虎的分布。

秦汉时期关于虎的记载虽然很多，但材料比较零碎，只能了解这一时期虎的大致分布状况。新疆和西藏地区，由于史料缺乏，对虎的分布了解并不详细。

第一节　虎的分布

《淮南子·坠形》指出："东方川谷之所注，日月之所出，其人兑形小头，隆鼻大口，鸢肩企行，窍通于目，筋气属焉，苍色主肝，长大早知而不寿；其地宜麦，多虎豹。"在当时，东方"宜麦"的地区主要是黄淮平原。可见，在秦汉时期东方分布大量的虎豹等猛兽。西汉末年扬雄在《方言》中提到"虎，

---

① 《汉书·地理志》记载："自合浦徐闻南入海，得大州，东西南北方千里……亡马与虎。"该州应为海南岛。

陈魏宋楚之间或谓之李父，江淮南楚之间谓之李耳……自关东西或谓之伯都"。由此可见老虎在日常生活中比较常见。汉景帝"好游猎。见虎不能得之，乃为珍馐，祭所见之虎"①。汉景帝打猎活动的范围应该在长安附近，长安附近人口众多，还存在虎，说明长安周边森林还比较良好。

自从汉宣帝元康四年，南郡获白虎之后，有关白虎的消息源源不断地从地方上报出来，"汉章帝元和二年以来，至章和元年，凡三年，白虎二十九见郡国"。汉献帝延康元年四月丁巳，"饶安县言白虎见。又郡国二十七言白虎见"②。白虎是正常老虎基因突变的产物，自然界中白虎分布很少。自然界白虎的出现，表明虎的数量比较众多，只有数量较多，虎的基因变异的可能性才会增加。汉代白虎分布地域较广，表明虎在汉代数量众多。当然，这些白虎不一定是真正的白虎，毕竟汉代只有一处实物可以证明，但至少应该表明这些地区有较多的虎存在，否则可能是谎报祥瑞，给当地官员带来不必要的麻烦。两汉都城在长安和洛阳，白虎作为符瑞，而且多为集中上报，这些所谓的白虎应该是在都城周边地区。因为周边地区的地方官员能比较快地知道朝廷的动态，从而做出有利于自己的判断。

秦汉时期，河南虎的分布也比较广。关于虎的记载，河南南部地区颇多，张衡《南都赋》记载南阳地区是"虎豹黄熊游其下"。汉安帝延光三年，"白虎二见颍川阳翟"③。《后汉书·周燮传》记载："（南阳冯良）年三十，为尉从佐。奉檄迎督邮，即路慨然，耻在厮役，因坏车杀马，毁裂衣冠，乃遁至犍为，从杜抚学。妻子求索，踪迹断绝。后乃见草中有败车死马，衣裳腐朽，谓为虎狼盗贼所害，发丧制服。积十许年，乃还乡里。"可见南阳周边地区虎狼较多。在洛阳附近，也有虎的活动，史书记载："世祖遣邓禹西征，送之于道。既返，因于野王猎。路见二老翁即禽，世祖问曰：'禽何向？'并举首西指，言：'杆中多虎，臣每即禽，虎亦即臣。大王勿往也。'"④ 刘秀送邓禹西征，距离不会太远，应当在洛阳附近，在这一地区的山林中，还有虎的存在。

---

①《太平广记·虎·汉景帝》。

②《宋书·符瑞志中》。

③《后汉书·安帝纪》。

④《太平御览·兽部三·虎上》引《汉皇德传》。

在河内郡的获嘉，东汉末年，也有老虎活动的记载，"明日视屯下，但见虎迹。臣辄部武猛都尉吕纳，将兵掩捉得生，辄行军法"①。

秦汉时期陕西记载老虎的地域比较多，在蓝田附近的终南山，李广在此打猎射虎。② 汉武帝在胡人面前夸耀中原地区野兽众多，"命右扶风发民入南山，西自褒斜，东至弘农，南驱汉中，张罗罔罴罘"，其收获的猎物之中就有虎豹之类的猛兽。③ 东汉时期，"崤、黾驿道多虎灾，行旅不通。昆为政三年，仁化大行，虎皆负子度河"④。这些虎渡河而去，其去向多是今河南地区，从中也可看出这一带虎的分布较多。

西汉时期，上林苑有虎圈，大概是用以豢养老虎等猛兽的地方。文帝时，"上登虎圈，问上林尉禽兽簿"⑤。虎圈豢养大型猛兽，管理官员才有可能知道其具体数量。李广的孙子李禹得罪了宦官，"上召禹，使刺虎，县下圈中，未至地，有诏引出之。禹从落中以剑斫绝累，欲刺虎。上壮之，遂救止焉"⑥。这里的"圈中"应该是虎圈。虎圈里的老虎应该是从周边地区捕获得来的，这从另外一个侧面反映出秦汉时期陕西附近老虎数量较多。

在山东，老虎在一些地方会危及老百姓的安全。琅邪姑幕人童恢在当地为官时，"民尝为虎所害，乃设槛捕之，生获二虎。恢闻而出，咒虎曰：'天生万物，唯人为贵。虎狼当食六畜，而残暴于人。王法杀人者死，伤人则论法。汝若是杀人者，当垂头服罪；自知非者，当号呼称冤。'一虎低头闭目，状如震惧，即时杀之。其一视恢鸣吼，踊跃自奋，遂令放释"⑦。

除了上述地方之外，在这一时期还有一些地方有关于虎的零星记载。李广在汉文帝时，"数从射猎，格杀猛兽"。其后，"广出猎，见草中石，以为虎而射之，中石没矢，视之，石也，他日射之，终不能入矣。广所居郡闻有虎，常自射

①《全三国文·武帝·掩获宋金生表》。

②《汉书·李广传》。

③《汉书·扬雄传下》。

④《后汉书·刘昆传》。

⑤《汉书·张释之传》。

⑥《汉书·李广传》。

⑦《后汉书·童恢传》。

之。及居右北平射虎，虎腾伤广，广亦射杀之"①。李广除了在右北平为官之外，还在陇西、北地、雁门等地做过地方官，从李广射虎的故事可以看出在现在的甘肃、山西一带当时的虎活动还是比较频繁的。西汉时期设有"武骑常侍"官职，这个官职的主要任务是，"车驾游猎，常从射猛兽"②。李广为郎时的职位应该是这个官职，这里所说的"猛兽"应该是指老虎之类的大型肉食动物。西汉帝王狩猎的范围无从可考，但汉武帝时有几次外出狩猎，汉武帝除了在陕西狩猎之外，还曾经"北出萧关，从数万骑行猎新秦中，以勒边兵而归。新秦中或千里无亭徼，于是诛北地太守以下，而令民得畜边县，官假马母，三岁而归，及息什一，以除告缗，用充入新秦中"③。"新秦中"在今天的鄂尔多斯一带，汉武帝的活动表明，从陕西至鄂尔多斯一带，有老虎等猛兽。

东北地区老虎分布广，数量多。《后汉书·东夷传》记载："濊……祠虎以为神。"濊统治区域在今天朝鲜东北部，与辽东接壤。"祠虎以为神"就是一种动物崇拜，这说明这些地区虎的数量较多。在东汉光武帝建武二十五年，"辽西乌桓大人郝旦等九百二十二人率众向化，诣阙朝贡，献奴婢牛马及弓虎豹貂皮"④。虎豹貂皮作为特产上贡，说明这一带这类物品比较多。

秦汉时期，湖南人烟稀少，但仍有虎活动的记载。《搜神记》记载："王业，字子香，汉和帝时为荆州刺史，每出行部，沐浴斋素，以祈于天地，当启佐愚心，无使有枉百姓。在州七年，惠风大行，苛慝不作，山无豺狼。卒于湘江，有二白虎，低头，曳尾，宿卫其侧。及丧去，虎逾州境，忽然不见。民共为立碑，号曰：湘江白虎墓。"⑤ 白虎可能是杜撰的，因为野生虎一般不会两只同时出现在相同的区域，但这一带有虎存在是有可能的。在长沙地区，东汉时期也出现有虎患的记载，"豫章刘陵，字孟高，为长沙安成长。先时多虎，百姓患之，徙他县。陵之官，修德政。逾月，虎悉出陵界，去民皆还"⑥。

---

①《汉书·李广传》。

②《宋书·百官下》。

③《汉书·食货志下》。

④《后汉书·乌桓传》。

⑤《搜神记》卷一一。

⑥《太平御览·兽部三·虎上》引谢承《后汉书》。

安徽合肥一带，老虎活动也很频繁，甚至危害老百姓的安全。《后汉书》记载，宋均"迁九江太守。郡多虎暴，数为民患，常募设槛阱而犹多伤害。均到，下记属县曰：'夫虎豹在山，鼋鼍在水，各有所托。且江淮之有猛兽，犹北土之有鸡豚也。今为民害，咎在残吏，而劳勤张捕，非忧恤之本也。其务退奸贪，思进忠善，可一去槛阱，除削课制。'其后传言虎相与东游度江"①。在宋均看来，"江淮之有猛兽"如同"北土之有鸡豚"，是十分常见的事情，这也表明在东汉时期，江淮地区虎的分布也是比较常见的。

秦汉时期有关湖北地区老虎活动的记载比较多，历史上湖北境内虎的分布地域很广。汉宣帝神爵元年（公元前61年），"南郡获白虎"②，这是秦汉魏晋南北朝时期唯一捕获的白虎，所以朝廷比较重视这个祥瑞。"南郡获白虎，献其皮、牙、爪，上为立祠。"③ 在汉代，南郡的管辖范围很大，包含现在湖北中西部和湖南一部分。④ 白虎的存在，从侧面可以反映出这一地区虎的分布较广。东汉法雄为南郡太守时，"断狱省少，户口益增。郡滨带江沔，又有云梦薮泽，永初中，多虎狼之暴，前太守赏募张捕，反为所害者甚众"⑤。这反映出东汉时期这一带虎的分布还是比较广的。

一般认为，一只成年虎需要20—100平方千米的森林栖息地才能活下来，故一个地方有野生老虎，此地方不仅要有连绵数十至成百平方千米的森林范围，还要具备提供老虎食物链上的其他大型野生动物的生态条件，也就是说某一个地方有老虎，说明此区域还有大片土地没有被利用。⑥

历史上将老虎对人的伤害称为虎患，或者虎暴等。一个地区虎患的出现与

①《后汉书·宋均传》。

②《汉书·宣帝纪》。

③《汉书·天文志》。

④《汉书·地理志》。

⑤《后汉书·法雄传》。

⑥ 韩昭庆：《贵州石漠化人为因素介入的起始界面试析》，王利华主编：《中国历史上的环境与社会》，三联出版社2007年版，第159页。

加剧，和该地人口的增长有着密切的关系。①

　　长沙地区很早就有北方移民。据葛剑雄先生的研究，关中、南阳等地区的北方移民，自西汉时期就逐渐移民到长沙国（包括今湖南大部，及湖北、贵州、广东、广西、江西一小部分）。这些移民大部分是下层平民和农民，历史记载并不详细。东汉永和二年人口统计数字表明，当时的长沙郡人口年增长率为11.6%，应该有大量的北方人口迁入。② 在今江西地区，东汉时期也吸收了大量移民。③ 我们可以看到，东汉时期出现虎患灾害的地区，如长沙安成、南郡以及九江等地，都是移民比较集中的地方。人口的增长，必然要对未开发的土地进行开发，这样就挤压了老虎的生存空间，人虎之间因为争夺生存空间就发生冲突，虎患自然出现了。

---

① 曾雄生：《虎耳如锯猜想》，王利华主编：《中国历史上的环境与社会》，三联出版社 2007 年版，第 548 页。

② 葛剑雄：《中国移民史》（第 1 卷），福建人民出版社 1997 年版，第 262—263、270 页。

③ 葛剑雄：《中国移民史》（第 1 卷），福建人民出版社 1997 年版，第 271 页。

第二节 鹿科动物的分布

我国是世界上鹿类动物分布较多的国家，现今存有鹿类动物 21 种，其中鹿上科动物 20 种，鼷鹿上科的鼷鹿 1 种，占全球鹿种总数的 40% 多。其中麝属和麂属的大部分种类，以及獐、毛冠鹿、白唇鹿等，均系中国特有或主要分布于中国境内。① 鹿是大型肉食动物虎、豹、豺、狼等的主要捕食对象，鹿生活的区域主要是在森林、丘陵、草原、沼泽等地。《淮南子·道应训》记载鹿活动的地点："是故石上不生五谷，秃山不游麋鹿，无所阴蔽隐也。" 故研究鹿分布的地域可以得知该地区环境的大致概况。

在秦汉之前，鹿科动物的分布很广。秦统一中国以后，人口逐渐增长，到西汉末年有近六千万，在很长时间内封建王朝的人口都没有超过这个数字。但是，人口分布是不平衡的。西汉末年，北方地区人口占 81%，而南方地区只有19%。人口的增长，必然伴随着土地的开发，导致森林与草原面积逐步减少。因此，北方地区，特别是中原地区，不少丘陵和平原被开垦，压缩了鹿存在的空间。鹿分布的空间比前代减少。

西汉时期，麋鹿在甘肃武功县是人们常见的猎物②，汉武帝在 "建元三年，微行始出，北至池阳，西至黄山，南猎长杨，东游宜春"。其狩猎的动物很多，"入山下驰射鹿豕狐兔，手格熊罴"，表明这一地区鹿分布很多。后来，汉武帝为了在胡人面前夸耀中原地区动物种类繁多，狩猎容易，曾这样说："命右扶风发民入南山，西自褒斜，东至弘农，南驱汉中，张罗罔罝罘，捕熊罴、豪猪、虎豹、狐菟、麋鹿，载以槛车，输长杨射熊馆。"③ 这说明在今陕

①蔡和林《中国鹿类动物》，华东师范大学出版 1992 年版，第 1 页。

②《史记·田叔列传·褚先生曰》。

③《汉书·扬雄传下》。

西等地，当时麋鹿分布广泛。在当时皇家狩猎的上林苑，有很多麋鹿，以至于出现了变异的品种白鹿。白鹿，是梅花鹿隐性白化基因发生突变的结果，出现概率极小。"是时禁苑有白鹿而少府多银锡……有司言曰：'古者皮币，诸侯以聘享。金有三等，黄金为上，白金为中，赤金为下。今半两钱法重四铢，而奸或盗摩钱质而取镕，钱益轻薄而物贵，则远方用币烦费不省。'乃以白鹿皮方尺，缘以缋，为皮币，值四十万。王侯、宗室朝觐、聘享，必以皮币荐璧，然后得行。"汉武帝接受了有关部门的建议，制造白鹿币。白鹿币使用的时间不长，究其原因，当时的大农颜异说："今王侯朝贺以仓璧，直数千，而其皮荐反四十万，本末不相称。"[1] 历史上皮币也曾作为等价物，如果白鹿币的数量稀少，其价值应该很高。白鹿币不值"四十万"，一个很重要的原因就是社会上的白鹿多，导致制造白鹿币的原料增多，故不值"四十万"。这也从另一个侧面反映出当时社会上鹿极多，只有鹿多了，才有可能导致基因变异而出现为数较多的白鹿。

《史记》卷一二《孝武本纪》卷二八《封禅书》记载汉武帝封禅时祭天的牺牲是牛、鹿、彘。"其牛色白，鹿居其中，彘在鹿中，水而洎之。"关于牺牲品种的选择，《淮南子》卷一三《氾论》记载："世俗言曰：'飨大高者，而彘为上牲；葬死人者，裘不可以藏；相戏以刃者，太祖𫐓其肘；枕户橉而卧者，鬼神蹢其首。'此皆不著于法令，而圣人之所不口传也。夫飨大高而彘为上牲者，非彘能贤于野兽麋鹿也，而神明独飨之，何也？以为彘者，家人所常畜，而易得之物也。故因其便以尊之。"民间牺牲用比较容易得来的彘，因为一般家庭都会养彘，而麋鹿需要通过狩猎来获得。汉武帝用牛、鹿、彘来作为牺牲，其中牛和彘都是比较容易得到的，鹿与其并列，表明当时的鹿还是比较常见的动物。

东汉时，鹿的分布也比较广泛。东汉流行谶纬之学，白鹿出现是"祥瑞"的标志，帝王圣明仁德才可能出现。《宋书·符瑞志》中说："白鹿，王者明惠及下则至。"所以，地方一旦捕获或者发现有白鹿，必定要上报朝廷。从东汉开始，这种行为形成了一种惯例。比如在汉章帝建初七年十月，"车驾西

---

①《汉书·食货志下》。

巡，得白鹿于临平观"，元和中，"白鹿见郡国"；① 岐山捕获过白鹿；② 扶风和阳翟都发现过白鹿；③ 永兴元年春二月，张掖言白鹿见。④ 可见在此时北方地区鹿的分布比较广。

麋也是鹿科动物。秦汉魏晋南北朝时期，麋的分布也比较广。麋俗称"四不象"，因其尾似驴非驴，蹄似牛非牛，面似马非马，角似鹿非鹿而有这个称谓。麋以青草、树叶和水生植物为食物，麋主要生活在温暖湿润的沼泽水域，甚至可以接触海水，衔食海藻。在历史上麋的分布范围很广，故也是古代狩猎的主要目标。由于麋和鹿的生活习性相似，所以文献多以麋鹿并提。

麋很早就被皇家苑林豢养，西汉时期，扶风地区人们外出狩猎时，也能捕获到麋。东汉末年，曹操讨伐张鲁时，在横山附近"夜有野麋数千突坏卫营，军大惊"⑤。这表明当时其地还有大量野生麋存在。

和虎的记载一样，这一时期记载的鹿科动物，也多分布在人口稠密的地域，在人烟稀少的地区，也应有大量鹿科动物存在。这种记载也表明，即使在人口比较稠密的地区，也有鹿科动物能够生存的植被环境。

由于这一时期鹿分布比较广，加之鹿比较温顺，不会主动攻击人类，所以在秦汉魏晋南北朝时期人类的社会生活中，鹿科动物扮演着重要的角色。首先是肥料上，鹿粪是常见的肥料，鹿骨也可以用来制造肥料。用鹿粪作为底肥来改造土壤，保持土壤肥力，提高作物产量的做法，在很早以前已经出现。《周礼·地官·草人》记载："草人掌土化之法以物地，相其宜而为之种。凡粪种，骍刚用牛，赤缇用羊，坟壤用麋，渴泽用鹿。"《汉官旧仪》记载："武帝时，使上林苑中奴婢，及天下贫民赀不满五千，徙至苑中养鹿。因收抚鹿矢，人日五钱，至元帝时七十亿万，以给军击匈奴。"上林苑的鹿矢被收集之后，应该作为肥料被出售了。后来，人们也用鹿骨等来制造肥料。《氾胜之书·溲种法》中记载："锉马骨牛羊猪麋鹿骨一斗，以雪汁三斗，煮之三沸。以汁渍

---

① 《宋书·符瑞志中》。

② 《后汉书·章帝纪》。

③ 《后汉书·安帝纪》。

④ 《后汉书·桓帝纪》。

⑤ 《三国志·魏书·张鲁传》。

附子，率汁一斗，附子五枚，渍之五日，去附子。捣麋鹿羊矢等分，置汁中熟挠和之。候晏温，又溲曝，状如后稷法，皆溲汁干乃止。若无骨者，缲蛹汁和溲。如此则以区种，大旱浇之，其收至亩百石以上，十倍于后稷。"这种制造肥料的方法一直沿用到南北朝时期，在《齐民要术》卷一《收种》之中，还记载有类似的方法。

其次，鹿肉是这一时期普通人家常见的肉食之一。在秦汉时期，由于鹿资源比较丰富，狩猎时容易捕获到鹿，鹿肉是社会上的主要肉食之一。在很多汉画像中，有射猎和食用鹿肉的图像。江苏泗洪重岗汉画像石墓中，在东壁田猎图中，就有两只田犬追逐两只奔鹿。[①] 根据马王堆汉墓《遣策》的记载，用鹿肉制作的菜肴很多。此外，还有鹿脯，就是用鹿肉制作的咸肉条或肉片。[②] 正因为鹿肉容易获得，在一般人眼中，鹿肉并不是什么美味佳肴。

不少史籍中记载了有关猎鹿的题材，"今有大夫、不更、簪袅、上造、公士，凡五人，共猎得五鹿。欲以爵次分之，问各得几何？答曰：大夫得一鹿三分鹿之二，不更得一鹿三分鹿之一，簪袅得一鹿，上造得三分鹿之二，公士得三分鹿之一"[③]。这些人去猎鹿，主要是为了获得肉食资源。

鹿科动物还可以入药。《神农本草经》记载了鹿科动物的药用价值。在卷上《兽》中记载："麝香，味辛温。主辟恶气，杀鬼精物，温疟，蛊毒，痫痉，去三虫。久服除邪，不梦寤厌寐。生川谷。"卷中《兽》也记载："鹿角，味甘温。主漏下恶血，寒热，惊痫，益气强志，生齿不老。角，主恶创痈肿，逐邪恶气，留血在阴中。"卷下《麋脂》说麋脂"味辛温。主痈肿，恶创，死肌，寒风，湿痹，四肢拘缓不收，风头，肿气，通腠理。一名官脂。生山谷"。正因为鹿角之类可以入药，所以地方官员常常把鹿角、麝香当作地方特产上贡。王彪之在《闽中赋》中说："药草则青珠黄连，奉柏决明。苁蓉鹿茸，漏芦松荣，痊疴则年永，练质则翰生。"[④] 应劭在为地方官时，"郡旧因计

① 尤振尧、周陆晓：《江苏泗洪重岗汉画象石墓》，《考古》1986 年第 7 期。

② 湖南省博物馆、中国科学院考古研究所：《长沙马王堆一号汉墓》，文物出版社

1973 年版，第 112—135 页。

③《九章算术·衰分》。

④《全晋文·王彪之·闽中赋》。

吏献药，阙而不修，惭悸交集，无辞自文。今道少通，谨遣五官孙艾贡茯苓十斤，紫芝六枝，鹿茸五斤，五味一斗，计吏发行，辄复表贡"①。应劭以高第出为营陵令，迁太山太守，他向朝廷上贡鹿茸估计是在其为太山太守时所为。

---

①《全后汉·应劭·贡药物表》。

第三节　犀牛和大象的分布

一、秦汉时期犀牛的分布与变迁

历史上，犀牛在中国分布比较广。根据甲骨文以及《山海经》等文献记载，在商周时期，西起东经 105°、北纬 37° 的屈吴山，经六盘山往东，过子午岭、中条山、太行山，直至泰山北侧，在此长达 1800 千米的地带，可视为三千多年前犀牛在中国分布的北界。[①] 春秋时期，在今山东、河南以及湖北等地有大量野生犀牛分布。

随着军事的需求以及土地的开发，到秦汉时期，野生犀牛范围分布逐渐缩小。《史记·货殖列传》记载："江南出楠、梓、姜、桂、金、锡、连、丹沙、犀、玳瑁、珠玑、齿革。"据《史记正义》记载："江南豫章、长沙二郡，并为楚。"《盐铁论》卷一《力耕》中说："珠玑犀象出于桂林。"卷七《崇礼》记载："夫犀象兕虎，南夷之所多也。"卷九《论勇》则说："世言强楚劲郑，有犀兕之甲，棠溪之铤也。"当时人们主要认为南方野生犀牛众多。

西汉时期，南方和今浙闽一带有野生犀牛，"粤地……今之苍梧、郁林、合浦……处近海，多犀、象、毒冒、珠玑、银、铜、果、布之凑，中国往商贾者多取富焉。番禺，其一都会也"[②]。刘濞叛乱前，苏建，"遗人通越繇王闽侯，遗以锦帛奇珍，繇王闽侯亦遗建荃、葛、珠玑、犀甲、翠羽、蹶熊奇兽，

---

① 王振堂等：《犀牛在中国灭绝与人口压力关系的初步分析》，《生态学报》1997年第 6 期；文焕然、何业恒：《中国野犀的地理分布及其演变》，《野生动物》1981 年第 1 期。

②《汉书·地理志下》。

数通使往来，约有急相助"①。"犀甲"应该是本地出产的。不过在《盐铁论》卷一《通有》中还说："今世俗坏而竞于淫靡，女极纤微，工极技巧，雕素朴而尚珍怪，钻山石而求金银，没深渊求珠玑，设机陷求犀象，张网罗求翡翠，求蛮、貊之物以眩中国。"则可见"设机陷求犀象"是一种比较普遍的行为，这里就暗示在中原等地区还分布有一些野生犀牛。据司马相如《子虚赋》记载，云梦地区，"其兽则庸旄貘牦，沈牛麈麋，赤首圜题，穷奇象犀"②。可见，西汉初年在云梦泽还有犀牛的存在。

随着西汉人口的增加，土地开垦以及气候等因素的变化，犀牛的分布范围又一次缩小。东汉时期，野生犀牛主要分布地区在西南和南方。在西南，哀牢出产"犀、象、猩猩、貊兽"③。平定孟获之乱后，李恢"徙其豪帅于成都，赋出叟、濮耕牛战马金银犀革，充继军资，于时费用不乏"④。《华阳国志·巴志》记载："（巴）其地，东至鱼复，西至僰道，北接汉中，南极黔涪。土植五谷。牲具六畜。桑、蚕、麻、苎、鱼、盐、铜、铁、丹、漆、茶、蜜、灵龟、巨犀、山鸡、白雉、黄润、鲜粉，皆纳贡之。"

由此，我们可以大致判断，秦汉时期，在淮河下游地区以及浙闽、云梦泽、西南一线还有野生犀牛。

二、秦汉时期野生大象的分布与变迁

我国野象分布面积极广，在 7000 年前，我国野象的分布曾北自河北阳原盆地，南达雷州半岛南端，东起长江三角洲的上海马桥附近，西至云南盈江县西的中缅国境线。野象曾在华北、华东、华中、华南、西南的广阔地区栖息繁衍，分布地区随着时光的流逝而减少。⑤

---

①《汉书·苏建传》。

②《汉书·司马相如传上》。

③《后汉书·南蛮西南夷传》。

④《三国志·蜀书·李恢传》。

⑤ 文焕然、文榕生：《再探历史时期中国野象的变迁》，《西南师范大学学报》（自然科学版）1990 年第 2 期。

秦汉时期，据《史记·货殖列传》记载，江南出产"齿革"，所谓"齿"就是指象牙，而江南则是指江淮地区。《汉书·司马相如传》记载，在楚地的云梦泽，"穷奇象犀"，则可知此地有象的分布。又《盐铁论》卷一《通有》说当时社会风气是"设机陷求犀象"，可见，当时象的分布比较广。此外，《华阳国志·蜀志》记载蜀地也产象。山东、河南以及江苏徐州汉画像石中，象奴持钩驯象图至少有九例，而连云港孔望山亦有圆雕象石。①

---

① 俞伟超、信立祥：《孔望山摩崖造像的年代考察》，《文物》1981 年第 7 期。

第四节 狩猎活动所反映的动物分布状况

秦汉魏晋南北朝时期各地动物繁多，故而狩猎成为人们日常生活的一部分。

对于帝王来说，他们拥有专门的狩猎场所——苑。《风俗通义》说："苑，蕴也。言薪蒸所蕴积也。"① 既然苑中林木众多，动物当然也不少。秦朝就有很多苑囿，《史记·滑稽列传》中记载："始皇尝议欲大苑囿，东至函谷关，西至雍、陈仓。优旃曰：'善。多纵禽兽于其中，寇从东方来，令麋鹿触之足矣。'始皇以故辍止。"按照秦始皇的扩张计划，这个苑囿应该很大，横跨现在的陕西和甘肃。虽然秦始皇的计划并没有付诸实施，但是他拥有的苑囿面积还是很大的。秦始皇的苑囿之中最著名的是位于渭南的上林苑。秦始皇上林苑中，"先作前殿阿房，东西五百步，南北五十丈，上可以坐万人，下可以建五丈旗"②。阿房宫建在上林苑中，可见上林苑面积比较大。秦二世还在上林苑狩猎③，可见建立阿房宫对上林苑的游猎功能并没有损伤。秦朝除了有著名的上林苑之外，史书记载还有埋葬秦二世的杜南宜春苑等。④

汉高祖刘邦占据关中之后，为了收买民心，下令"诸故秦苑囿园池，皆令人得田之"⑤。不过这个政策并没有执行多久，至少在上林苑没有实施。西汉建国后，上林苑又成为皇家主要狩猎场所之一，由于长安人多地少，萧何曾向汉高祖建议："长安地狭，上林中多空地，弃，愿令民得入田，毋收稾为禽

①《全后汉文·应劭·风俗通义》。

②《史记·秦始皇本纪》。

③《史记·李斯列传》。

④《史记·秦始皇本纪》。

⑤《史记·高祖本纪》。

兽食。"这个建议使得刘邦很生气,还一度把萧何投入监狱。史书记载:"上大怒曰:'相国多受贾人财物,为请吾苑!'乃下何廷尉,械系之。"①到了汉武帝时期,武帝好猎,"北至池阳,西至黄山,南猎长杨,东游宜春"。由于路途遥远,狩猎过程之中又毁坏百姓的庄稼,于是汉武帝打算"举籍阿城以南,盩厔以东,宜春以西,提封顷亩,乃其贾直,欲除以为上林苑,属之南山。又诏中尉、左右内史表属县草田,欲以偿鄠杜之民"②。由于大臣的反对,这个计划没有实行。不过,在汉武帝时代,上林苑还是得到了一定扩张,"武帝广开上林,南至宜春、鼎胡、御宿、昆吾,旁南山而西,至长杨、五柞,北绕黄山,濒渭而东,周袤数百里,穿昆明池象滇河,营建章、凤阙、神明、駊娑、渐台、泰液象海水周流方丈、瀛洲、蓬莱"③。终西汉一代,上林苑一直都是皇家重要的狩猎场所。

东汉定都洛阳之后,远在长安的上林苑还是一个皇家的狩猎场所,虽然"光武长于民间,颇达情伪,见稼穑艰难,百姓病害……损上林池籞之官,废骋望弋猎之事"④。但是东汉时期在上林苑还设置有专门的管理机构,"上林苑令一人,六百石。本注曰:主苑中禽兽。颇有民居,皆主之。捕得其兽送太官。丞、尉各一人"⑤。在东汉时期,上林苑仍然很庞大,马援由于奴仆众多,"乃上书求屯田上林苑中,(帝)许之"⑥。虽然洛阳至长安之间有不短的路程,但东汉皇帝还是常去上林苑狩猎,明帝在永平十五年,"冬,车骑校猎上林苑"⑦。安帝在延光二年,"十一月甲辰,校猎上林苑"⑧。汉顺帝也在永和四

---

①《汉书·萧何曹参传》。

②《汉书·吾丘寿王传》。

③《汉书·扬雄传上》。

④《后汉书·循吏列传》。

⑤《续后汉书·百官志三·少府》。

⑥《后汉书·马援传》。

⑦《后汉书·明帝纪》。

⑧《后汉书·安帝纪》。

年冬十月戊午，"校猎上林苑，历函谷关而还"①。汉桓帝多次到上林苑狩猎，永兴二年，"冬十一月甲辰，校猎上林苑，遂至函谷关"。"延熹元年冬十月，校猎广成，遂幸上林苑。"延熹六年，"冬十月丙辰，校猎广成，遂幸函谷关、上林苑"。②灵帝在光和五年十月，"校猎上林苑，历函谷关，遂巡狩于广成苑"③。（灵帝）上林苑面积广大，在饥荒时，准许百姓去采捕，甚至允许在苑内开垦土地，④和帝永元五年，朝廷下令："自京师离宫果园上林广成围悉以假贫民，恣得采捕，不收其税。己巳，诏上林、广成苑可垦辟者，赋与贫民。"⑤在延平元年，张禹向邓太后建议："方谅密静之时，不宜依常有事于苑囿。其广成、上林空地，宜用以假贫民。"后来，"太后从之"。上林苑存在时间很长，直到十六国时期，刘聪还在上林狩猎，"聪校猎上林，以帝行车骑将军，戎服执戟前导，行三驱之礼"⑥。不过毕竟洛阳距离上林苑有一段距离，皇帝去那里不方便。东汉时期在洛阳附近建立了广成苑，广成苑是东汉时期皇帝主要的狩猎场所，广成苑的规模无从可知。东汉末年，梁冀"又多拓林苑，禁同王家，西至弘农，东界荥阳，南极鲁阳，北达河、淇，包含山薮，远带丘荒，周旋封域，殆将千里"⑦。以梁冀苑林的规模，可知广成苑规模很庞大。所以，在饥荒之时，皇帝也允许饥民去广成苑采捕，甚至垦田。

除了广成苑之外，东汉还有西苑、鸿德苑、显阳苑等苑，灵帝还修筑了作毕圭、灵昆苑。⑧在汉灵帝大修园囿时，杨震后裔杨赐上书说道："窃闻使者并出，规度城南人田，欲以为苑。昔先王造囿，裁足以修三驱之礼，薪莱刍牧，皆悉往焉。先帝之制，左开鸿池，右作上林，不奢不约，以合礼中。今猥规郊城之地，以为苑囿，坏沃衍，废田园，驱居人，畜禽兽，殆非所谓'若

---

①《后汉书·顺冲质帝纪》。

②《后汉书·桓帝纪》。

③《后汉书·灵帝纪》。

④《后汉书·张禹传》。

⑤《后汉书·和帝纪》。

⑥《晋书·刘聪载记》。

⑦《后汉书·梁统传》。

⑧《后汉书·灵帝纪》。

保赤子'之义。今城外之苑已有五六,可以逞情意,顺四节也,宜惟夏禹卑宫,太宗露台之意,以尉下民之劳。"① 这些苑林虽不是主要的狩猎场所,但苑内动物也极多。

除了皇帝好猎之外,此时的诸多官员也好猎。秦汉之际,战事紧张,"陈余独与麾下所善数百人之河上泽中渔猎"②。西汉时期,在皇帝好猎的影响下,很多王侯也好猎,鲁王"好猎,相常从入苑中"③。梁孝王"东西驰猎,拟于天子"④。燕王刘旦也是"好星历、数术、倡优、射猎之事,招致游士"。刘旦"从相、中尉以下,勒车骑,发民会围,大猎文安县,以讲士马,须期日"⑤。昌邑王刘贺"好游猎,驱驰国中,动作亡节"⑥。除了诸侯王好猎之外,汉代的胶东王太后也好猎。⑦ 针对王室好猎之风,淮南王刘安一改常态,"为人好书,鼓琴,不喜弋猎狗马驰骋,亦欲以行阴德拊循百姓,流名誉"⑧。比起王室成员好猎之风,秦汉时期,一般官员很少能外出狩猎,朝廷中的诸多官员大多随皇帝外出狩猎,地方官员在地方上狩猎的情况并不多见,史书上记载的李广好猎,可能就是一个例外,这或许是李广长期得不到升迁的原因之一。

此外,狩猎也是普通民众的一项重要经济来源。历史上,除了游牧民族将狩猎活动当作极重要的食物补充方式之外,汉族等民族在一定时期也将狩猎作为重要的食物来源。西汉时期,"武功,扶风西界小邑也……邑中人民俱出猎,任安常为人分麋鹿雉兔,部署老小当壮剧易处"⑨。"邑中人民俱出猎",反映出狩猎活动成为人们日常生活中的一部分,当然,其目的就在于获得猎

①《后汉书·杨震传》。

②《史记·陈余列传》。

③《汉书·高五王传》。

④《史记·梁孝王世家》。

⑤《汉书·武五子传》。

⑥《汉书·王供传》。

⑦《汉书·张敞传》。

⑧《汉书·淮南衡山济北王传》。

⑨《史记·田叔列传》。

物。《汉书》中也记载了很多地方有狩猎的风俗。《汉书·地理志》记载："天水、陇西，山多林木，民以板为室屋。及安定、北地、上郡、西河，皆迫近戎狄，修习战备，高上气力，以射猎为先。""南阳……故其俗夸奢，上气力，好商贾渔猎，藏匿难制御也。""定襄、云中、五原，其民鄙朴，少礼文，好射猎。雁门亦同俗……""楚有江汉川泽山林之饶。江南地广，或火耕水耨。民食鱼稻，以渔猎山伐为业。"由此可见，在上述这些地区，狩猎经济是人们重要的经济来源之一。

狩猎经济在许多地区的百姓经济生活中占据着比较重要的地位。东汉时期，刘般就说过："郡国以官禁二业，至有田者不得渔捕。今滨江湖郡率少蚕桑，民资渔采，以助口实，且以冬春闲月，不妨农事。夫渔猎之利，为田除害，有助谷食，无关二业也。"[1] 刘般的话应该具有代表性，可以反映出这一时期社会的大致面貌，即渔猎比较常见。

---

[1]《后汉书·刘般传》。

第八章

秦汉时期的地貌与土壤

第一节 土壤的认识

秦汉时期，对土壤的认识有了一定的发展。郑玄指出："万物自生焉则曰土。"许慎在《说文解字·土部》中对"土"字的解释是："地之吐生物者也。二象地之下、地之中，物出形也。凡土之属皆从土。"就是说有土就有植物生长，有植物生长的地方叫作土。至于"壤"，郑玄指出："以人所耕而树艺焉，则曰壤。"树艺即栽培农作物。这也就是说，土经过耕种后变成了壤。而《说文解字·土部》则说："壤，柔土也。从土襄声。"即壤是柔软而疏松的，没有大块。此外《释名·释地》中也说："土，吐也。吐生万物也。已耕者曰田。田，填也。五稼填满其中也。壤，瀼也，肥濡意也。"即土为万物生长之地，壤是经过施肥等措施而变成的。不过，就整体而言，秦汉时期土壤分类并没有超过先秦。

秦汉时期，阴阳五行思想逐渐渗透到农学领域。在土壤分类方面，也出现了以五行为土壤分类的思想。《淮南子》卷三《地形训》中指出："何谓九州？东南神州曰农土，正南次州曰沃土，西南戎州曰滔土，正西弇州曰并土，正中冀州曰中土，西北台州曰肥土，正北泲州曰成土，东北薄州曰隐土，正东阳州曰申土……正土之气也，御乎埃天……偏土之气，御乎清天……壮土之气，御于赤天……弱土之气，御于白天……牝土之气，御于玄天。"这种土壤的分类方法，是为了迎合阴阳五行而拼凑的土壤分类，并不具备土壤分类的意义。①但这种思想对汉代的土壤分类方法产生了很大影响。《论衡》卷三《本性》中指出："九州岛田土之性，善恶不均。故有黄赤黑之别，上中下之差。水潦不同，故有清浊之流，东西南北之趋。"此外，《孝经援神契》中也认为："黄白

---

① 董恺忱、范楚玉主编：《中国科学技术史（农学卷）》，科学出版社 2000 年版，第 267 页。

宜种禾,黑坟宜种黍麦,苍赤宜种菽,污泉宜种稻。"① 成书于东汉末年的《释名·释地》提到:"地者,底也,其体底下载万物也,亦言谛也。五土所生,莫不信谛也。《易》谓之坤。坤,顺也,上顺干也。"《释名》中明确提出了"五土"的概念,并明确指出:"徐州贡土五色,有青黄赤白黑也。土青曰黎,似黎草色也。土黄而细密曰埴,埴腻也;黏如脂之腻也。土赤曰鼠肝,似鼠肝色也。土白曰漂,漂轻飞散也。土黑曰卢,卢然解散也。"五色与五行相对,可见阴阳五行思想对土壤分类的影响之大。秦汉时期,还依据土壤的不同性状,对土壤有不同的分类。《九章算术》卷五《商功》提及:"今有穿地积一万尺。问为坚、壤各几何? 答曰:为坚七千五百尺。为壤一万二千五百尺。术曰:穿地四,为壤五,为坚三,为墟四。以穿地求壤,五之;求坚,三之,皆四而一。以壤求穿,四之;求坚,三之,皆五而一。以坚求穿,四之;求壤,五之,皆三而一。"坚和壤是不同性质的土壤。此外,《说文解字》卷一三《土部》也提到不同类型的土壤。"垆","黑刚土也",是指一种石灰性黏土,并夹杂着许多石灰内核。黏土夹杂着礓砺硬块,所以是硬的。含石灰较多的黏土,比不含石灰的干时脆,亦即干时容易松散,而且夹杂着大粒的硬块,所以说它是疏的。"埴","黏土也",指黄泥,即黄色黏土。②"垶","赤刚土也",应指黄红黏质土。此外还有"坴","坚土也";"垂","坚土";等等。此外,在《氾胜之书》以及《四民月令》中还提及有"缓土"等概念。

土壤耕作方面,在先秦的基础上,秦汉时期又有了一定的发展。首先要及时耕种,提出"趣时和土"原则。《氾胜之书》中强调:"凡耕之本,在于趣时和土。务粪泽,早锄早获。春冻解,地气始通,土一和解。夏至,天气始暑,阴气始盛,土复解。夏至后九十日,昼夜分,天地气和。以此时耕田,一而当五,名曰膏泽,皆得时功。"所谓"趣时",就是要求抓紧耕作土壤的时机,耕作的目的在于"和土",即是通过改变耕作的手段,而有效改变土壤的结构,使得其透气性、疏松性以及含水性更好,进而更适合作物的生长。现代科学研究表明,土壤耕作时通过机械力,调节土壤肥力条件,充分发挥和利用

---

① 安居香山、中村璋八辑:《纬书集成》,河北人民出版社 1994 年版,第 962 页。

② 王思明、陈少华主编:《万国鼎文集》,中国农业科学技术出版社 2005 年版,第 164—166 页。

自然界中的水分、养分、空气和热量等肥力因素可以对作物生长发育产生有利的作用。耕作的实质就在于通过施行因时、因地、因作物制宜的耕作措施，创造一个良好的地表状态和耕层构造。因此，通过建立土壤中水、气、热因素和外界环境的动态平衡，控制土壤微生物的活动和生物化学活性，调节土壤机质的分解和积累，蓄水保墒，防止土壤被侵蚀，合理地翻埋肥料，创造适合作物发芽、出苗、生长发育的土壤条件，减轻病虫杂草对作物的危害，等等，可以提高土壤中能量和物质的转化效率。①

《氾胜之书》中强调合理耕作可以改变土壤的结构，使得强土和弱土之间可以转化。"春地气通，可耕坚硬强地黑垆土，辄平摩其块以生草，草生复耕之，天有小雨复耕和之，勿令有块以待时。所谓强土而弱之也。杏始华荣，辄耕轻土弱土。""望杏花落，复耕。耕辄蔺之。草生，有雨泽，耕重蔺之。土甚轻者，以牛羊践之。如此则土强。此谓弱土而强之也。"为了使耕后可以保墒，《氾胜之书》一再提及要把土块摩平，这样不仅可以使强土变弱，创造有利于作物发育的土壤条件；同时，也给及时播种提供了可能。这种措施是先进的，也是氾胜之以前的人所没有谈到过的。氾胜之在书中记载的区田法，有以下几个特点：第一，深挖作区，点播密植。第二，增施肥料，及时浇灌。《氾胜之书》特别提到"区田以粪气为美"，并认为：区田依靠肥料的力量，不一定要用好田。即使在高山、丘陵上，在靠近城镇的高危陡坡上，以及土堆、城墙上，都可以做成区田。在施肥方法上，区田法特别着重播前溲种和增施基肥。关于灌溉，书中强调"负水浇稼"。第三，加强田间管理。在这方面，区种法除应用大田栽培的一般原则外，在中耕方面，尤其重视随时松土除草，贯彻锄早，锄小，锄了，尽量多锄，有草就锄的方针。

秦汉时期，土宜论进一步发展。土宜论是我国传统土壤的基础之一。秦汉之后，人们对此有进一步的论述。《汉书·贾山传》中指出："地之硗者，虽有善种，不能生焉；江皋河濒，虽有恶种，无不猥大……故地之美者善养禾，君之仁者善养士。"

《淮南子·地形训》中提到："土地各以其类生，是故山气多男，泽气多女，障气多喑，风气多聋，林气多癃，木气多伛，岸下气多肿，石气多力，险

---

① 陈恩凤编著：《土壤肥力物质基础及其调控》，科学出版社 1990 年版，第 351 页。

阻气多瘿，暑气多夭，寒气多寿，谷气多痹，丘气多狂，衍气多仁，陵气多贪。轻土多利，重土多迟，清水音小，浊水音大，湍水人轻，迟水人重，中土多圣人。皆象其气，皆应其类……是故坚土人刚，弱土人肥，垆土人大，沙土人细，息土人美，耗土人丑……是故白水宜玉，黑水宜砥，青水宜碧，赤水宜丹，黄水宜金，清水宜龟，汾水蒙浊而宜麻，沸水通和而宜麦，河水中浊而宜菽，洛水轻利而宜禾，渭水多力而宜黍，汉水重安而宜竹，江水肥仁而宜稻。平土之人，慧而宜五谷东方川谷之所注……其地宜麦，多虎豹。南方，阳气之所积，暑湿居之……其地宜稻，多兕象。西方高土，川谷出焉，日月入焉……其地宜黍，多旄犀。北方幽晦不明，天之所闭也，寒冰之所积也，蛰虫之所伏也……其地宜菽，多犬马。中央四达，风气之所通，雨露之所会也……其地宜禾，多牛羊及六畜。"

不同的地方，由于水土不同，因而物产也不同。《史记·乐书》中提及："土敝则草木不长，水烦则鱼鳖不大，气衰则生物不育，世乱则礼废而乐淫。"《淮南子》卷九《主术训》中则要求针对不同的土壤种植不同的作物，"上因天时，下尽地财，中用人力，是以群生遂长，五谷蕃殖，教民养育六畜，以时种树，务修田畴，滋植桑麻，肥硗高下，各因其宜，丘陵阪险不生五谷者，以树竹木。春伐枯槁，夏取果蓏，秋畜疏食，冬伐薪蒸，以为民资"。

《氾胜之书》中提到，即使是同一块土地，也要根据土壤状况播种种子，"三月榆荚时有雨，高田可种大豆。土和无块，亩五升；土不和，则益之"。类似的观点在崔寔的《四民月令》也得以体现："凡种大小麦，得白露节，可种薄田；秋分，种中田；后十日种美田。"

刘向在《说苑》卷一七《杂言》中明确提出："非其地而树之，不生也。"即不同的土壤种植不同的农作物，如果农作物不适合该土壤，则作物不会生长。类似的观点在《论衡·量知》中也得以体现："地性生草，山性生木。如地种葵韭，山树枣栗，名曰美园茂林。"《春秋说题辞》中提及："高平者为原，下而平者为隰。平者和，故粟。下者隰，故宜麦。"①

此外《太平经》卷五四《使能无争讼法》中提到："天地之性，万物各自有宜。当任其所长，所能为，所不能为者，而不可强也；万物虽俱受阴阳之

---

① 安居香山、中村璋八辑：《纬书集成》，河北人民出版社 1994 年版，第 861 页。

气，比若鱼不能无水，游于高山之上，及其有水，无有高下，皆能游往；大木不能无土，生于江海之中。是以古者圣人明王之授事也，五土各取其所宜，乃其物得好且善，而各畅茂，国家为其得富，令宗庙重味而食，天下安平，无所疾苦，恶气休止，不行为害……如人不卜相其土地而种之，则万物不得成。"

《太平经》卷五五《知盛衰还年寿法》也强调："万物之生，各有可为设张，得其人自行，非其人自藏。凡事不得其人，不可强行；非其有，不可强取；非其土地，不可强种，种之不生，言种不良，内不得其处，安能久长？六极八方，各有所宜，其物皆见，事事不同。若金行在西，木行在东，各得其处则昌，失其处则消亡。故万物著于土地乃生，不能著于天；日月星历反著于天，乃能生光明。"

《太平经》中也强调按照土壤的性质播种农作物，否则"万物不成"，即要么不能生长，要么是产量较低。

土壤坚硬程度不同，对铁制农具的要求不同，要根据不同的土质制造不同的农具。《盐铁论·禁耕》提及："夫秦、楚、燕、齐，土力不同，刚柔异势，巨小之用，居句之宜，党殊俗易，各有所便。县官笼而一之，则铁器失其宜，而农民失其便。"

秦汉时期，和土理论也得到发展，它正是建立在土脉基础之上的。所谓和土，即是使土壤达到和的状态。和土就是使土壤刚柔适中，即所谓的"强土而弱之""弱土而强之"。即是指土壤处于整体性状的一种理想状态。土壤以松紧适度、形成团粒结构者为好，古人虽无团粒结构的概念，但对此已有所认识，而用"和"这样一个模糊的概念来表达这种认识。抽象模糊的哲学概念和具体细致的感性经验的结合，正是中国古代农学的明显特色之一。《吕氏春秋·任地》记载："凡耕之大方：力者欲柔，柔者欲力；息者欲劳，劳者欲息；棘者欲肥，肥者欲棘；急者欲缓，缓者欲急；湿者欲燥，燥者欲湿。"这里所追求的正是各种对立因子之间恰到好处的配合（结合）。"和土"，可以说已把上述原则都包括进去了，而力求使土壤达到刚柔、燥湿、肥瘠适中的最佳状态。这一概念虽然是模糊的，却包含了丰富的内涵。[①] "和土"的主要手段，就是要在合适的时间内反复耕种，以及采取"摩平"、施肥等手段。

---

① 李根蟠：《读〈氾胜之书〉札记》，《中国农史》1998 年第 4 期。

秦汉时期，人工改良土壤理论也得到发展。王充认为土壤具有"气脉"，"气"为土壤提供了生存的基础，离开了土壤，作物就失去了生存的基础。《论衡·道虚》中说："人之生也，以食为气；犹草木生以土为气矣。拔草木之根，使之离土，则枯而早死；闭人之口，使之不食，则饿而不寿矣。"这里的"气"，可以理解为作物生长的土壤、水分等条件。作物如果不能源源不断地从土壤中吸取养分，就如同"闭人之口，使之不食"，很容易失去营养而饿死。但土壤肥力状况可以通过人力而得以改变。《论衡·本性》中王充强调："夫肥沃墝埆，土地之本性也。肥而沃者性美，树稼丰茂；墝而埆者性恶，深耕细锄，厚加粪壤，勉致人功，以助地力，其树稼与彼肥沃者相似类也。地之高下，亦如此焉。以钁、锸凿地，以埤增下，则其下与高者齐。如复增钁、锸，则夫下者不徒齐者也，反更为高，而其高者反为下。"

这里王充强调，土壤自身就有肥沃和贫瘠之分。肥沃的土地，能"树稼丰茂"。土壤肥力好，也能提高粮食亩产量。《论衡·效力》中王充提到："地力盛者，草木畅茂，一亩之收，当中田五亩之分。"地力好坏，影响收成显著。如何提高地力呢？王充认为要"深耕细锄，厚加粪壤，勉致人功，以助地力"。研究表明，土壤的松紧度是土壤的重要物理性质之一，是土壤空隙性的具体表现，它密切地影响着土壤肥力因素的变化。在自然状况下，不同地区不同质地的土壤有其不同的松紧度；农作物的长期人为栽培和自然选择过程中，形成对土壤松紧度的要求有一定的适应范围……但依靠土壤本身来恢复与调节，必须经过一定作用过程和时间。所以，在实际生产中，必须以人为耕作措施加以松动和镇压，使其松紧状态适应作物的需要。深耕深松法是一项加厚土壤疏松层，改善结构状况的基本措施。深耕深松打破了坚实的犁底层，加厚了疏松层，增加了空隙度，降低了容量，改善了整个土体的通透性。通过深耕细锄，改变了土壤的物理性质，的确可以改变土壤的肥力。此外，多施肥，可以改变土壤的地力，这也是长期以来的一个措施。

《礼记·月令》中也有关于利用和保护土地资源的内容：一是因地制宜、合理利用土地资源，即"善相丘陵阪险、原隰，土地所宜，五谷所殖"。二是用地与养地相结合，以便永续利用，即"可以粪田畴，可以美土疆"。三是依时保护土地资源，如夏季"不动土功"，就是为了不破坏农作物生长；而冬季"无作土事"则是为了不使"土气上泄"，以免"诸蛰则死"，破坏了自然界的生态平衡。

此外，豆科植物根部的根瘤菌，有固定大气中氮素的能力，因此豆科植物在提高土壤肥力上具有重要的作用。《氾胜之书》中，提到瓜类和小豆间作的种植方法："又可种小豆子瓜中，亩四五升，其藿可卖。此法宜平地，瓜收亩万钱。"

秦汉时期，土壤耕作体系也进一步发展。先秦时期，土壤耕作属于"耕—耰"体系，它的特点是耕作对播种的依附，耕后即播，播后即耰—覆土、摩平；摩平只是覆土的一部分。这时牛耕尚未推广，耕就用耒耜，耰就用木榔头。秦汉时期，随着铁制农具和牛耕技术的推广，翻耕土地的能力大为增加，耕作不再依附播种，可以在播种前多次耕作，每次耕作后也可以摩平土地。《氾胜之书》记载："凡耕之本，在于趣时和土，务粪泽，早锄早获……春冻解，地气始通，土一和解。夏至，天气始暑，阴气始盛，土复解。夏至后九十日，昼夜分，天地气和。以此时耕田，一而当五，名曰膏泽，皆得时功……春地气通，可耕坚硬强地黑垆土，辄平摩其块以生草，草生复耕之，天有小雨复耕和之，勿令有块以待时。所谓强土而弱之也……杏始华荣，辄耕轻土弱土。望杏花落，复耕。耕辄蔺之。草生，有雨泽，耕重蔺之。土甚轻者，以牛羊践之。如此则土强。此谓弱土而强之也……凡麦田，常以五月耕，六月再耕，七月勿耕，谨摩平以待种时。五月耕，一当三。六月耕，一当再。若七月耕，五不当一。"

可见，《氾胜之书》中，耕作不仅强调春耕，而且强调夏耕和秋耕。特别是种麦的土地，可以耕作几次。这样，耕作已经独立于播种。耕作的目的，主要是改变土壤的结构，增加土壤肥力，即所谓的"以此时耕田，一而当五，名曰膏泽，皆得时功"。而现代研究表明，合理耕作，能够改变土壤肥力状况。耕作土壤时通过机械力，调节土壤肥力条件，充分发挥和利用自然界中水分、养分、空气和热量等肥力因素对作物生长发育（会产生）有利的作用。耕作的实质就在于通过施行因时、因地、因作物制宜的耕作措施，创造一个良好的地表状态和耕层构造。

第二节　地貌的变化

　　自汉武帝时期，西北边区的移民遍及朔方、五原、西河、安定、上郡、北地、陇西、天水、金城、武威、张掖、酒泉、敦煌诸郡，而以朔方、五原、金城及西河四郡最为集中。西北地区移民约有 82.5 万。他们从关东到西北要经过长途跋涉，自然条件和生活条件都很艰苦，开垦和定居需要较长时间，移民的成功率较低，罪犯尤其如此，因此移民人口增长率较低。但人口增长率即使按照年均 3‰计，到元始二年（公元 2 年），这 80 余万人的后裔已达 120 万。加上零星移民和罪犯，内地移民及其后裔至少有 150 万。① 与广阔区域相比，西北边区人口还是显得比较少，但居住相对集中。《汉书·晁错传》记载：“然令远方之卒守塞，一岁而更，不知胡人之能，不如选常居者，家室田作，且以备之。以便为之高城深堑，具蔺石，布渠答，复为一城其内，城间百五十岁。要害之处，通川之道，调立城邑，毋下千家，为中周虎落。先为室屋，具田器，乃募罪人及免徒复作令居之；不足，募以丁奴婢赎罪及输奴婢欲以拜爵者；不足，乃募民之欲往者。皆赐高爵，复其家。”可见，这些人都居住在所谓的城池里。这就决定了他们生产与生活的区域在城池及其周边地区。

　　这些人口所需要的粮食，如果单独依靠朝廷供应的话，将成为朝廷的负担，“中国缮道馈粮，远者三千，近者千余里，皆仰给大农。边兵不足，乃发武库、工官兵器以澹之。车骑马乏，县官钱少，买马难得，乃著令，令封君以下至三百石吏以上差出牝马天下亭，亭有畜字马，岁课息”②。所以，大部分粮食要靠自己解决，《汉书》卷二四《食货志》记载：“朔方亦穿溉渠。作者各数万人，历二三期而功未就，费亦各以巨万十数。”可见在鄂尔多斯地区为

---

① 葛剑雄：《中国移民史》（第二卷），福建人民出版社 1997 年版，第 153—154 页。

②《汉书·食货志》。

了发展农业，朝廷花了很大代价来修筑水利。秦汉时期，农业还处于粗放经营的阶段，当时人均耕种土地约为 10 市亩。① 因此，到元始二年，西北边区被开垦出来的耕地至少有 1500 万市亩，相当于是 1 万平方千米的土地。② 实际上，西汉时期，生活在这里的匈奴人已经有一定的农业基础，史书记载卫青追赶匈奴败军时，"至赵信城，得匈奴积粟食军。军留一日而还，悉烧其城余粟以归"③。匈奴 "屠贰师" 之后，"会连雨雪数月，畜产死，人民疫病，谷稼不熟，单于恐，为贰师立祠室"④。可见，匈奴在战国至西汉时期，农业已经有了一定的发展。然而，我们应该看到，匈奴的农业在经济生活之中毕竟只是一种补充作用，但对于西汉屯田士兵来说，这里的农业却是主要的经济支柱。更应该看到的是，由于这一时期，屯田士卒和移民相对集中，这也就意味着这一时期开垦的土地基本上是成片的，而且面积比较大。

土地开垦过程中，需要烧荒，需要将草原上的树木砍掉。生老病死需要消耗木材，建筑、军事等也要消耗木材。特别是军事，为了防备敌人突袭，要将城池周边地区的森林砍伐掉。这样，对当地植被环境会有很大破坏。⑤

在王莽后期以及东汉时期，由于中央政权弱化，鄂尔多斯地区的汉族人口大为减少，原有的耕地荒芜，水利设施废弃。而鄂尔多斯草原黑垆土下是古成风沙，在田地荒芜、水利设施废弃的情况之下，黑垆土层容易被风吹走，露出古成风沙层。一旦古成风沙层暴露，在风力的作用之下，其面积将会逐渐扩大，最后形成沙丘。

调查表明，河西地区汉代城市遗址中，民勤三角城遗址在汉末就被废弃

---

① 杨际平：《秦汉农业：精耕细作抑或粗放耕作》，《历史研究》2001 年第 4 期。

② 实际耕作面积应该远大于此，原因是西北地区移民都是青壮年，比 "五口之家" 的劳动力要充分，故而开垦土地更多。

③《汉书·卫青霍去病传》。

④《汉书·匈奴传上》。

⑤ 倪根金：《汉简所见西北垦区农业——兼论汉代居延垦区衰落之原因》，《中国农史》1993 年第 4 期。

了，① 表明这一地区在汉代就出现了小规模的土地沙化，城址不得不被后人废弃。

相似的情景也出现在额济纳的居延地区。汉武帝打败匈奴后，在居延地设重兵，防止匈奴南下。由于无法从内地运来大量粮食，只能就地垦荒，解决粮食问题。由于建筑、生活、生产与军事的需要，居延垦区周边地区的森林与草原遭到严重的破坏。此时的居延垦区中心位于弱水下游左岸。不过从唐代以后，垦区的中心逐渐转向弱水下游的上段。在一般情况下，在老区开垦土地继续耕种，要比开垦新的耕地容易得多，利用原有的水利灌溉，可以节省许多人力物力。唐代拒绝利用汉代的老垦区，其主要原因是汉代老垦区无法继续利用，只有开垦新的垦区。汉代老垦区无法继续耕作，是土地严重退化、恶化的结果。造成土地退化、恶化的主要原因，是在垦区内出现了严重的沙漠化现象。②

军事需要，对于原始地貌的影响也是比较大的。军事行动要求砍伐森林；防守的需要，也需砍伐大量森林。但对当地地貌影响最大的应该是所谓的"天田"制度。晁错曾经建议说："要害之处，通川之道，调立城邑，毋下千家，为中周虎落。"③ 何为"虎落"，苏林注释说："作虎落于塞要下。以沙布其表。且视其迹。以知匈奴来人。一名天田。"颜师古认为苏林的理解是错误的，应该是"以竹篾相连遮落之也"④。不过，出土汉简表明，苏林的解释是正确的。"天田"是汉塞地区为了调查人员出入情况的一种设施。具体方法是将一定宽度的地表锄松软，或在一定的地带上铺以细沙。人马过之，必然在其上留下足痕。戍卒则以之痕迹判断是否有人偷越边塞，即汉简文书中的"日迹"。若发现有痕迹，则要判断是人、是马，或是野骆驼；若为偷越情况，不仅要查清出入情况，还要及时上报，备协查。⑤ 汉简中有关"天田"的记载颇多，"卒□汉癸卯日迹尽壬子，积十日毋人马兰越塞天田出入迹，凡积卅日。

---

① 程弘毅：《河西地区历史时期沙漠化研究》，兰州大学 2007 年博士论文，第 120 页。

② 景爱：《沙漠考古》，紫禁城出版社 2002 年版，第 229 页。

③《汉书·晁错传》。

④《汉书·晁错传》。

⑤ 汪桂海：《简牍所见汉代边塞徼巡制度》，《中国边疆史研究》2006 年第 3 期。

（E. P. T43：32）"，"毋兰越塞天田出入迹（E. P. T51：206）"，"凡迹积卅日毋人马兰越天田出入迹（E. P. T51：211）"。① "天田"要保持发挥其作用，必然要定期处理，使之保持平整，故居延士卒中有人专门从事"除沙"工作，其中规模最大的一次"除沙"记载为"三月甲辰，卒十四人，其一人养，定作十三人。除沙三千七百五十石。率人除二百九十石。于此六万六千五百六十石（E. P. T51：117）"。② 如此大规模地除沙，可知当时居延周边地区已经有了较大面积的沙化区。

生活的需要和军事建筑的需要，也要大量取土烧制砖块或者日常生活用品。居延汉简中有大量"作墼"之类的记载，"作墼"就是制砖。"更始二年二月吏卒墼治（E. P. T43：94）"，"关门墼五百 治墼五百（E. P. T48：18A）"，"其一百一十五步沙不可作垣松墼（E. P. T57：77）"。③ "第二隧卒司马忠 治墼八十 治墼八十 治墼八十除土除□（27·8）……第五隧卒高登治墼□□ 治墼八十 治墼八十除土（27·12）"，"墼广八寸厚六寸长尺八寸一枚用土八斗水二斗二升（187·6，187·25）"，"卒卅七人 其二病 十四人作墼 辛亥 三人养 九人画沙 定作卅二人 九人累土（306·21）"，"第十燧卒史谭 案墼……（525·4）"。④ 烧砖取土，破坏了地表土层，势必使一部分深层易风化土壤失去表层土的保护而暴露在日晒与大风中，使这一地区出现沙化。

---

① 甘肃省文物考古研究所等编：《居延新简：甲渠候官与第四燧》，文物出版社1990年版，第102、189、190页。

② 甘肃省文物考古研究所等编：《居延新简：甲渠候官与第四燧》，文物出版社1990年版，第180页。

③ 甘肃省文物考古研究所等编：《居延新简：甲渠候官与第四燧》，文物出版社1990年版，第107、132、343页。

④ 谢桂华等：《居延汉简释文合校》，文物出版社1987年版，第41、298、502、643页。

第九章　秦汉时期的环境意识与环境保护

第一节　自然崇拜

自然崇拜可以说是人类早期的主要信仰之一，一般可分为四类：一是日月星辰风雨雷电崇拜，二是山岳崇拜，三是河流崇拜，四是动植物崇拜。

一、日月星辰风雨雷电崇拜

人间万事万物的变化，会通过天空中星辰的变化体现出来，这种思想自古有之。《汉书·天文志》指出："其（指天文）伏见早晚，邪正存亡，虚实阔狭，及五星所行，合散犯守，陵历斗食，彗孛飞流，日月薄食，晕适背穴，抱珥虹蜺，迅雷风袄，怪云变气：此皆阴阳之精，其本在地，而上发于天者也。政失于此，则变见于彼，犹景之象形，乡之应声。是以明君睹之而寤，饬身正事，思其咎谢，则祸除而福至，自然之符也。"将天文现象与人间祸福联系起来，这是产生日月星辰崇拜的原因之一。《汉书·天文志》中将星宿的变化与人间的各种现象联系起来，这种思想基本上贯穿了中国历史的大部分时期，历代《天文志》基本都继承了这种思想。比如："汉元年十月，五星聚于东井，以历推之，从岁星也。此高皇帝受命之符也。"在这种思想基础上，产生了各种占星术。占星术是将天上星象与人间事务对应在一起，将天上的无数星星与人间的芸芸众生相对应。俗语"文曲星"下凡就是这种逻辑。一个明显的例子就是严光和光武帝的故事，"因共偃卧，光以足加帝腹上。明日，太史奏客星犯御坐甚急。帝笑曰：'朕故人严子陵共卧耳。'"[①]可见，在东汉初年人们就已将星宿与人事对应起来，形成比较典型的星宿崇拜。

星宿崇拜的流行，使得社会上出现诸多占星的书籍。《汉书·艺文志》记

---

① 《后汉书·严光传》。

载这一时期比较流行的书籍有《汉五星彗客行事占验》八卷、《汉流星行事占验》八卷、《海中星占验》十二卷、《海中五星经杂事》二十二卷、《海中五星顺逆》二十八卷、《海中二十八宿国分》二十八卷、《海中二十八宿臣分》二十八卷、《海中日月彗虹杂占》十八卷。这些书多是秦汉以来占星经验的总结。

在古代，风雨雷电被认为是很神秘的事情，人们相信冥冥之中有某种神秘的力量来主导。如果上天对人类有什么不满，会通过这些天象来显示；如果人类要五谷丰登，必须祈求这些神灵的保护。《汉书·天文志下》记载："思心之不睿，是谓不圣，厥咎霿，厥罚恒风，厥极凶短折。"也就是说，如果统治者没有很好地管理百姓，上天就会惩罚他们。"雨旱寒奥，亦以风为本，四气皆乱，故其罚常风也。常风伤物，故其极凶短折也。"同样的道理，也会通过雨雷风等现象来警示统治者。

在农业社会里，雨水关系着农业收成，故雨师在中国古代很受崇拜，国家经常要举行雩礼来求雨。《周礼·春官·大宗伯》中就有对雨神的祭祀。《续后汉书》卷五《仪礼志》记载雩礼的程序为："自立春至立夏尽立秋，郡国上雨泽。若少，郡县各扫除社稷；其旱也，公卿官长以次行雩礼求雨。闭诸阳，衣皂，兴土龙，立土人舞僮二佾，七日一变如故事。反拘朱索萦社，伐朱鼓。祷赛以少牢如礼。"这种崇拜其实就是雨神崇拜。

二、山川崇拜

山川崇拜起源很早，古代人认为山川都有灵性，需要时常祭祀。秦朝时期，秦始皇统一六国后的第三年，"东巡郡县，祠驺峄山，于是始皇遂东游海上，行礼祠名山大川及八神，求仙人羡门之属"。秦始皇对自然之神顶礼膜拜，对人物神灵则并不客气，最典型的是在南巡渡湘江时，"逢大风，几不得渡。上问博士曰：'湘君神？'博士对曰：'闻之，尧女，舜之妻，而葬此。'于是始皇大怒，使刑徒三千人皆伐湘山树，赭其山"。秦始皇对湘君神还是很尊重的，但对作为地方人物神灵的尧女并不尊重。汉朝时期，汉高祖曾经下令："吾甚重祠而敬祭。今上帝之祭及山川诸神当祠者，各以其时礼祠之如故。"后来，朝廷对自然之神祭祀的范围有所扩大，"始名山、大川在诸侯，诸侯祝各自奉祠，天子官不领。及齐、淮南国废，令太祝尽以岁时致礼如故"。制诏太常："夫江海，百川之大者也，今阙焉无祠。其令祠官以礼为岁事，以四时祠江海洛水，祈为天下丰年焉。自是五岳、四渎皆有常礼……唯泰山与河岁五祠，江水四，余皆一祷而三祠云。"①

东汉时期祭祀时，"中岳在未，四岳各在其方孟辰之地，中营内。海在东；西渎河西，济北，淮来，江南；他山川各如其方，皆在外营内。四陛□及中外营门封神如南郊。地祇、高后用犊各一头，五岳共牛一头，海、四渎共牛一头，群神共二头。奏乐亦如南郊。既送神，瘗俎实于坛北"。祭祀的过程则是"五岳、四渎、山川、宗庙、社稷诸沾秩祠，皆袀玄长冠，五郊各如方色云。百官不执事，各服常冠袀玄以从"②。

秦汉时期，国家祭祀的山川神灵主要是五岳和四渎以及地方上有名气的山川。东汉时期，国家祭祀山川范围有所扩大，汉质帝时期发生干旱，质帝要求"郡国有名山大泽能兴云雨者，二千石长吏各洁斋请祷，谒诚尽礼"③。汉质帝这道命令，承认了地方山川崇拜的合法化，将民间祭祀纳入到国家祭祀的体制之中，进而扩大了山川祭祀的对象。

① 《汉书·郊祀志下》。
② 《后汉书·舆服志》。
③ 《后汉书·顺冲质帝纪》。

第二节 秦汉时期的自然观

一、《黄帝内经》所反映的自然观

《黄帝内经》成书于秦汉时期，它不仅是一部医学著作，而且涉及哲学、生态等各个方面。《黄帝内经》一书，非常强调人与自然的统一。

人与自然是统一的。《素问·六节藏象论》里面说："天食人以五气，地食人以五味。"《灵枢·邪客》中提及"人与天地相应也"。《灵枢·岁露》中说："人与天地相参，与日月相应也。"《黄帝内经·素问·宝命全形论》认为人和宇宙万物一样，是禀受天地之气而生，按照四时的法则而生长的，"人以天地之气生，四时之法成……夫人生于地，悬命于天，天地合气，命之曰人。人能应四时者，天地为之父母；知万物者，谓之天子。天有阴阳，人有十二节；天有寒暑，人有虚实。能经天地阴阳之化者，不失四时；知十二节之理者，圣智不能欺也；能存八动之变，五胜更立，能达虚实之数者，独出独入，呿吟至微，秋毫在目"。

人体内的环境与自然界环境有一致性。《灵枢·五癃津液别》中说："天暑衣厚则腠理开，故汗出，寒留于分肉之间，聚沫则为痛；天寒由腠理闭，气湿不行，水下留于膀胱，则为溺与气。"《素问·阴阳别论》中说："四经应四时，十二从应十二月，十二月应十二脉。"也强调人体与自然的一致性。不同的自然环境有不同的疾病。地理环境不同，疾病也不一样，东南西北方由于自然条件导致生活条件不同，故所得疾病不一样。《素问·异法方宜论》中指出："东方之域，鱼盐之地，海滨傍水，其民皆黑色疏理。西方者，金玉之域，沙石之处，其民华食而脂肥。北方者，其地高陵居，风寒冰冽，其民乐野处而乳食。南方者，其地下，水土弱，雾露之所聚也，故其民皆致理而赤色……东方之域，其民皆病痈疡，西方者，其病生于内。北方者，藏寒生满病，南方者，其病挛痹。中央者，其病多痿厥寒热。"地理环境也影响人们的寿命。《素问·五常政大论》中说："一州之气，生化寿夭不同，其何故也？岐伯对曰：高下之理，地势使然也，高者其气寿，低者其气夭。"可见地理环境与人类的生理密切相关。

不同的季节人体有不同的变化。不同的季节，人体的气血分布也不同，"春气在经脉，夏气在孙络，长夏气在肌肉，秋气在皮肤，冬气在骨髓中"。《素问·诊要经终论》强调："正月、二月，天气始方，地气始发，人气在肝；三月、四月，天气正方，地气定发，人气在脾；五月、六月，天气盛，地气高，人气在头；七月、八月，阴气始杀，人气在肺；九月、十月，阴气始冰，地气始闭，人气在心；十一月、十二月，冰复，地气合，人气在肾。"不同的日照强度对人体的影响也不一样。《素问·脉要精微论》则说："万物之外，六合之内，天地之变，阴阳之应，彼春之暖，为夏之暑，彼秋之忿，为冬之怒。四变之动，脉与之上下。""平旦人气生，日中阳气隆，日西而阳气正虚，气门乃闭。"气候剧烈变化也会影响肌体，《素问·生气通天论》记载："春伤于风，邪气留连，乃为洞泄。夏伤于暑，秋为痎疟，秋伤于湿，上逆为咳。发为痿厥。冬伤于寒，春必温病。四时之气，更伤五藏。"

在自然面前，《黄帝内经》强调要法阴阳。《素问·阴阳应象大论》指出："阳胜则身热，腠理闭，喘粗为之俯仰，汗不出而热，齿干以烦冤，腹满死，能冬不能夏。阴胜则身寒汗出，身常清，数栗而寒，寒则厥，厥则腹满死，能夏不能冬。此阴阳更胜之变，病之形能也。"依据四季变化来实行养身之道，《素问·四气调神大论》强调："春三月，此为发陈。天地俱生，万物以荣，夜卧早起，广步于庭，被发缓形，以使志生，生而勿杀，予而勿夺，赏而勿罚，此春气之应，养生之道也；逆之则伤肝，夏为实寒变，奉长者少。"夏秋冬时节养生与该季节的变化一致。如果不一致，就会出现："逆春气，则少阳不生，肝气内变。逆夏气，则太阳不长，心气内洞。逆秋气，则太阴不收，肺气焦满。逆冬气，则少阴不藏，肾气独沉。"因此要求按照自然变化调节养生之道，"故阴阳四时者，万物之终始也，死生之本也。逆之则灾害生，从之则苛疾不起"。《素问·生气通天论》强调要顺阴阳天地之气，"天地之间，六合之内，其气九州、九窍、五脏十二节，皆通乎天气。其生五，其气三，数犯此者，则邪气伤人，此寿命之本也"。根据四时的不同来治疗不同的疾病，《素问·阴阳应象大论》讲："阴阳者，天地之道也，万物之纲纪，变化之父母，生杀之本始，神明之府也……天有四时五行，以生长收藏，以生寒暑燥湿风。人有五脏化五气，以生喜怒悲忧恐……故治不法天之纪，不用地之理，则灾害至矣。"

总之，《黄帝内经》体现了强烈的人与天地相应的自然观，这种天人相应的观点成为中医的理论基础之一。

二、《淮南子》的自然观

《淮南子》的自然观，继承了先秦老庄的自然观，在此基础上又有所超越。《淮南子》认为，人类是自然的一部分，人也是物的一种，"吾处于天下也，亦为一物矣，不识天下之以我备其物与？且惟无我而物无不备者乎？然则我亦物也，物亦物也，物之与物也，又何以相物也？"①

人类与自然密不可分，自然与人类之间存在某种对应关系。"故头之圆也象天，足之方也象地。天有四时、五行、九解、三百六十六日，人亦有四支、五藏、九窍、三百六十六节。天有风雨寒暑，人亦有取与喜怒。故胆为云，肺为气，肝为风，肾为雨，脾为雷，以与天地相参也，而心为之主。是故耳目者，日月也；血气者，风雨也。日中有踆乌，而月中有蟾蜍。日月失其行，薄蚀无光；风雨非其时，毁折生灾；五星失其行，州国受殃。夫天地之道，至纮以大，尚犹节其章光，爱其神明，人之耳目曷能久熏劳而不息乎？"②

自然有自然的属性，故要任其自然发展。"天致其高，地致其厚，月照其夜，日照其昼，阴阳化，列星朗，非其道而物自然。故阴阳四时，非生万物也；雨露时降，非养草木也。神明接，阴阳和，而万物生矣。故高山深林，非为虎豹也；大木茂枝，非为飞鸟也；流源千里，渊深百仞，非为蛟龙也。致其高崇，成其广大，山居木栖，巢枝穴藏，水潜陆行，各得其所宁焉。"③

人类要依据自然属性去利用自然，因地制宜。"其导万民也，水处者渔，山处者木，谷处者牧，陆处者农。地宜其事，事宜其械，械宜其用，用宜其

①《淮南子·精神训》。

②《淮南子·精神训》。

③《淮南子·泰族训》。

人，泽皋织网，陵阪耕田，得以所有易所无，以所工易所拙。"① "禹决江疏河，以为天下兴利，而不能使水西流；稷辟土垦草，以为百姓力农，然不能使禾冬生。"统治者的政策，也要与自然变化一致。"王者，法阴阳……阴阳者，承天地之和，形万殊之体，含气化物，以成埒类，赢缩卷舒，沦于不测，终始虚满，转于无原……法阴阳者，德与天地参，明与日月并，精与鬼神总，戴圆履方，抱表怀绳，内能治身，外能得人，发号施令，天下莫不从风。"② 只有这样，才能实行有效统治。

此外，自然之间也存在某种联系。"川竭而谷虚，丘夷而渊塞，唇竭而齿寒，河水之深，其壤在山。"③ "故玉在山而草木润，渊生珠而岸不枯。水广者鱼大，山高者木修……欲致鱼者先通水，欲致鸟者先树木。水积而鱼聚，木茂而鸟集。"④ 自然界之中的相互联系，要求人们认识到破坏自然环境的后果是很严重的，而要维持自然界的平衡，则需要多方面的努力。

三、董仲舒的自然观

董仲舒是儒学发展史上里程碑式的人物。董仲舒将儒家学说和传统的阴阳学说结合，形成了天人感应之说。这种学说包括三个方面的内容，即天人相合、天人感应、人参天地三个递进的命题。其中，天人相合是基础，天人感应是核心，人参天地是结果。董仲舒认为："地出云为雨，起气为风，风雨者，地之所为，地不敢有其功名，必上之于天，命若从天气者，故曰天风天雨也，莫曰地风地雨也；勤劳在地，名一归于天，非至有义，其庸能行此；故下事上，如地事天也，可谓大忠矣。土者，火之子也，五行莫贵于土，土之于四时，无所命者，不与火分功名；木名春，火名夏，金名秋，水名冬，忠臣之义，孝子之行取之土；土者，五行最贵者也，其义不可以加矣。五声莫贵于

①《淮南子·齐俗训》。

②《淮南子·本经训》。

③《淮南子·说林训》。

④《淮南子·说山训》。

宫，五味莫美于甘，五色莫盛于黄，此谓孝者地之义也。"① 在这里，董仲舒从类别上把人和自然对应起来，认为人与自然相对应。除此之外，董仲舒还指出："人之形体，化天数而成；人之血气，化天志而仁；人之德行，化天理而义；人之好恶，化天之暖清；人之喜怒，化天之寒暑；人之受命，化天之四时；人生有喜怒哀乐之答，春秋冬夏之类也。喜，春之答也；怒，秋之答也；乐，夏之答也；哀，冬之答也。天之副在乎人，人之情性有由天者矣，故曰受，由天之号也。"② 人的喜怒哀乐与春夏秋冬对应，从而证明人和自然是一致的。自然与人之中，自然是占主导地位的，"人受命于天，有善善恶恶之性，可养而不可改，可豫而不可去，若形体之可肥䐿而不可得革也"③。但人的活动，特别是君主的活动可以影响到上天，如果人君不仁，上天就会用灾异来惩罚；如果人君勤政爱民，上天就会降祥瑞，并使风调雨顺、五谷丰登。这种思想影响了中国几千年的政治文化以及民间信仰。自汉武帝到东汉时期，每当发生自然灾害，国君就自责或者贬三公；北魏时期皇帝也常采取不食或者减膳的手段来应对所谓的"天谴"。后世的皇帝虽然没有这么极端，但也会采取一些象征性的措施来应对自然灾害。

东汉时期的儒家经典《白虎通义》，基本上继承了董仲舒的观点。《白虎通义·三纲六常》中提出："三纲者何谓也？谓君臣、父子、夫妇也。六纪者，谓诸父、兄弟、族人、诸舅、师长、朋友也。故君为臣纲，夫为妻纲。"为什么会有这种情况呢？其原因是"三纲法天、地、人，六纪法六合。君臣法天，取象日月屈信归功天也。父子法地，取象五行转相生也。夫妇法人，取象人合阴阳有施化端也"。《白虎通义·封公侯》指出："男不离父母何法？法火不离木也。女离父母何法？法水流去金也。娶妻亲迎何法？法日入，阳下阴也。君让臣何法？法月三十日，名其功也。善称君、过称己何法？法阴阳共叙共生，阳名生，阴名煞。臣有功归于君何法？法归明于日也。臣法君何法？法金正木也。子谏父何法？法火揉直木也。臣谏君不从则去何法？法水润下、达于上也。君子远子近孙何法？法木远火近土也。亲属臣谏不相去何法？法水木

———————————

① 《春秋繁露·五行对》。

② 《春秋繁露·为人者天》。

③ 《春秋繁露·玉杯》。

枝叶不离也。父为子隐何法？法木之藏火也。子为父隐何法？法水逃金也。君有众民何法？法天有众星也。王者赐先亲近、后疏远何法？法天雨，高者先得之也。"这些基本上把天道与人道联系起来。由于东汉时期将自然现象与人间世态联系起来，所以这一时期谶纬思想十分流行。

四、道教的自然观

东汉末年，道教兴起，并成为日后影响中国社会的主要思想之一。成书于东汉末年的《太平经》是道教的早期经典。在这部著作中，道教形成了自己的自然观。在道教看来，人与自然是统一的，"夫天地中和凡三气，内相与共为一家。反共治生，共养万物。天者主生，称父；地者主养，称母；人者主治理之，称子。父当主教化以时节，母主随父所为养之，子者生受命于父，见养食于母，为子乃当敬事其父而爱其母"①。"夫天地人三统，相续而立，相形而成。比若人有头足腹身，一统凶灭，三统反俱毁灭。"② 天地人是相互统一的，天地如同人的父母，故而要尊敬对待；天地又如人的头足和躯干，缺少天地，人不能独存在于世界之中。既然天地人相互统一，因而天地之中的万事万物都有着同等的生存权利。"大道消竭，天气不能常随护视之，因而饥渴。天为生饮食，亦当传阴阳统，故有雄雌，世世相生不绝。绝其食饮，与阴阳不相传，天下无岐行之属，此二大急者也。其一小急者，有毛羽鳞亦活，但倮虫亦生活。但有毛羽者，恒善可爱，御寒暑；有鳞者，恒御害，非必须而生也，故为小急也。其余凡行，悉祸处也。不守此三本。无故妄行，悉得死焉，此自然悬于天地法也。真人宜思其意，守此三行者，与天地中和相得；失此三而多端者，悉被凶害也……物须雨而生，是其饮食也。须得昼夜，壹暴壹阴，昼则阳气为暖，夜则阴气为润，乃得生长，居其处，是其合阴阳也。垂枝布叶，是其衣服也。其物多叶亦生，少叶亦生，是其质文也。故无时雨，则天下万物不生也，天下无一物，则大凶也，是一大急也。不得昼夜合阴阳气，物无以得成也，天下无成实物，则大凶，是二大急也。物疏叶亦实，数叶亦实，俱实，不

---

① 《太平经合校·起土出书诀》。

② 《太平经合校·万二千国始火气诀》。

必当数叶也，是其小急也。实者，是其核也。"①《太平经》认为，动植物和人一样，也要需要阴阳、饮食才能生存与发展，也需要经过昼夜变化才能生长。所以人类要遵循动植物的这种习性，否则就是"大凶"与"大急"。自然和人类又是对应的，"天须地乃有所生，地须天乃有所成。春夏须秋冬，昼须夜，君须臣，乃能成治。臣须君，乃能行其事。故甲须乙，子须丑，皆相成"②。

人类的一些活动，会破坏人与自然的关系，故导致灾异的发生。"天地乃是四时五行之父母也，四时五行不尽力供养天地所欲生，为不孝之子，其岁少善物，为凶年。人亦天地之子也，子不慎力养天地所为，名为不孝之子也"③。此外，如果不能使自然界中的物种得到保全和生长，将会使人类变得贫困不堪。"万二千物俱出，地养之不中伤，为地富；不而善养令小伤，为地小贫；大伤，为地大贫；善物畏见，伤于地形，而不生至，为下极贫；无珍宝物，万物半伤，为大因贫也；悉伤，为虚空贫家，此以天为父，以地为母，此父母贫极，则子愁贫矣，与王治相应。是故古者圣王治，能致万二千物，为上富君也；善物不足三分之二，为中富之君也；不足三分之一，为下富之君也；无有珍奇善物，为下贫君也；万物半伤，为衰家也；悉伤，为下贫人。古者圣贤乃深居幽室，而自思道德所及，贫富何须问之，坐自知之矣。"④

为了避免人类的一些活动破坏人与自然的关系，人类要节制自己的行为。"人乃甚无状，共穿凿地，大兴起土功，不用道理，其深者下着黄泉，浅者数丈。母内独愁患，诸子大不谨孝，常苦忿忿悁悒，而无从得通其言。古者圣人时运未得及其道之，遂使人民妄为，谓地不疾痛也，地内独疾痛无訾，乃上感天，而人不得知之，愁困其子不能制，上诉人于父，诉之积久，复久积数，故父怒不止，灾变怪万端并起，母复不说，常怒不肯力养人民万物。父母俱不喜，万物人民死，不用道理，咎在此。后生所为日剧，不得天地意，反恶天地言不调，又共疾其帝王，言不能平其治内，反人人自得过于天地而不自知，反推其过以责其上，故天地不复爱人也。视其死亡忽然，人虽有疾，临死啼呼，

①《太平经合校·三急吉凶法》。

②《太平经合校·以乐却灾法》。

③《太平经合校·六极六竟孝顺忠诀》。

④《太平经合校·分别贫富法》。

罪名明白，天地父母不复救之也，乃其罪大深过，委顿咎责，反在此也。其后生动之尤剧乃过前，更相仿效，以为常法，不复拘制，不知复相禁止，故灾日多，诚共冤天地。天地，人之父母也，子反共害其父母而贼伤病之，非小罪也。故天地最以不孝不顺为怨，不复赦之也；人虽命短死无数者，无可冤也，真人岂晓知之邪？"①

以天地为父母。这个思想是道教自然观的突出之处，对后世有很大影响。

五、阴阳家的自然观

风水作为一种世俗文化，在中国已有几千年的历史，最初它是很朴实的相地术，就是考察哪些地方适合人类生产和生活，以便人类定居。秦汉时期，风水观念逐渐形成。

秦汉时期，"地脉"观念出现。蒙恬被赐死时，"蒙恬喟然太息曰：'我何罪于天，无过而死乎？'良久，徐曰：'恬罪固当死矣。起临洮属之辽东，城堑万余里，此其中不能无绝地脉哉？此乃恬之罪也。'乃吞药自杀"②。西汉元帝时期，贡禹上书说："汉家铸钱，及诸铁官皆置吏卒徒，攻山取铜铁，一岁功十万人已上，中农食七人，是七十万人常受其饥也。凿地数百丈，销阴气之精。"③贡禹认为，开采铜铁矿，凿地太深，破坏了地脉，导致阴气被销毁，阴阳失衡，旱灾出现。元始五年（公元5年），当时的太皇太后下诏说："往者阴阳不调，风雨不时，降（隋）农自安，不董作（劳），是以数被灾害，恻然伤之。惟□帝明王，靡不恭天之磨数，信执厥中，钦顺阴阳，敬受民时……"在对下面太守的要求中，明确要求："毋采金石银铜铁。"④可以明确看出，西汉末年，人们已经将阴阳不调的原因之一归纳为采矿了。东汉时期，这种思想仍然流行，永建二年（公元127年），"二月戊戌，诏以民入山凿石，发泄藏气，

①《太平经合校·起土出书诀》。

②《史记·蒙恬列传》。

③《汉书·贡禹传》。

④胡平生、张德方：《敦煌悬泉汉简释萃》，上海古籍出版社2001年版，第192、196页。

敕有司检察所当禁绝，如建武、永平故事"①。这条诏令表明，由于害怕破坏地脉，引起各种灾害出现，东汉光武帝以及明帝都发布命令，要求限制老百姓开采矿石；到了顺帝时期，又一次重申了以前的禁令。这也表明，地脉的观点，在东汉时期已经很流行了。所以，仲长统说过："夫堀地九仞以取水，凿山百步以攻金"这类事情"不亦迷乎"？② 其主要原因是挖地太深取水以及凿山太深采矿，都会破坏地脉，会招致意想不到的灾难。

到了秦汉之后，懂得风水的阴阳家们逐渐将之运用到陵墓的选址上。比较早的记载是东汉时期的袁安，史书记载："初，安父没，母使安访求葬地，道逢三书生，问安何之，安为言其故，生乃指一处，云'葬此地，当世为上公'。须臾不见，安异之。于是遂葬其所占之地，故累世隆盛焉。安子京、敞最知名。"③ 此外，史书也记载："顺帝时，廷尉河南吴雄季高，以明法律，断狱平，起自孤宦，致位司徒。雄少时家贫，丧母，营人所不封土者，择葬其中。丧事趣辨，不问时日，巫皆言当族灭，而雄不顾。及子䜣孙恭，三世廷尉，为法名家。"④ 以上两则正反材料，反映出当时讲求葬地吉凶观念已深入人心。人们认为在好的地方埋葬，会使后人发迹，这种通过风水之术来预测和改变自身或者后人命运的方式已经普遍成为社会心理的一种模式。

墓葬之地为什么会与后人的命运相联系呢？对此做理论上阐释的是东汉时期的《太平经》，"葬者，本先人这丘陵居处也，名为初置根种。宅，地也，魂神复当得还，养其子孙，善地则魂神还养也，恶地则魂神还为害也。五祖气终，复反为人，天道法气，周复反其始也"⑤。

《葬宅诀》强调墓地是祖先灵魂所在的"根种"，是祖先亡魂居住和生活的场所。死后世界是人世的延伸，从东汉墓葬出土的陪葬器物可见，一些人死后的生活是完美无缺的。⑥ 死后与活着的世界没有多大差别，死后亡灵也要居

①《后汉书·顺帝纪》。

②《昌言》。

③《后汉书·袁安传》。

④《后汉书·郭陈列传》。

⑤《太平经合校·葬宅诀》。

⑥ 余英时著，侯旭东等译：《东汉生死观》，上海古籍出版社 2005 年版，第 93 页。

住"善地"。

怎么确认"善地"与"恶地"呢?《葬宅诀》记载:"欲知地效,投小微贱种于地,而后生日兴大善者,大生地也;置大善种于地,而后生日恶者,是逆地也;日衰少者,是消地也。"即是将坏种子种在地上,日后能苗壮成长的,是"善地";如果将好种子种在地上,不能很好生长的,是"恶地"。丧葬风水之术,从某种意义上来讲,反映出人们确信自然界存在某种神秘的东西,对自己或者后代有很深的影响。

六、王充的自然观

王充是东汉时期著名的唯物主义哲学家,他认为,宇宙是由元气构成的。"天地,含气之自然也。"(《谈天篇》)"夫天者,体也,与地同。"(《祀义篇》)他认为,世界上的各种物质,日月星辰,动植物,都是由元气构成的,"万物之生,皆禀元气"(《言毒篇》)。"天地合气,万物自生。"① 作为万物之灵的人类,也是由元气构成的,"人禀元气于天"(《无形篇》)。

王充否认天人感应之说,他认为,四时变化,是一种自然现象。"春温夏暑,秋凉冬寒,人君无事,四时自然。"② 同时,也认为,天气的冷热,也是一种自然现象,并不是所谓的上天警示,"夫寒温,天气也"③。自然有其自行的运行规律,"阳气自出,物自生长;阴气自起,物自成藏"④。

在人与自然的关系问题上,王充认为,人与其他物种在种群上属性不同,"熊罴物也,与人异类,何以施类于人"⑤。"夫竹木,粗苴之物也,雕琢刻削,乃成为器用。况人含天地之性,最为贵者乎!"⑥ 不过,人与其他物种本质相同,都是自然界的产物,是自然界的一部分。"人在天地之间,物也。物,亦

---

① 《论衡·自然》。

② 《论衡·寒温篇》。

③ 《论衡·变动篇》。

④ 《论衡·自然篇》。

⑤ 《论衡·奇怪篇》。

⑥ 《论衡·量知篇》。

物也……万物于天，皆子也；父母于子，恩德一也。"① 人与其他物种在禀性受气的本质上是相同的，唯一的区别是外表上的不同，"夫人，物也，虽贵为王侯，性不异于物。物无不死，人安能仙？鸟有毛羽，能飞，不能升天。人无毛羽，何用飞升？使有毛羽，不过与鸟同；况其无有，升天如何？案能飞升之物，生有毛羽之兆；能驰走之物，生有蹄足之形。驰走不能飞升，飞升不能驰走。禀性受气，形体殊别也。今人禀驰走之性，故生无毛羽之兆，长大至老，终无奇怪"②。

人类要尊重自然本性，"天道无为，听恣其性，故放鱼于川，纵兽于山，从其性命之欲也。不驱鱼令上陵，不逐兽令入渊者，何哉？拂诡其性，失其所宜也"。人类的活动，要顺从自然之性，否则就会揠苗助长，"然虽自然，亦须有为辅助。耒耜耕耘，因春播种者，人为之也；及谷入地，日夜长，人不能为也。或为之者，败之道也。宋人有闵其苗之不长者，就而揠之，明日枯死。夫欲为自然者，宋人之徒也"③。

①《论衡·雷虚篇》。

②《论衡·道虚篇》。

③《论衡·自然篇》。

第三节　环境保护的思想

一、顺应天时

秦汉时期，进一步发挥了先秦时期的顺时思想。西汉建立初年，"高皇帝所述书《天子所服第八》……曰：'令群臣议天子所服，以安治天下。'相国臣何、御史大夫臣昌谨与将军臣陵、太子太傅臣通等议：春夏秋冬天子所服，当法天地之数，中得人和。故自天子王侯有土之君，下及兆民，能法天地，顺四时，以治国家，身亡祸殃，年寿永究，是奉宗庙安天下之大礼也。臣请法之。中谒者赵尧举春，李舜举夏，倪汤举秋，贡禹举冬，四人各职一时"。汉高祖所穿的衣服，就必须顺应四时。古代衣服要么是丝织品或麻织品，要么由动物皮革制成。在先秦时期，动物的获取要顺应四时。如果皇帝的衣服，特别是皮革服饰如果不是四时出产而制成，下面的官员将会采用各种手段来满足皇帝的需求，自然会出现春夏时节猎杀各种动物的现象。"孝文皇帝时，以二月施恩惠于天下，赐孝弟力田及罢军卒，祠死事者，颇非时节。御史大夫晁错时为太子家令，奏言其状。"[1] 国家祭祀死者，需用三牲等，如果是二月祭祀，正是动物生长时节，这时宰杀动物，也不符合传统要求。

西汉时期的贾谊也指出："天有常福，必与有德；天有常灾，必与夺民时。"[2] 这里，贾谊指出，如果风调雨顺，那是统治者没有过分剥削老百姓的结果；如果上天经常出现灾害，那是因为"夺民时"错误造成的，而"夺民时"的主要是大兴土木以及军事活动等，这些又不符合传统伐木等的活动

①《汉书·魏相传》。
②《新书·大政上》。

时间。

汉文帝时期，晁错指出："愚臣窃以古之五帝明之。臣闻五帝神圣，其臣莫能及，故自亲事，处于法宫之中，明堂之上；动静上配天，下顺地，中得人。故众生之类亡不覆也，根著之徒亡不载也；烛以光明，亡偏异也；德上及飞鸟，下至水虫草木诸产，皆被其泽。然后阴阳调，四时节，日月光，风雨时，膏露降，五谷熟，祅孽灭，贼气息，民不疾疫，河出图，洛出书，神龙至，凤鸟翔，德泽满天下，灵光施四海。此谓配天地，治国大体之功也。"① "德上及飞鸟，下至水虫草木诸产，皆被其泽"，是人们活动顺应四时的结果，也是一种重要的环保思想。

司马迁也要求人们顺应四时，维护生态环境，他指出："尝窃观阴阳之术，大祥而众忌讳，使人拘而多所畏；然其序四时之大顺，不可失也……夫阴阳四时、八位、十二度、二十四节各有教令，顺之者昌，逆之者不死则亡，未必然也，故曰'使人拘而多畏'。夫春生夏长，秋收冬藏，此天道之大经也，弗顺则无以为天下纲纪，故曰'四时之大顺，不可失也'。"② 司马迁的观点利用了传统农业社会人们相对普及的"风雨时节"的思想，阐发了对于维护生态条件的深刻认识。③ 这种思想在褚少孙思想中也有体现，他在补述《史记·龟策列传》中写道："春秋冬夏，或暑或寒。寒暑不和，贼气相奸。同岁异节，其时使然。故令春生夏长，秋收冬藏。或为仁义，或为暴强。暴强有乡，仁义有时。万物尽然，不可胜治。大王听臣，臣请悉言之。天出五色，以辨白黑。地生五谷，以知善恶。人民莫知辨也，与禽兽相若。谷居而穴处，不知田作。天下祸乱，阴阳相错。"④

《盐铁论》中的文学指出："始江都相董生推言阴阳，四时相继，父生之，子养之，母成之，子藏之。故春生、仁，夏长、德，秋成、义，冬藏、礼。此四时之序，圣人之所则也。刑不可任以成化，故广德教。"⑤ 所谓的四时之须，

①《汉书·爰盎晁错传》。

②《史记·太史公自序》。

③ 王子今：《司马迁班固生态观试比较》，《周口师范学院学报》2003 年第 1 期。

④《史记·龟策列传》。

⑤《盐铁论·论邹》。

也包含着一种顺应四时的环保思想，春季万物萌芽，所以要以仁的态度对待，不能杀伐；夏季万物茂盛生长，所以要以德的态度对待；秋季万物成熟，要以义的态度对待，不能过分取舍；冬季收藏也要按照礼仪要求，不能过分收获。这也是一种环保思想。

汉宣帝时期的魏相也指出要按照四时执政："天地变化，必繇阴阳，阴阳之分，以日为纪。日冬夏至，则八风之序立，万物之性成，各有常职，不得相干……君动静以道，奉顺阴阳，则日月光明，风雨时节，寒暑调和。三者得叙，则灾害不生，五谷熟，丝麻遂，草木茂，鸟兽蕃，民不夭疾，衣食有余。若是，则君尊民说，上下亡怨，政教不违，礼让可兴。夫风雨不时，则伤农桑；农桑伤，则民饥寒；饥寒在身，则亡廉耻，寇贼奸宄所繇生也。"①

《汉书·丙吉传》记载："（丙）吉又尝出，逢清道群斗者，死伤横道，吉过之不问，掾史独怪之。吉前行，逢人逐牛，牛喘吐舌。吉止驻，使骑吏问：'逐牛行几里矣？'掾史独谓丞相前后失问，或以讥吉，吉曰：'民斗相杀伤，长安令、京兆尹职所当禁备逐捕，岁竟丞相课其殿最，奏行赏罚而已。宰相不亲小事，非所当于道路问也。方春少阳用事，未可大热，恐牛近行，用暑故喘，此时气失节，恐有所伤害也。三公典调和阴阳，职当忧，是以问之。'掾史乃服，以吉知大体。"对人命并不在意，而对"时气失节"十分关注，这被看作"知大体"的表现。可见汉人对顺时与否的重视程度。

此外，汉成帝的执政思想也包含诸多顺四时以及环保思想。汉成帝执政期间，有司言："乘舆车、牛、马、禽兽皆非礼，不宜以葬。"汉成帝采纳了这个建议。汉成帝下诏书时曾提到："君道得，则草木、昆虫咸得其所。"阳朔二年春季寒冷，汉成帝下诏书说："昔在帝尧，立羲、和之官，命以四时之事，令不失其序。故《书》云'黎民于蕃时雍'，明以阴阳为本也。今公卿大夫或不信阴阳，薄而小之，所奏请多违时政。传以不知，周行天下，而欲望阴阳和调，岂不谬哉！其务顺四时月令。"② 这里的"顺四时月令"以及"草木、昆虫咸得其所"反映的就是一种环境保护思想。

东汉时期，顺应四时行政的观念仍然流行，明帝永平二年，"下诏百僚师

---

① 《汉书·魏相传》。

② 《汉书·成帝纪》。

尹，其勉修厥职，顺行时令，敬若昊天，以绥兆人"。永平三年春正月癸巳，下诏说："夫春者，岁之始也。始得其正，则三时有成。比者水旱不节，边人食寡，政失于上，人受其咎，有司其勉顺时气，劝督农桑，去其螟蜮，以及蟊贼；详刑慎罚，明察单辞，夙夜匪懈，以称朕意。"永平四年春二月辛亥下诏要求："有司勉遵时政，务平刑罚。"①章帝继位后，在建初元年下诏说："方春东作，宜及时务。二千石勉劝农桑，弘致劳来。群公庶尹，各推精诚，专急人事。罪非殊死，须立秋案验。有司明慎选举，进柔良，退贪猾，顺时令，理冤狱。"元和二年，对三公下诏说："方春生养，万物荄甲，宜助萌阳，以育时物。"②

成书于东汉末年的《太平经》也要求顺应四时，"故顺天地者，其治长久。顺四时者，其王日兴"③。《太平经》中也提出："夫刑德者，天地阴阳神治之明效也，为万物人民之法度。"这就要求刑和德要据四时而动，"谨与天地阴阳合其规矩，顺天地之理，为天明言纪用教令，以示子也。吾之言，正若锋矢无异也，顺之则日兴，反之则令自穷也"。这种顺应四时的做法，"是故古者圣人独深思虑，观天地阴阳所为，以为师法，知其大□□万不失一，故不敢犯之也，是正天地之明证也，可不详计乎！可不慎哉！自然法也，不以故人也，是天地之常行也"④。人们也应该了解自然，观察自然，寻找其中规律性的东西，才能达到顺四时之气，"观天地阴阳之大部也。从春分到秋分，德居外，万物莫不出归王外，蛰虫出穴，人民出室；从秋分至春分，德在内，万物莫不归王内，蛰藏之物悉入穴，人民入室，是以德治之明效也。从春分至秋分，刑在内治，万物皆从出至外，内空，寂然独居；从秋分至春分，刑居外治外，无物无气，空无士众，悉入从德，是者明刑不可以治之证也"。因此要尊重自然，顺应四时："天性自然，不可欺矣。熟念无置，行成天神矣。变化有时，不失纲纪，四时之气，不可犯矣。"⑤

---

①《后汉书·明帝纪》。

②《后汉书·章帝纪》。

③《太平经合校·合阴阳道法》。

④《太平经合校·案书明刑德法》。

⑤《太平经合校·写书不用徒自苦诫》。

二、取之以时

取之以时、顺应天时是中国传统环境保护思想的一个基础。这里的"时"，可以理解为时间，也可理解为时机。《淮南子·主术》中提出："是故人君者，上因天时，下尽地财，中用人力，是以群生遂长，五谷蕃殖，教民养育六畜，以时种树，务修田畴，滋植桑麻，肥硗高下，各因其宜，丘陵阪险不生五谷者，以树竹木。春伐枯槁，夏取果蓏，秋畜疏食，冬伐薪蒸，以为民资。是故生无乏用，死无转尸。"《礼记·用民》中指出："五谷不时，果实未孰，不粥于市。木不中伐，不粥于市。禽兽鱼鳖不中杀，不粥于市。"

春季是各种动植物萌芽、生长的季节，在这个季节中要对各种新的生命进行保护。孟春时节是很多动物孕育新生命的时节，这个时节要禁止杀生，特别是怀孕的动物。《淮南子·时则》要求："立春之日……禁伐木，毋覆巢，杀胎夭，毋麛毋卵，毋聚众，置城郭，掩骼薶骴。"《礼记·月令》则要求："禁止伐木，毋覆巢，毋杀孩虫、胎夭飞鸟，毋麛毋卵。"在祭祀时，也要求"牺牲毋用牝"。《礼记·曲礼》要求："国君春田不围泽，大夫不掩群，士不取麛卵。"《太平御览》卷二十引《四民月令》说："春分不杀生。"

在仲春，《淮南子·时则》则要求："毋竭川泽，毋漉陂池，毋焚山林，毋作大事，以妨农功。祭不用牺牲，用圭璧，更皮币。"而季春，《淮南子·时则》要求："田猎毕弋，罝罦罗网，喂毒之药，毋出九门。乃禁野虞，毋伐桑柘。"因为季春是动植物生长的季节，所以这一时节不能猎取动物，不能砍伐桑树和柘树，也不能放毒药去毒杀害虫，这样容易误伤野兽。《礼记·月令》中也有类似的要求。

在季春，《礼记·月令》要求："毋有障塞。田猎罝罘、罗罔、毕翳、喂兽之药，毋出九门。"禁止使用易导致动物种群灭绝的捕获工具，表明了对涸泽而渔的捕猎方式的反对。

夏季是农作生长的季节，所以《淮南子·时则》要求在孟夏季节要"毋兴土功，毋伐大树，令野虞，行田原，劝农事，驱兽畜，勿令害谷，天子以彘尝麦，先荐寝庙。聚畜百药，靡草死，麦秋至，决小罪，断薄刑"。夏季是植物生长的旺季，所以在仲夏时期，"禁民无刈蓝以染，毋烧灰，毋暴布，门闾无闭，关市无索"。到了季夏时期，一些动物正处于肥育状态，所以"乃命渔人，伐蛟取鼍，登龟取鼋"。有一些植物也可以砍伐，于是"令泽人，入材苇"。《礼记·月令》也要求："命渔师伐蛟，取鼍，登龟，取鼋。命泽人纳材苇。"但是，在这个时期，很多树木在继续生长，"树木方盛，勿敢斩伐，不可以合诸侯，起土功，动众兴兵，必有天殃。土润溽暑，大雨时行，利以杀草粪田畴，以肥土疆"。《太平御览》卷二二引《四民月令》说："四月八日，不宜杀草木。始服生衣，宜进温酒，服温药。是月也，无坏麛卵，无伐大树。是月也，宜以疚兴。"

秋季万物成熟，动植物都停止了生长，可以合理获取，"乃命有司，趣民收敛畜采，多积聚"。但是砍伐树木一直要等到季秋之月，"是月草木黄落，乃伐薪为炭"。冬季万物衰落，这个季节主要是收藏，贮备食物过冬，"农有不收藏积聚、牛马畜兽有放失者，取之不诘。山林薮泽，有能取疏食、田猎禽兽者，野虞教导之"。

中国古代重视祭祀，朝廷每个季节都有比较传统的祭祀活动。此外，据《周礼·地官·司徒》记载，每个季度统治者又要安排一定的活动，"中春，教振旅，司马以旗致民，平列陈，如战之陈……中夏，教茇舍，如振旅之陈，群吏撰车徒……中秋，教治兵，如振旅之陈，辨旗物之用……中冬，教大阅，前期，群史戒泉庶，修战法，虞人莱所田之野，为表"。这种做法，后世称之为三田，① 即在春、秋、冬举行田猎活动。田猎活动的目的，除了获取猎物祭祀先祖外，主要目的是"因习兵事"，以表示不忘武备。但狩猎活动有可能破坏环境，特别是春季狩猎，并不符合传统保护动植物的做法。针对这种情况，董仲舒提出："享鬼神者号一，曰祭；祭之散名：春曰祠，夏曰礿，秋曰尝，冬曰烝。猎禽兽者号一，曰田；田之散名：春苗，秋搜，冬狩，夏狝；无有不皆中天意者。"② 在这里，董仲舒指出，无论是祭祀还是狩猎活动，都要"中天意"，也就是要按照传统的"取之有时"的原则来获得祭品和猎物。《礼记·王制》也有类似的思想："天子诸侯无事，则岁三田，一为干豆，二为宾客，三为充君之庖。无事而不田，曰不敬。田不以礼，曰暴天物。天子不合围，诸侯不掩群，天子杀则下大绥，诸侯杀则下小绥，大夫杀则止佐车。佐车

①《文献通考·王礼考五·田猎》。

②《春秋繁露·深察名号》。

止则百姓田猎，獭祭鱼，然后虞人入泽梁，豺祭兽，然后田猎。鸠化为鹰，然后设罻罗，草木零落，然后入山林。昆虫未蛰，不以火田，不麛，不卵，不杀胎，不夭夭，不覆巢。"

在四季之中，春夏是动植物生长的季节，故要保护；秋冬是成熟的季节，可以收获和保护。这种取之以时的思想是历代农事与动植物保护的思想基础。《四民月令》中规定"自正月以终季夏，不可伐木必生蠹虫"，十一月"伐竹木"。总之，取之以时是中国传统环境保护思想的基础之一。

三、用之有节

合理利用自然资源也是保护环境的一个很重要的手段。人类要生存与发展，必不可少地要消耗一定的自然资源，故而会对环境产生一定的破坏。如何使这种破坏既能维系人类生存和发展，又可以保证自然环境不会被过度破坏，符合人类可持续发展的需求，这是个两难的问题。在古代，中国的先哲就提出必须要合理利用自然资源。合理利用自然资源其实是保护环境的手段之一。

西汉时期的思想家贾谊指出："礼，圣王之于禽兽也，见其生不忍见其死，闻其声不尝其肉，隐弗忍也。故远庖厨，仁之至也。不合围，不掩群，不射宿，不涸泽。豺不祭兽，不田猎；獭不祭鱼，不设网罟；鹰隼不鸷，眭而不逮，不出植罗；草木不零落，斧斤不入山林；昆虫不蛰，不以火田。不麛，不卵，不刳胎，不夭夭，鱼肉不入庙门，鸟兽不成毫毛不登庖厨。取之有时，用之有节，则物蕃多。"[①]

《淮南子》继承和发展了孟子"用之以节"的思想。《淮南子·本经》指出："四时者，春生夏长，秋收冬藏，取予有节，出入有时，开阖张歙，不失其叙，喜怒刚柔，不离其理。"明确提出了"取予有节"的思想。这种思想具体要求："先王之法，畋不掩群，不取麛夭。不涸泽而渔，不焚林而猎。豺未祭兽，罝罦不得布于野；獭未祭鱼，网罟不得入于水；鹰隼未挚，罗网不得张于溪谷；草木未落，斤斧不得入山林；昆虫未蛰，不得以火烧田。孕育不得杀，鷇卵不得探，鱼不长尺不得取，彘不期年不得食。是故草木之发若蒸气，

---

①《新书·礼》。

禽兽之归若流泉，飞鸟之归若烟云，有所以致之也。"①

西汉时期，董仲舒还提出了人类要节制欲望的思想。他指出："其可食者，益食之，天为之利人，独代生之，其不可食，益畜之，天愍州华之间，故生宿麦，中岁而熟之，君子察物之异，以求天意，大可见矣。"② 董仲舒认为，自然为人类提供了可食用的和不可食用的物品，对于可食用的要珍惜，对于不可食用的要保护。在大自然面前，人类要节制自己的欲望，"节欲顺行则伦得"③。

东汉时期的孟尝合浦太守，"先时宰守并多贪秽，诡人采求，不知纪极，珠遂渐徙于交趾郡界。于是行旅不至，人物无资，贫者饿死于道。尝到官，革易前敝，求民病利。曾未逾岁，去珠复还，百姓皆反其业，商货流通，称为神明"④。由于过分捕捞珍珠，破坏了珍珠的可持续发展，最后无珠可采。孟尝采用了取之有节的办法，使得珍珠又恢复了以往的平衡，这是典型的取之有节的做法。

四、仁及万物与戒杀护生

先秦时期，产生了仁民爱物的思想。《孟子·尽心上》指出："君子之于物也，爱之而弗仁；于民也，仁之而弗亲。"仁民爱物，在环境保护思想上有重要的意义。西汉时期，董仲舒发展了孟子的思想，提出仁及万物的思想。董仲舒指出："质于爱民以下，至于鸟兽昆虫莫不爱，不爱，奚足谓仁！"⑤ "泛爱群生，不以喜怒赏罚，所以为仁也。"⑥ 只有做到泛爱众生，才能说得上是仁。

此外，董仲舒强调，统治者的统治政策，也要德及万物，否则，自然将以

①《淮南子·主术训》。

②《春秋繁露·循天之道》。

③《春秋繁露·天地阴阳》。

④《后汉书·循吏列传·孟尝传》。

⑤《春秋繁露·仁义法》。

⑥《春秋繁露·离合根》。

某种方式报复人类。"是故治世之德润草木，泽流四海，功过神明。"①

"木者春，生之性，农之本也。劝农事，无夺民时，使民岁不过三日，行什一之税，进经术之士，挺群禁，出轻系，去稽留，除桎梏，开门阖，通障塞，恩及草木，则树木华美，而朱草生，恩及鳞虫，则鱼大为，鳣鲸不见，群龙下……纵恣不顾政治，事多发役，以夺民时，作谋增税，以夺民财，民病疥搔温体，足胻痛，咎及于木，则茂木枯槁，工匠之轮多伤败，毒水渰群，漉陂如渔，咎及鳞虫，则鱼不为，群龙深藏，鲸出现。

火者夏，成长，本朝也……恩及羽虫，则飞鸟大为，黄鹄出见，凤凰翔……摘巢探鷇，咎及羽虫，则飞鸟不为，冬应不来，枭鸱群鸣，凤凰高翔。

土者夏中，成熟百种……恩及于土，则五谷成而嘉禾兴，恩及倮虫，则百姓亲附，城郭充实，贤圣皆颉，仙人降……咎及于土，则五谷不成，暴虐妄诛，咎及倮虫，倮虫不为，百姓叛去。

金者秋，杀气之始也。……恩及于毛虫，则走兽大为，麒麟至……四面张罔，焚林而猎，咎及毛虫，则走兽不为，白虎妄搏，麒麟远去。

水者冬，藏至阴也……恩及于水，则醴泉出，恩及介虫，则龟鼍大为，灵龟出。……咎及于水，雾气冥冥，必有大水，水为民害，咎及介虫，则龟深藏，龟鼍响。"②

东汉之后，随着道家思想的发展，道家戒杀护生的思想成为道教的基本思想之一。道家认为："夫天道恶杀而好生，蠕动之属皆有知，无轻杀伤用之也；有可贼伤方化，须以成事，不得已乃后用之也。故万物芸芸，命系天，根在地，用而安之者在天；得天意者寿，失天意者亡。凡物与天地为常，人为其王，为人王长者，不可不审且详也。"此外，一些动植物可以入药治病，所以不能轻易伤害，"生物行精，谓飞步禽跂行之属，能立治病。禽者，天上神药在其身中，天使其圆方而行。十十治愈者，天神方在其身中；十九治愈者，地精方在其身中；十八治愈者，人精中和神药在其身中。此三者，为天地中和阴阳行方，名为治疾使者"③。所以，道家反对烧山垦草，"然，山者，太阳也，

①《春秋繁露·天地阴阳》。

②《春秋繁露·五行顺逆》。

③《太平经合校·生物方诀》。

土地之纲是其君也。布根之类，木是其长也，亦是君也，是其阳也。火亦五行之君长也，亦是其阳也。三君三阳，相逢反相衰。是故天上令急禁烧山林丛木，木不烧则阴中。阴者称母，故依下也"。"然，草者，木之阴也，与乙相应也，木者与甲相应。甲者，阳也，与木相同，故相应也。乙者，阴也，与草同类，故与乙相应也。乙者畏金，金者伤木，木伤则阳衰，阳衰则伪奸起，故当烧之也。又天上言，乙亦阴也，草亦阴也，下田亦土之阴也。三阴相得，反共生奸。故玄武居北极中，阴极反生阳。火者，阴得阳而顺吉，生善事。故天下相教，烧下田草以悦阴，以兴阳，故烧之也。天上亦然也。甲者，天上木也。乙者，天上之草。寅与卯何等也？然寅者亦阳，地上木也。卯者，阴也，地上之草也。此四事俱束行也。但阳者称木，阴者称草，此自然之法，天地之经也。吾不敢欺真人也。"①

为了使信教群众自觉执行这一思想，道家在自己的教义中有一个预定寿命的思想，一个人的寿命有一定的定数，但是，如果这个人为善，则可以延长寿命，如果为恶，则寿命减少。"天受人命，自有格法。天地所私者三十岁，比若天地日月相推，有欲闰也，故为私命，过此者因为仙人。天命：上寿百二十为度，地寿百岁为度，人寿八十岁为度，霸寿以六十岁为度，仵寿五十岁为度。过此已下，死生无复数者，悉被承负之灾责也。故诚冤乎？此人生各得天算，有常法，今多不能尽其算者。天算积无訾，故人有善得增算，皆此余算增之……不望阴阳祐人，今人或不得其数而望天报者，会不得天报也。今日食人，而后日往食之，不名为食人，名为寄粮。今日饮人，而后日往饮之，不名为饮人，名为寄浆。今日代人负重，后日往寄重焉，不名代人持重，乃名寄装。今日授人力，后日往报之，不名为助人，名为交功。今人誉举人，后日见誉举，不名为誉举人也，乃名为更迭相称。如此比类者众多，不可胜记，如此者皆无天报也。然人不祐吾，吾独阴祐之，天报此人。言我为恶，我独为善，天报此人。人不加功于我，我独乐加功焉，天报此人。人不食饮我，我独乐食饮之，天报此人。人尽习教为虚伪行，以相欺殆。我独教人为善，至诚信，天报此人。"②

①《太平经合校·禁烧山林诀》《太平经合校·烧下田草诀》。

②《太平经合校·经文部数所应诀》。

在这种情况下，戒杀护生被认为是善行，会增加自己的寿命，否则，滥杀无辜，则会折寿。"今天上良善平气至，常恐人民有故犯时令而伤之者。今天上诸神共记好杀伤之人，畋射渔猎之子，不顺天道而不为善，常好杀伤者，天甚咎之，地甚恶之，群神甚非之。今恐小人积愚，不可复禁，共淹污乱洞皇平气。故今天之大急，部诸神共记之，日随其行，小小共记而考之。三年与闰并一中考，五年一大考。过重者则坐，小过者减年夺算。三世一大治，五世一灭之……自今以往，天乃兴用群神，使行考治人。天上亦三道集行文书以记过，神亦三道行文书以记过，故人亦三道行文书以记过。故人取象于天，天取象于人。天地人有其事，象神灵，亦象其事法而为之。故鬼神精气于人谏亦谏，常兴天地人同时。是故神应天气而作，精物应地气而起，鬼应人治而斗，此三者，天地中和之疾使，随神气而动作，应时而往来，绝洞而无间，往来难知处。"①

五、因自然之性

尊重自然，还要遵循自然规律，要尊重自然的习性。《淮南子》提出要尊重自然的天性，"修道理之数，因天地之自然，则六合不足均也。是故禹之决渎也，因水以为师；神农之播谷也，因苗以为教。夫萍树根于水，木树根于土，鸟排虚而飞，兽跖实而走，蛟龙水居，虎豹山处，天地之性也"。《淮南子》还指出："今夫徙树者，失其阴阳之性，则莫不枯槁。故橘树之江北，则化而为枳；鸲鹆不过济；貂渡汶而死；形性不可易，势居不可移也。是故达于道者，反于清静；究于物者，终于无为。"②

秦汉时期，随着人口的增长，需要开垦更多土地以维持人类生存，人类与一些大型食肉动物争夺生存空间的矛盾由此出现，时常出现猛兽伤人的事件。针对这种情况，西汉时期的孔臧在《谏格虎赋》中就提出："夫兕虎之生，与天地偕，山林泽薮，又其宅也。被有德之君，则不为害。今君荒于游猎，莫恤国政。驱民入山林，格虎于其廷。妨害农业，残夭民命。国政其必乱，民命其

---

① 《太平经合校·天神考过拘校三合诀》。

② 《淮南子·原道训》。

必散。国乱民散，君谁与处？以此为至乐，所未闻也。"① 东汉时期，南郡发生虎害，有人建议进行人工捕杀，法雄却认为："凡虎狼之在山林，犹人之居城市。古者至化之世，猛兽不扰，皆由恩信宽泽，仁及飞走。太守虽不德，敢忘斯义。记到，其毁坏槛阱，不得妄捕山林。"② 在这里，法雄认为，虎狼其本性就决定了它们要居住在森林，它们为害人间，主要是其居住地受到了人为的破坏，如果不人为破外其居住环境，虎狼就不会为害人间。宋均也有这种思想，"夫虎豹在山，鼋鼍在渊，物性之所托。故江淮之间有猛兽，犹江北之有鸡豚。今为民害，咎在残吏，而劳勤张捕，非忧恤之本也。其务退奸贪，思进忠善，可一去槛阱，除削课制"③。实际上，法雄和宋均的观点都体现了一种要尊重生物本身权利的思想。

秦汉时期，由于开垦土地的需要，也出现围湖造田，与水争田的现象，人为改变河流的走向，导致水灾时常发生。针对这种现象，西汉时期已经有人提出要顺应水性，从根本上治理水灾。

西汉时期，黄河水灾频繁发生。为了治理黄河，西汉投入了大量的财力、物力与人力治理黄河，但到了西汉后期，黄河频繁决口，为此，贾让提出来著名的治理黄河的"治黄三策"。贾让指出："治河有上、中、下策。古首立国居民，疆理土地，必遗川泽之分，度水势所不及。大川无防，小水得入，陂障卑下，以为污泽，使秋水多，得有所休息，左右游波，宽缓而不迫。夫土之有川，犹人之有口也。治土而防其川，犹止儿蹄而塞其口，岂不遽止，然其死可立而待也。"

贾让指出，很早时，黄河中下游地区并没有堤防，黄河是任意流动的，自然不存在灾害。但到了战国时期，由于人们贪图黄河下游流经之处所带来的沃土，纷纷建立堤防："时至而去，则填淤肥美，民耕田之。或久无害，稍筑室宅，遂成聚落。大水时至漂没，则更起堤防以自救，稍去其城郭，排水泽而居之，湛溺自其宜也。"

堤防修建后，约束了水的流向。又加之各地兴修堤防，没有统一的规划，

---

①《全汉文·孔臧·谏格虎赋》。

②《后汉书·法雄传》。

③《后汉书·宋均传》。

导致堤防走向不一，使得河水流经的距离加长，这也容易导致水灾："今堤防者去水数百步，远者数里。近黎阳南故大金堤，从河西西北行，至西山南头，乃折东，与东山相属。民居金堤东，为庐舍，往十余岁更起堤，从东山南头直南与故大堤会。又内黄界中有泽，方数十里，环之有堤，往十余岁太守以赋民，民今起庐舍其中，此臣亲所见者也。东郡白马故大堤亦复数重，民皆居其间。从黎阳北尽魏界，故大堤去河远者数十里，内亦数重，此皆前世所排也。河从河内北至黎阳为石堤，激使东抵东郡平刚；又为石堤，使西北抵黎阳、观下；又为石堤；使东北抵东郡津北；又为石堤，使西北抵魏郡昭阳；又为石堤，激使东北。百余里间，河再西三东，迫厄如此，不得安息。"

为此，贾让提出，要迁移一些居民，拆毁一些堤防，使得河水的流向恢复自然之性，"今行上策，徙冀州之民当水冲者，决黎阳遮害亭，放河使北入海。河西薄大山，东薄金堤，势不能远泛滥，期月自定"。这种做法或许招致别人的刁难："若如此，败坏城郭田庐冢墓以万数，百姓怨恨。"为此，贾让还指出，大禹治水时也是依据水的自然属性来治理的，"昔大禹治水，山陵当路者毁之，故凿龙门，辟伊阙，析底柱，破碣石，堕断天地之性。此乃人功所造，何足言也！"如果不因循黄河水流的自然之性，每年都要花费大量金钱和人力物力，"今濒河十郡治堤岁费且万万，及其大决，所残无数。如出数年治河之费，以业所徙之民，遵古圣之法，定山川之位，使神人各处其所，而不相奸。且以大汉方制万里，岂其与水争咫尺之地哉？此功一立，河定民安，千载无患，故谓之上策"。

王莽时期，张戎也提出类似的治河思想，"今西方诸郡，以至京师东行，民皆引河、渭山川水溉田。春夏干燥，少水时也，故使河流迟，贮淤而稍浅；雨多水暴至，则溢决。而国家数堤塞之，稍益高于平地，犹筑垣而居水也。可各顺从其性，毋复灌溉，则百川流行，水道自利，无溢决之害矣"。

长水校尉平陵关并也指出："河决，率常于平原、东郡左右，其地形下而土疏恶。闻禹治河时，本空此地，以为水猥，盛则放溢，少稍自索。虽时易处，犹不能离此。上古难识。近察秦汉以来，河决曹、卫之域，其南北不过百八十里者。可空此地，勿以为官亭民舍而已。"

王璜治理黄河的思想中，虽然没有直接提出"顺河之性"，但也主张恢复黄河故道，其思想与贾让以及张戎有相似之处。"禹之行河水，本随西山下，东北去。《周谱》云，定王五年河徙。则今所行，非禹之所穿也。又秦攻魏，决河灌其都，决处遂大，不可复补。宜却徙完平处，更开空，使缘西山足，乘高地而东北入海，乃无水灾。"①

当然，贾让治理黄河的上策以及张戎、王璜的治河思想并没有实行。但贾让等人在这里提出了一个很重要的环境伦理命题，就是要尊重河流的自然权利，这应该是早期河流伦理的一个重要内容。②

---

① 《汉书·沟洫志》。

② 现代河流伦理的内容，可见李国英的《河流伦理》（《人民黄河》2009 年第 11 期）、葛剑雄的《黄河：河流伦理与人类文明的延续》（《中国三峡》2009 年第 6 期）、余谋昌的《生态文明时代的河流伦理》（《南京林业大学学报》人文社会科学版，2009 年第 4 期）等此方面的内容。

第四节 环境保护的禁令

一、山泽之禁

秦汉之后，历朝对某些山泽和苑囿采取封闭与保护措施，只是在特殊时候才对一般民众开发。西汉时期文帝六年，"夏四月，大旱，蝗。令诸侯无入贡，弛山泽"①。武帝元鼎二年秋，下诏说："今京师虽未为丰年，山林、池泽之饶与民共之。"汉元帝初元二年三月将水衡禁囿、宜春下苑等地"假与贫民"②。看来，这些山泽基本上是国有的，只有在发生饥荒时期，才会对贫民开放。以后的历代王朝基本上都沿用了这一措施。东汉和帝永元五年，"二月戊戌，诏有司省减内外厩及凉州诸苑马。自京师离宫果园上林广成囿悉以假贫民，恣得采捕，不收其税……九月壬午，令郡县劝民蓄蔬食以助五谷。其官有陂池，令得采取，勿收假税二岁"。九年，"六月，蝗、旱。戊辰，诏：'今年秋稼为蝗虫所伤，皆勿收租、更、刍稿；若有所损失，以实除之，余当收租者亦半入。其山林饶利，陂池渔采，以赡元元，勿收假税。'"十一年，"春二月，遣使循行郡国，禀贷被灾害不能自存者，令得渔采山林池泽，不收假税"。十二年，"诏贷被灾诸郡民种粮。赐下贫、鳏、寡、孤、独、不能自存者，及郡国流民，听入陂池渔采，以助蔬食"。十五年，"六月，诏令百姓鳏、寡渔采陂池，勿收假税二岁"③。

①《汉书·文帝纪》。

②《汉书·元帝纪》。

③《后汉书·和帝纪》。

二、时禁

月令和时令等本是阴阳学家的思想，经过《吕氏春秋》和《淮南子》等的推崇，不仅成为道教思想的一部分，而且渐成为儒家思想的一部分，并在后世的政治、经济活动中起着越来越重要的作用。汉武帝在后元二年二月，曾下诏书说："朕郊见上帝，巡于北边，见群鹤留止，以不罗罔，靡所获献。荐于泰畤，光景并见。其赦天下。"① 汉武帝在二月没有设网去捕获群鹤，其思想就是受到了春夏禁止捕杀动物的影响。汉元帝初元三年六月，朝廷就要求："官各省费。条奏毋有所讳。有司勉之，毋犯四时之禁。"② 所谓"四时之禁"就是《吕氏春秋》和《淮南子》中的春夏秋冬四季之中有关捕获动物等的思想。

成书于西汉中期的《盐铁论》，对当时社会上不按时令行事持有批判的态度，"古者，谷物菜果，不时不食，鸟兽鱼鳖，不中杀不食。故徽罔不入于泽，杂毛不取。今富者逐驱歼罔置，掩捕麛鷇……春鹅秋雏，冬葵温韭浚，茈蓼苏，丰蓏耳菜，毛果虫貉"③。

西汉时期，经过长期生产与生活实践，人们逐渐掌握了一些反季节蔬菜种植的技巧，这对"非时不食"的观念是一个重大突破。不过，对于"非时不食"的观念，人们一直都在坚守，"竟宁中……太官园种冬生葱韭菜茹，覆以屋庑，昼夜然蕴火，待温气乃生。信臣以为此皆不时之物，有伤于人，不宜以奉供养，乃它非法食物，悉奏罢，省费岁数千万"④。

东汉时期，章帝要求："方春，所过无得有所伐杀。车可以引避，引避之；骖马可辍解，辍解之。《诗》云：'敦彼行苇，牛羊勿践履。'《礼》，人君伐一草木不时，谓之不孝。俗知顺人，莫知顺天。其明称朕意。"⑤

---

① 《汉书·武帝纪》。

② 《汉书·元帝纪》。

③ 《盐铁论·散不足》。

④ 《汉书·循吏·召信臣传》。

⑤ 《后汉书·章帝纪》。

东汉时期的窦太后，也因为食物中有与时节不一致的地方，曾下诏要求按照时令来要求上供食物，"凡供荐新味，多非其节，或郁养强孰，或穿掘萌牙，味无所至而夭折生长，岂所以顺时育物乎！传曰：'非其时不食。'自今当奉祠陵庙及给御者，皆须时乃上。凡所省二十三种"①。

《尚书考灵曜》中说："气在于春，其纪岁星，是谓大门。禁民无得斩伐有实之木，是谓伐生绝气。于其时诸道皆通，与气同光。"《尚书纬》中也说"时五纪，岁在春纪，可以勤农桑，禁斩伐，以安国家。"②

东汉末年，张鲁在巴蜀地区传播五斗米教时明确要求其信徒"又依月令，春夏禁杀；又禁酒"③。

此外，在一些出土文献之中，也发现了一些环境保护的文献。这些文献中有很多内容也要求人们按照月令来捕获动物，砍伐林木。在汉代，《二年律令·田律》规定："禁诸民吏徒隶，春夏毋敢伐材木山林，及进堤水泉，燔草为灰，取产卵；毋杀其绳重者，毋毒鱼。"④ 这里还是规定在春夏不得伤害动物，砍伐山林。在居延地区，也要求当地人注意"时禁"，"第有毋宏等四时如律令（16.3）……书乡亭市里显见处令民尽知之商□起察有毋四时言如治所书律令……书到宣考察有毋四时言如守府治所书律令。（16.4A）"⑤ 这里所说的"四时言如治所书律令"，应该是朝廷或地方政府发布的关于"时禁"的命令，由此可见这些命令在地方得到了执行。后来发现的居延新简之中也有类似的规定，典型的一条是："建武四年五月辛巳朔戊子，甲渠塞尉放行候事，敢言之，府书曰：吏民毋犯四时禁，有无，四时言·谨案部吏毋犯四时禁者，敢

---

① 《后汉书·皇后纪》。

② 安居香山、中村璋八辑：《纬书集成》，河北人民出版社 1994 年版，第 361 页、394 页。

③ 《三国志·魏书·张鲁传》。

④ 张家山二四七号汉墓竹简整理小组：《张家山汉墓竹简〔二四七号墓〕》（修订本），文物出版社 2006 年版，第 167 页。

⑤ 谢桂华等：《居延汉简释文合校》，文物出版社 1987 年版，第 25—26 页。

言之。（EPF22：50）。"① 类似的规定还有几条："甲渠言部吏毋犯四时禁者
（46）……所诏书曰毋得屠杀牛马有无四时言（47A）……毋得伐树有无四时
言者（48A）。"② 这些规定还是要求居延地方吏民按照月令要求来进行捕猎和
砍伐林木。敦煌悬泉置汉代遗址发掘出土的泥墙墨书《使者和中所督察诏书
四时月令五十条》，其中有关于环境保护的内容。它颁布于公元 5 年，也就是
在西汉平帝统治时期，比《田律》规定更具体，而且还有具体的一些司法解
释，反映了汉代国家的生态保护意识。《使者和中所督察诏书四时月令五十
条》规定："禁止伐木。谓大小之木皆不得伐也，尽八月。草木零落，乃得伐
其当伐者。"（九行）"毋摘剿。谓剿空实皆不得摘也。空摘尽夏，实者四时常
禁。"（一〇行）"毋杀□虫。谓幼小之虫、不为人害者也，尽九（月）。"（一
一行）"毋杀孡。谓禽兽、六畜怀任有胎者也，尽十二月常禁。"（一二行）
"毋夭蜚鸟。谓夭蜚鸟不得使长大也，尽十二月常禁。"（一三行）"毋。谓四
足……及畜幼小未安者也，尽九月。"（一四行）"毋麑。谓四足……及畜幼少
未安者也，尽九月。""毋卵。谓蜚鸟及鸡□卵之属也，尽九月。"（一五行）
"毋□水泽，□陂池、□□。四方乃得以取鱼，尽十一月常禁。"（二六行）
"毋焚山林。谓烧山林田猎，伤害禽兽□虫草木……（正）月尽。"（二七行）
"毋弹射蜚鸟，及张网，为他巧以捕取之。谓□鸟也……"（三二行）"毋大田
猎。尽八月……"（四二行）③ 很明显，这些规定也是要求人们按照月令来行
事，不能违背月令的要求。

　　此外，出于某种禁忌，有时在特定的日子不能屠杀动物。《破城子探方五
九》（E. P. T58：1—129）中有简牍记载："三日不可以杀六畜见血。日不可
以杀六畜见血。十八日不可以杀六畜见血。不可以杀六畜见血。（以上第一
栏）九月三日十九日廿四日不可以杀六畜见血。十月朔日廿日廿二日廿九日

---

① 甘肃省文物考古研究所等编：《居延新简：甲渠候官与第四燧》，文物出版社
　　1990 年版，第 480 页。

② 甘肃省文物考古研究所等编：《居延新简：甲渠候官与第四燧》，文物出版社
　　1990 年版，第 479 页。

③ 胡平生、张德方：《敦煌悬泉汉简释萃》，上海古籍出版社 2001 年版，第 192—
　　196 页。

不可以杀六畜见血。十一月四日廿六日不可以杀六畜见血。十二月二日十一日廿四日卅日不可以杀六畜见血。"①

以月令来对人们的活动进行规范，可以有效保护动植物生长，给动植物以一定时间休养生息，避免涸泽而渔，有利于维护生态平衡，从而实现可持续发展。这个道理如同现在实行的"休渔"措施一样。

三、法令

秦汉时期，对环境的保护有许多法令。《吕氏春秋·上农篇》中"野禁"有"四时之禁"的内容，《睡虎地秦墓竹简·田律》中涉及山林保护方面的法律。因此可知，在秦朝时期，有具有依靠国家强制力量来推行的环境保护的法律。②西汉时期，《二年律令》中，《田律》有一部分关于环境保护的内容，但这部分《田律》不全是西汉有关田律的规定。按照相关法律的记载，汉代的田律中，也有类似《吕氏春秋·上农篇》中有关"野禁"的内容，它是维持乡村秩序、推行封建礼仪、保护自然资源、管理农副业生产的法律。③

汉武帝时期，所忠建议说："世家子弟富人或斗鸡走狗马，弋猎博戏，乱齐民。"朝廷听从了他的建议，"乃征诸犯令，相引数千人，名曰'株送徒'"。④这个法令的出发点不是保护环境，但客观上有利于环境的保护。宣帝元康三年（公元前63年），"前年夏，神爵集雍。今春，五色鸟以万数飞过属县，翱翔而舞，欲集未下"，这种情况一直持续到该年的六月。为了保护这些飞鸟不被伤害，汉宣帝下诏说："其令三辅勿得以春夏挺巢探卵，弹射飞鸟。具为令。"这是目前可知的汉代最早的保护鸟类的法令。尽管宣帝的诏令认为万数鸟聚是吉祥之兆，要保护；但它在客观上确实起到了保护鸟类的作用。三辅地区保护特定飞鸟的做法在汉代成了一种惯例。东汉时期桓谭说：

---

① 甘肃省文物考古研究所等编：《居延新简：甲渠候官与第四隧》，文物出版社1990年版，第350页。

② 于振波：《秦汉法律与社会》，湖南人民出版社2000年版，第185—187页。

③ 孔庆明：《秦汉法律史》，陕西人民出版社1992年版，第220页。

④《汉书·食货志》。

"天下有鹳鸟，郡国皆食之，而三辅俗独不敢取之，取或雷霹雳起。原夫天不独左彼而右此，其杀取时，适与雷遇耳。"①

建武四年（公元28年），光武帝下诏说："吏民毋得伐山林。"② 东汉也十分重视对野生动物的保护。

另外，据《风俗通义》卷九《怪神·会稽俗多淫祀》指出："律不得屠杀少齿。"可见，西汉时期，已经明文规定不能杀害幼小动物。"不得屠杀少齿"在民间有比较大的影响，《太平经》中也强调："飞鸟步兽水中生亦然，使民得用奉祀及自食。但取作害者以自给，牛马骡驴不任用者，以给天下，至地祇有余，集共享食。勿杀任用者、少齿者，是天所行，神灵所仰也。"③

有些地方也有对环境保护的规定，据《十三州志》记载："上虞县有雁，为民田春拔野草根，秋啄除其秽，是以县官禁民不得妄害此鸟，犯则有刑无赦。"

---

①《全后汉文·桓谭·离事》。

② 甘肃省文物考古研究所编：《居延新简释粹》，兰州大学出版社1988年版，第65页。

③《太平经合校·不忘诚长得福诀》。

第五节　环境保护的客观实效

秦汉时期，朝廷和地方官员采取了一系列切实可行的环境保护措施，其中一些环保措施有明显的效果。

秦朝时期并没有专门的机构管理环境，但有一些机构的职能中会涉及管理苑囿、水资源以及山林。《汉书·百官公卿表》中记载："少府，秦官，掌山海池泽之税，以给共养，有六丞。……又胞人、都水、均官三长丞，又上林中十池监，又中书谒者、黄门、钩盾、尚方、御府、永巷、内者、宦者八官令丞。诸仆射、署长、中黄门皆属焉。"都水主要管理治水方面的事情。《通典·职官志九》记载："初，秦汉又有都水长丞，主陂池灌溉，保守河渠，自太常、少府及三辅等，皆有其官。"出土秦朝官印中有"水印"，以及"浙江都水"，"水印"表明在县邑也设有水官，而"浙江都水"表明在三辅之外也设有水官。[1] 池监也是管理水资源的机构之一，在出土的秦朝官印中，就有"池印"。[2] 这表明，秦朝时期对水资源管理还是比较严格的。秦朝管理苑囿林池以及山泽湖泊的还有畴官、苑官、林官、湖官、陂官。[3]

西汉时期，管理自然环境事务的官职仍然是少府，其下属官，仍然保留林、苑、湖、陂等职官。东汉少府"承秦，凡山泽陂池之税，名曰禁钱，属少府"[4]。既然要收取赋税，就得行使管理的职能。

---

① 王人聪、叶其峰：《秦汉魏晋南北朝官印研究》，香港中文大学文物馆专刊1990年版，第7页。

② 王人聪、叶其峰：《秦汉魏晋南北朝官印研究》，香港中文大学文物馆专刊1990年版，第7页。

③ 罗桂环：《中国环境保护史稿》，中国环境科学出版社1995年版，第85页。

④《续后汉书·百官·少府》。

　　西汉时期，管理水资源的职官比较多，据《通典·职官志九》记载，汉武帝"以都水官多，乃置左、右使者以领之。刘向为左都水使者是也。又续汉百官志曰：'刘向领三辅都水。'至汉哀帝，省使者官。至东京，凡都水皆罢之，并置河堤谒者。汉之水衡都尉，本主上林苑"。陈直指出："西汉如太常、少府、水衡都尉、三辅，各置都水令，大司农则管郡国都水，所掌皆各地区之水利。成帝时特设护都水使者，总领其事。"西汉时期出土的官印有"南阳水丞"①。此外，据《续封泥考略》卷二有"琅琊都水"封泥，《再续封泥考略》有"琅琊水丞"封泥，这些反映出西汉时期地方政府对水资源管理比较重视。出土的西汉官印还有"温都水监"②，温县有济水，故设置都水官，其吏员官职名监。《汉书·百官公卿表》中记载郡国都水长官为长，佐官为丞，未涉及"监"，该印表明，都水长之下还有诸多官员管理水资源。

　　两汉时期，根据不同的地理环境会设置一些特殊职官，这些特殊官职中有涉及自然环境管理的。据《汉书·地理志》记载，在蜀郡的严道有"木官"，南郡和江夏郡有"云梦官"，九江郡有"陂官"和"湖官"，巴郡的胸忍、鱼复、江关有"橘官"，等等。此外，在水产丰富的地方还设置有专门管理渔业的官员，出土的西汉官印中有"上沅渔监"③，反映出当时的长沙国根据实际情况设置了特殊官职，用以管理该地区的渔业资源。

　　秦汉时期，有关环境保护的官职还有将作少府，"秦官，掌治宫室，有两丞、左右中候。景帝中六年更名将作大匠。属官有石库、东园主章、左右前后中校七令丞，又主章长丞。武帝太初元年更名东园主章为木工"④。东汉侯，将作少府改为将作大匠，"承秦，曰将作少府，景帝改为将作大匠。掌修作宗

---

① 王人聪、叶其峰：《秦汉魏晋南北朝官印研究》，香港中文大学文物馆专刊1990年版，第26页。

② 王人聪、叶其峰：《秦汉魏晋南北朝官印研究》，香港中文大学文物馆专刊1990年版，第27页。

③ 王人聪、叶其峰：《秦汉魏晋南北朝官印研究》，香港中文大学文物馆专刊1990年版，第27页。

④《汉书·百官公卿表上》。

庙、路寝、宫室、陵园木土之功，并树桐梓之类列于道侧"①。由此可知，将作大匠除了管理宗庙等木土之功外，还负责在道路两旁种植树木。

西汉设有水衡都尉，其主要职责是："掌上林苑，有五丞。属官有上林、均输、御羞、禁圃、辑濯、钟官、技巧、六厩、辩铜九官令丞。又衡官、水司空、都水、农仓，又甘泉上林、都水七官长丞皆属焉。上林有八丞十二尉，均输四丞，御羞两丞，都水三丞。禁圃两尉，甘泉上林四丞。成帝建始二年省技巧、六厩官。王莽改水衡都尉曰予虞。"② 据《通典·职官志九》记载，水衡都尉下面还有不少属官，"汉有水衡丞五人，亦有都水丞。后汉、晋初都水使者有参军二人，盖亦丞之职任"。水衡都尉设置之后，分割了少府的部分职权，"初，御羞、上林、衡官及铸钱皆属少府"。不过水衡都尉存在的时间并不长，王莽上台后，改水衡为"予虞"。③

东汉罢水衡都尉，这一职务只是一个暂时官职，其管辖事务又归少府，"孝武帝初置水衡都尉，秩比二千石，别主上林苑有离官燕休之处，世祖省之，并其职于少府。每立秋貙刘之日，辄暂置水衡都尉，事讫乃罢之……又省水衡属官令、长、丞、尉二十余人"④。可见到了东汉时期，水衡都尉只是一个临时性官职，权力已经大为缩小。

东汉时期设置上林苑令，"主苑中禽兽。颇有民居，皆主之。捕得其兽送太官。丞、尉各一人"。此外还有钩盾令，"典诸近池苑囿游观之处……苑中丞、果丞、鸿池丞、南园丞各一人，二百石。本注曰：苑中丞主苑中离官。果丞主果园。鸿池，池名，在洛阳东二十里。南园在洛水南。濯龙监、直里监各一人，四百石。本注曰：濯龙亦园名，近北宫。直里亦园名也，在洛阳城西南角"。这些都是管理皇家园林的职官。一般而言，皇家园林在都城周边地区，这些地区人口众多，设置如此多的职官有利于环境的保护，避免只攫取不保护的境况。

秦汉时期，还制定了不少保护环境的法令。《二年律令·田律》中要求：

---

① 《续后汉书·百官·将作大匠》。

② 《汉书·百官公卿表上》。

③ 《汉书·百官公卿表上》。

④ 《续后汉书·百官·少府》。

"十月为桥，修波堤，利津梁。"《二年律令·徭役》记载："穿波池，治沟渠，堑奴苑；自公大夫以下，勿以为繇。"① 这里的"修波堤""穿波池"，实际上就是修理沟渠，也是管理水资源的一种形式。

西汉时期的兒宽，还制定了地方性的法规《水令》，"宽既治民，劝农业，缓刑罚，理狱讼，卑体下士，务在于得人心；择用仁厚士，推情与下，不求名声，吏民大信爱之。宽表奏开六辅渠，定水令以广溉田。收租税，时裁阔狭，与民相假贷，以故租多不入"②。《水令》的内容不得而知，从上下文来看，应该与管理六辅渠的水资源有关。"行视郡中水泉，开通沟渎，起水门提阏凡数十处，以广溉灌，岁岁增加，多至三万顷。民得其利，蓄积有余。信臣为民作均水约束，刻石立于田畔，以防分争。"

大致在东汉末年，在新疆鄯善地区，由于农业发展，对水资源的管理也非常严格，"……小麦已灌两三次，登记如下"。从上文记载可以看出，该地对小麦的灌溉次数有非常完整的记录，主要原因大概是水的使用是有偿的，只有这样，才能从经济利益上使得人们合理有效地利用水源。"汝派左多那来办理耕地所需水和种子事宜。余在此已拜读一楔形泥封木牍。该楔形泥封木牍未提及水和种子之事。据诸长者所云，莎阇地方的一块田已交给州长黎贝耶使用，但未提及水和种子。该田系天子陛下所赐，为汝私人所有。汝处若有关水和种子之事的任何亲笔信，或有内具详情之谕令书，应找出送来。若无此类文件，汝得先交纳水和种子费用，才可在此耕种。此外，据诸长者所云，当年沙尔比毗左此居住时，由彼提供土地，由莎阇水和种子合作耕种。汝等可商议依此办理。"发生用水纠纷，也有完善的解决机制："今有沙门修爱上奏，曹长阿波尼耶已将水借来，彼将借来之水给了别人，当汝接到此楔形泥封木牍，应即刻对此详细审理，此水是否为阿波尼耶所借，又是否将水借外人。此外，若排水口未曾准备好，则不能让阿波尼耶赔偿损失。"此外，不能随意破坏和截留水源，从而改变水流的自然状态，否者就会导致神灵的报复，"吾妻曾患病在此，托汝等之福，现已康复。余还在此听说，汝等已在该处将水截流。当这些

---

① 张家山二四七号汉墓竹简整理小组：《张家山汉墓竹简〔二四七号墓〕》（修订本），文物出版社 2006 年版，第 43、64 页。

②《汉书·兒宽传》。

人到汝处时，要在泉边将祭牛一头奉献给贤善天神"。①

　　秦汉时期，朝廷还提倡种植各种树木。秦朝时期，在北方边境线上栽植了大量的榆树，以便限制匈奴的骑兵优势。史称："蒙恬为秦侵胡，辟数千里，以河为竟，累石为城，树榆为塞，匈奴不敢饮马于河，置烽燧然后敢牧马。"②汉武帝时期，这条国防林又得到延伸，即所谓"广长榆，开朔方，匈奴折伤"③。经过长期努力，种植的榆树逐渐变成密林，一定程度上阻碍了匈奴的进攻。到南北朝时期，这条国防林仍然保存较好，"其水东迳榆林塞，世又谓之榆林山，即《汉书》所谓榆溪旧塞者也。自溪西去，悉榆柳之薮矣。缘历沙陵，届龟兹县西北，故谓广长榆也。王恢云：树榆为塞，谓此矣"④。史念海先生指出："榆谿塞的培植始于战国末年，是循当时长城栽种的。战国末年的秦长城东端始于今内蒙古托克托县黄河右岸的十二连城，西南行，越秃尾河上游，过今榆林、横山诸县北，再缘横山山脉之上西去。西汉时这条榆谿塞再经培植扩展，散布于准格尔旗及神木、榆林诸县之北。这时当时的长城附近复有一条绿色长城，而其纵横宽广却远超过于长城之上。近年在内蒙古准格尔旗瓦尔吐沟、速机沟、玉隆太等地墓葬中皆发现鹿形的铜饰件及明器。鹿为林中之物，则其地当有森林，故能反映于器物形态。这些地方都在秦长城之内，则当地的森林就不限于秦长城之外的榆谿塞了。不过，还应该指出：这个地区在当时不仅榆树成林，还有不少竹林。"此外，"现在兰州市东南有一个榆中县，其设县和得名，当与这时栽种榆树有关"。⑤

　　汉武帝时期，实施向西北移民，因为生活与生产的需要，在边境也开始种树，晁错建议向边境移民时，要求："然后营邑立城，制里割宅，通田作之道，正阡陌之界，先为筑室，家有一堂二内，门户之闭，置器物焉，民至有所

① 林梅村：《沙海古卷——中国所出佉卢文书（初集）》，文物出版社 1988 年版，第 159—161、281、125、279 页。

②《汉书·韩安国传》。

③《汉书·伍被传》。

④《水经注·河水三》。

⑤ 史念海：《历史时期黄河中游的森林》，《河山集（二集）》，三联书店 1981 年版，第 253—254 页。

居，作有所用，此民所以轻去故乡而劝之新邑也。为置医巫，以救疾病，以修祭祀，男女有昏，生死相恤，坟墓相从，种树畜长，室屋完安，此所以使民乐其处而有长居之心也。"① 在这一地区"种树"，除了可以美化环境之外，更重要的考虑还是出于军事上的需要。

此外，秦始皇还大修驰道，为了美化环境，驰道上也要求种树，"为驰道于天下，东穷燕、齐，南极吴、楚，江湖之上，濒海之观毕至。道广五十步，三丈而树，厚筑其外，隐以金椎，树以青松"②。《史记·孝景本纪》记载：六年九月，"伐驰道树，殖兰池"。可见当时驰道树木比较多，而且都是可用之材。《三辅黄图》卷一《三辅决录》记载当时长安城道路中也广种树木："长安城，面三门，四面十二门，皆通达九逵，以相经纬，衢路乎正，可并列车轨。十二门三涂洞辟，隐以金椎，周以林木。左右出入，为往来之径，行者升降，有上下之别。"类似的记载也在《水经注·渭水》中出现："凡此诸门，皆通逵九达，三途洞开，隐以金椎，周以林木。左出右入，为往来之径；行者升降，有上下之别。"此外，据《三辅黄图》卷一记载，当时长安城要求："树宜槐与榆，松怕茂盛焉。"又据《续后汉书·五行志五》记载："安帝永初三年五月癸酉，京都大风，拔南郊道梓树九十六枚……灵帝建宁二年四月癸巳，京都大风雨雹，拔郊道树十围已上百余枚。"可知在当时洛阳郊道两旁树木比较大。《古诗十九首》中有"白杨何萧萧，松柏夹广路"以及"出郭门直视……白杨多悲风"等诗句。这都反映出汉代路两旁广植树，且成活率高，长势良好。

西汉时期，皇帝和地方官员经常劝民间种树。西汉文帝十二年三月，下诏书说："吾诏书数下，岁劝民种树，而功未兴，是吏奉吾诏不勤，而劝民不明也。且吾农民甚苦，而吏莫之省，将何以劝焉？其赐农民今年租税之半。"③可知文帝时期，已经多次下达诏书，要求百姓种树。景帝三年正月，下诏称："间岁或不登，意为末者众，农民寡也。其令郡国务劝农桑，益种树，可得衣食物。"④ 从这两道诏书我们可以发现，汉文帝时期，多次发布诏书要求地方

①《汉书·晁错传》。

②《汉书·贾山传》。

③《汉书·文帝纪》。

④《汉书·景帝纪》。

官员督促百姓种树。不过从汉景帝的诏书中我们还可以发现，这些树木是有选择的，也就是种植可以作为"衣食物"的树，即是桑树、榆树、枣树等树。虽然汉文帝认为其效果并不明显，但是，据考古资料证实，皇帝的诏书，地方官员还是进行了有效执行的。湖南沅陵虎溪山一号汉墓出土的简牍中的黄簿，详细记载了西汉初年沅陵侯国的行政设置、吏员人数、户口人民、田亩赋税、大型牲畜（如耕牛）、经济林木（如梅、李等）的数量，还记载了兵甲船只以及各项的增减和增减的原因，还注明了道路交通、亭聚、往来长安的路线和水路里程。① 其中，经济林木（如梅、李等）的数量、林木的增减及其原因等相关记载，都可以说明，朝廷在考察地方官员时，林木是否增加是一个很重要的标准。沅陵地区主要记载的是经济林木如梅、李的情况，可能与地域有关。② 此外，据尹湾汉墓《集簿》释文第十八行记载："春种树六十五万六千七百九十四亩，多前四万六千三百廿亩。"③ 虽然有很多人将"春种树"解释为"春季种树"④，但是据《史记·货殖列传》载："居之一岁，种之以谷；十岁，树之以木。"故"春种树"应该合理解释为春天播种谷物和栽树。⑤ 不管这两种解释有多大差异，可以肯定的是，在西汉时期，尹湾的地方官员在春季要督促地方百姓栽树，并且还要上报朝廷。可见朝廷的命令，地方官员是推行的。在王莽执政时期，甚至规定："凡田不耕为不殖，出三夫之税；城郭中宅不树艺者为不毛，出三夫之布。"⑥ 这个规定是比较严格的。

秦汉时期，一些地方官员根据各地的实际情况，要求地方百姓种树。黄霸

---

① 郭伟民、张春龙：《沅陵虎溪山一号汉墓发掘简报》，《文物》2003 年第 1 期。

② 邢义田：《月令与西汉政治再议——对尹湾牍"春种树"和"以春令成户"的再省思》，《新史学》2005 年第 1 期。

③ 滕昭宗：《尹湾汉墓简牍释文选》，《文物》1996 年第 8 期。

④ 高敏：《〈集簿〉的释读、质疑与意义探讨——读尹湾汉简札记之二》，《史学月刊》1997 年 5 期；谢桂华：《尹湾汉墓简牍和西汉地方行政制度》，《文物》1997 年第 1 期。

⑤ 王子今等：《尹湾〈集簿〉"春种树"解》，《历史研究》2001 年第 1 期。

⑥《汉书·食货志》。

为地方官时，"上垂意于治，数下恩泽诏书，吏不奉宣。太守霸为选择良吏，分部宣布诏令，令民咸知上意，使邮亭乡官皆畜鸡豚，以赡鳏寡贫穷者。然后为条教，置父老师帅伍长，班行之于民间，劝以为善防奸之意，及务耕桑，节用殖财，种树畜养，去食谷马。米盐靡密，初若烦碎，然霸精力能推行之"①。不过，在这里，黄霸只是遵循了皇帝的旨意，劝地方百姓"种树畜养"而已。龚遂为渤海太守时，"见齐俗奢侈，好末技，不田作，乃躬率以俭约，劝民务农桑，令口种一树榆，百本薤、五十本葱、一畦韭，家二母彘、五鸡……春夏不得不趋田亩，秋冬课收敛，益蓄果实菱芡。劳来循行，郡中皆有蓄积，吏民皆富实。狱讼止息"②。东汉时期的樊晔，"迁扬州牧，教民耕田种树理家之术"③。

秦汉时期，农民也多种树，"以为民资"。《淮南子》卷九《主术》记载："食者，民之本也；民者，国之本也；国者，君之本也。是故人君者，上因天时，下尽地财，中用人力，是以群生遂长，五谷蕃殖，教民养育六畜，以时种树，务修田畴，滋植桑麻，肥硗高下，各因其宜，丘陵阪险不生五谷者，以树竹木。春伐枯槁，夏取果蓏，秋畜疏食，冬伐薪蒸，以为民资。是故生无乏用，死无转尸。"这是要老百姓栽树、种植桑麻和竹木，除了可以获得燃料之外，还可以获得果品等，其中竹子又可以作为加工竹器的原料，真可谓是"民资"。由于栽各种树木可以获得不错的收益，加之这一时期土地比较多，老百姓也自觉种植各种树木。西汉时期王褒在《僮约》中记载："种植桃李，梨柿柘桑，三丈一树。八尺为行，果类相从，纵横相当。"④ 这个要求虽然是针对地主的，但对于普通百姓也有参考意义。《四民月令》记载："正月自朔暨晦，可移诸树竹、漆、桐、梓、松、柏、杂木。"这个记载应该是针对社会大众的。西汉末年的樊宏："又池鱼牧畜，有求必给。尝欲作器物，先种梓漆，时人嗤之，然积以岁月，皆得其用，向之笑者咸求假焉。"⑤ 可见梓漆等树栽种不多，但其他常见树木栽种还是比较多的。

---

①《汉书·循吏传·黄霸传》。

②《汉书·循吏传·龚遂传》。

③《后汉书·酷吏传·樊晔传》。

④《全汉文·王褒·僮约》。

⑤《后汉书·樊宏传》。

汉律重视保育林木资源。依汉律，"《贼律》有贼伐树木、杀伤人畜产及诸亡印"①。沈家本在《汉律摭遗》卷四《贼发树木》中分析："树封，《周礼·天官》：'封人有畿，封而树之。'注：'畿上有封，若今时界矣。'疏：'汉时界上有封树，故举以言之。'《续百官志》：'掌修作宗庙、路寝、宫室、陵园木土之功，并树桐梓之类列于道侧。'注：'《汉官篇》树栗、椅、桐、梓。'胡广曰：'古者列树以表道，并以为林囿，四者皆书名。'按，贼者有心之谓，即唐律之弃毁器物稼穑也。贼伐者不必皆树封；而树封亦在其中，其事无征，姑缺之。"②

对于破坏树木的行为也有规定，东汉末年，曹操要求："军行，不得斫伐田中五果、桑、柘、棘、枣。"③ 当然，对于破坏田中树木的行为，曹操并没有提出处罚的措施，不过，应该是以军法来要求的，比较严格。

当然，对于破坏陵寝上的树木的行为，有时会带来很严重的后果，据《陈留耆旧传》记载："李充丧父，父冢侧有盗斫柏夜树者，充手刃之。"《三辅旧事》也记载："汉诸陵皆属太常，又有盗柏者，弃市。"④

在鄯善地区，对于破坏林木的行为，是有严格处罚措施的，"彼等将该土地上的树砍伐并出售。砍伐和出售别人的私有之物，殊不合法……绝不能砍伐沙卡的树木。原有法律规定，活着的树木，禁止砍伐，砍伐者罚马一匹。若砍伐树枝则应罚母牛一头"⑤。"国王陛下……从前法定之协定规定，（至于）树（仍）活着，应阻止任何人将树连根砍断，罚款系马一匹。若彼砍断树之树枝，则应罚母牛一头。决定应依法作出。"⑥

----

① 《晋书·刑法志》。

② 沈家本：《历代刑法考》，商务印书馆 2001 年版，第 1453 页。

③ 《通典·兵典·法制附》。

④ 《太平御览·木部三·柏》。

⑤ 林梅村：《沙海古卷——中国所出佉卢文书（初集）》，文物出版社 1988 年版，第 121—122 页。

⑥ 韩翔、王炳华、张临华主编：《尼雅考古资料》，新疆社会科学院知青印刷厂 1988 年印刷（内部资料），第 237 页。

第六节　地理环境与民俗

民俗是在一定空间地域基础之上形成的，所以要受到自然地理条件的影响和制约。由于自然地理条件的差异，人们在耕作、饮食、服装、语言等方面形成各种习俗与禁忌。民俗形成之后，有一定的稳定性，但随着社会历史条件的变化，民俗有时也会发生变化。在文明社会之中，长期耳濡目染的"教化"有时候会令形成在自然地理基础之上的民俗发生改变，形成所谓的"一道德、同风俗"，但是不管统治者怎样努力，形成于地理环境基础之上的民俗，还是有一定的区域性的。当然，此处仅仅探讨地理环境的改变对民俗的影响，并不探讨教化等因素对民俗的影响。

一、气候与民俗

秦汉时期，气候逐渐变冷，降水减少，在此基础上形成了各种各样祈雨的民俗。先秦人认为久旱不雨的原因之一是山川之神作怪，殷人"舞"河岳、"取"河岳，齐人认为大旱"崇在高山广水"，都是这种观念的反映。①

祈雨于山是这一时期主要的民俗。早在西汉时期，董仲舒就要求，"春旱求雨，令县邑以水日祷社稷山川，家人祀户，无伐名木，无斩山林"，或者"冬舞龙六日，祷于名山以助之"。所以，历史上很多地方在干旱时，人们通过祭祀名山来祈求获得降雨。

东汉时期的谅辅，"少给佐吏，浆水不交，为从事，大小毕举，郡县敛手。时夏枯旱，太守自曝中庭，而雨不降；辅以五官掾出祷山川，自誓曰：'辅为郡股肱，不能进谏、纳忠、荐贤、退恶、和调百姓；至令天地否隔，万

---

① 胡新生：《中国古代巫术》，山东人民出版社、人民出版社 2010 年版，第 292 页。

物枯焦，百姓喁喁，无所控诉，咎尽在辅。今郡太守内省责己，自曝中庭，使辅谢罪，为民祈福；精诚恳到，未有感彻，辅今敢自誓：若至日中无雨，请以身塞无状。'乃积薪柴，将自焚焉。至日中时，山气转黑，起雷，雨大作，一郡沾润。世以此称其至诚"。谅辅虽然是通过"自曝中庭"来祈雨，但是在太守祈山川不行之后才为之，最后"山气转黑"之后才下雨，可见，当时人们认为山神能控制下雨。

不过祭祀山川的范围和权力有一定的规定。西汉时期，对山川的祭祀一般都认为是国家的事情，地方官员没有参与，民间更不用说了。文帝十四年（公元前166年）夏四月，"上幸雍，始郊见五帝，赦天下。修名山大川尝祀而绝者，有司以岁时致礼"①。武帝建元元年（公元前140年）五月，诏："河海润千里。其令祠官修山川之祠，为岁事，曲加礼。"② 文帝和武帝这两次要求祭祀名山，其目的不过是要恢复以前的祭祀系统而已。一般而言，对于山川的祭祀，是有严格规定的，《礼记·曲礼下》记载："天子祭天地，祭四方，祭山川，祭五祀，岁遍。诸侯方祀祭山川，祭五祀，岁遍。大夫祭五祀，岁遍。士祭其先。"又王制："天子祭天地，诸侯祭社稷，大夫祭五祀。天子祭天下名山大川，五岳视三公，四渎视诸侯。诸侯祭名山大川之在其地者。"《公羊传·僖公三十一年》中说："天子祭天，诸侯祭土。天子有方望之事，无所不通。诸侯，山川有不在其封内者，则不祭也。"也就是说，全国的名山大川中，能进入到官方祭祀系统中的只是少数部分，其余的被称之为"淫祭"，一般是受官方打击的对象。

东汉时期，由于气候变冷，干旱加剧，朝廷动用各种手段去祈雨。建武十八年（公元42年），夏四月己未，光武帝下诏："自春已来，时雨不降，宿麦伤旱，秋种未下，政失厥中，忧惧而已。其赐天下男子爵，人二级，及流民无名数欲占者人一级；鳏、寡、孤、独、笃癃、贫不能自存者粟，人三斛。理冤狱，录轻系。二千石分祷五岳四渎。郡界有名山大川能兴云致雨者，长吏各洁斋祷请，冀蒙嘉澍。"③ 自此之后，东汉经常祈雨之时，除了朝廷系统祭祀的

①《汉书·文帝纪》。

②《汉书·武帝纪》。

③《后汉书·光武帝纪下》。

名山之外，也要求地方官府祭祀地方上能"兴雨"的名山。

建初五年二月（公元80年）甲申，汉章帝下诏说："《春秋》书'无麦苗'，重之也。去秋雨泽不适，今时复旱，如炎如焚。凶年无时，而为备未至。朕之不德，上累三光，震栗切切，痛心疾首。前代圣君，博思咨诹，虽降灾咎，辄有开匮反风之应。令予小子，徒惨惨而已。其令二千石理冤狱，录轻系；祷五岳四渎，及名山能兴云致雨者，冀蒙不崇朝遍雨天下之报。务加肃敬焉。"① 元和二年（公元85年）二月还下诏说："今山川鬼神应典礼者，尚未咸秩。其议增修群祀，以祈丰年。"②

到了汉顺帝永建六年（公元131年），因为京师干旱，"敕郡国二千石各祷名山岳渎，遣大夫、谒者诣嵩高、首阳山，并祠河、洛，请雨。戊辰，雩"③。阳嘉二年（公元133年）五月甲午，汉顺帝还下诏："朕以不德，托母天下，布政不明，每失厥中。自春涉夏，大旱炎赫，忧心京京，故得祷祈明祀，冀蒙润泽。前虽得雨，而宿麦颇伤；比日阴云，还复开霁。寤寐永叹，重怀惨结。将二千石、令、长不崇宽和。暴刻之为乎？其令中都官系囚罪非殊死考未竟者，一切任出，以须立秋。郡国有名山大泽能兴云雨者，二千石长吏各洁齐请祷，谒诚尽礼。又兵役连年，死亡流离，或支骸不敛，或停棺莫收，朕甚愍焉。昔文王葬枯骨，人赖其德。今遣使者案行，若无家属及贫无资者，随宜赐恤，以慰孤魂。"④ 可见，汉顺帝时期，除了要求地方官员释放罪犯、祈求山川之外，还要求掩埋无名尸骸，这些也是传统祈雨的方术之一。

朝廷的这种要求，地方官员也积极响应，据《祀三公山碑》记载："元初四年，常山相陇西冯君到官，承饥衰之后，□惟三公御语山，三条别神，迥在领西。吏民祷祀，兴云肤寸，遍雨四维。遭离羌寇，旱蝗鬲并，民流道荒。醮祠希罕，□奠不行。由是之来，和气不臻，乃求道要，本视其原。以三公德广，其神尤灵。处幽道艰，存之者艰。卜择吉□治东，就衡山起堂立坛，对阙夹门。荐牲纳礼，以宁其神。神熹其位，甘雨屡降。报如景响，国界大丰。谷

---

①《后汉书·章帝纪》。

②《后汉书·章帝纪》。

③《后汉书·顺帝纪》。

④《后汉书·质帝纪》。

升三钱，民无疾苦，永保其年。长史鲁国颜巴，五官掾阎祐，户曹史纪受、将作掾王册，元氏令茅崖。丞吴音、迁掾郭洪、户曹史翟福、工宋高等刊刻石纪焉。"① 东汉时期，反映类似的碑文很多，比如《封龙山颂》《白石神君碑》等。② 这些碑文都反映了东汉时期，干旱肆行，地方官员到本地灵山祈雨，结果如其所愿。并且此后几年，五谷丰登，粮食价格很低，有时是每升五钱。

东汉时期，由于祭祀对象的扩大，"至平帝时，天地六宗已下，及诸下神，凡千七百所"③。不过到了东汉末年，地方向名山大泽祈雨的方式逐渐被禁止，史书记载："时城阳国人以刘章有功于汉，为之立祠。青州诸郡，转相放效，济南尤盛。至魏武帝为济南相，皆毁绝之。及秉大政，普加除翦，世之淫祀遂绝。"④ 曹操这次毁绝的，大概是偶像崇拜的对象。

二、地理与民俗

中国先贤很早就认识到地理环境对人的影响。《淮南子·地形》中指出：

土地各以其类生，是故山气多男，泽气多女，障气多喑，风气多聋，林气多癃，木气多伛，岸下气多肿，石气多力，险阻气多瘿，暑气多夭，寒气多寿，谷气多痹，丘气多狂，衍气多仁，陵气多贪。轻土多利，重土多迟，清水音小，浊水音大，湍水人轻，迟水人重，中土多圣人。皆象其气，皆应其类。

由于不同区域的食物来源不同，也就决定了各地人之间存在差异。

蛤蟹珠龟，与月盛衰，是故坚土人刚，弱土人肥，垆土人大，沙土人细，息土人美，耗土人丑。食水者善游能寒，食土者无心而慧，食木者多力而拂，食草者善走而愚，食叶者有丝而蛾，食肉者勇敢而悍，食气者神明而寿，食谷者知慧而夭。

这种差异是构成民俗的基础之一。《淮南子》还指出环境不同，造成人种和民俗之间存在差异，"由于平土之人，慧而宜五谷。东方川谷之所注，日月

---

① 高文：《汉碑集释》，河南大学出版社1985年版，第32—33页。

② 高文：《汉碑集释》，河南大学出版社1985年版，第251—252、471—472页。

③《东观汉记·祀典》。

④《宋书·礼志四》。

之所出，其人兑形小头，隆鼻大口，鸢肩企行，窍通于目，筋气属焉，苍色主肝，长大早知而不寿；其地宜麦，多虎豹。南方，阳气之所积，暑湿居之，其人修形兑上，大口决眦，窍通于耳，血脉属焉，赤色主心，早壮而夭；其地宜稻，多兕象。西方高土，川谷出焉，日月入焉，其人面末偻，修颈卬行，窍通于鼻，皮革属焉，白色主肺，勇敢不仁；其地宜黍，多旄犀。北方幽晦不明，天之所闭也，寒水之所积也，蛰虫之所伏也，其人翕形短颈，大肩下尻，窍通于阴，骨干属焉，黑色主肾，其人蠢愚，禽兽而寿；其地宜菽，多犬马。中央四达，风气之所通，雨露之所会也，其人大面短颐，美须恶肥，窍通于口，肤肉属焉，黄色主胃，慧圣而好治；其地宜禾，多牛羊及六畜"。

《淮南子》中关于地理环境与民俗之间关系的表述虽然过于绝对，但也存在可取的地方。《淮南子》看到了地理环境的不同，导致食物来源不一样，故而造成的民俗也不一样。这种思想在《黄帝内经》中也有深刻的体现，《黄帝内经·素问·异法方宜论》中指出：

东方之域，天地之所始生也，鱼盐之地，海滨傍水。其民食鱼而嗜咸，皆安其处，美其食。鱼者使人热中，盐者胜血，故其民皆黑色疏理，其病皆为痈疡，其治宜砭石。故砭石者，亦从东方来。

西方者，金玉之域，沙石之处，天地之所收引也。其民陵居而多风，水土刚强，其民不衣而褐荐，其民华食而脂肥，故邪不能伤其形体，其病生于内，其治宜毒药。故毒药者，亦从西方来。

北方者，天地所闭藏之域也。其地高陵居，风寒冰冽。其民乐野处而乳食，藏寒生满病，其治宜灸焫。故灸焫者，亦从北方来。

南方者，天地所长养，阳之所盛处也。其地下，水土弱，雾露之所聚也。其民嗜酸而食胕，故其民皆致理而赤色，其病挛痹，其治宜微针。故九针者，亦从南方来。

中央者，其地平以湿，天地所以生万物也众。其民食杂而不劳，故其病多痿厥寒热，其治宜导引按跷。故导引按跷者，亦从中央出也。

不同地域，由于食物结构不一样，口味与疾病也不一样。

历史上中国各地环境千差万别，但如果以生产方式来看，可以划分为三个主要区域，即北方游牧区、中原农耕区、南方渔猎区，虽然南方渔猎区中也存在农业，但渔猎占据很重要的位置。由于各区域的地理环境不同，故而有不同的民俗习惯。①

在北方游牧区，"逐水草迁徙，毋城郭，常处耕田之业，然亦各有分地"，由于游牧民族容易受到天气灾害的影响，所以食物来源得不到保障，"其俗，宽则随畜，因射猎禽兽为生业，急则人习战攻以侵伐，其天性也"②。也就是说，在食物来源比较丰富的情况之下，主要以肉食为主，如果食物来源出现了问题，就容易去掠夺他人的财物，故而容易形成弱肉强食的局面，所以"壮者食肥美，老者饮食其余。贵壮健，贱老弱。父死，妻其后母；兄弟死，皆取其妻妻之。其俗有名不讳而无字"③。这种习俗在秦朝及西汉初年，大概是北方少数民族共有的传统，"雁门之北，北狄不谷食，贱长贵壮，俗尚气力；人不驰弓，马不解勒；便之也"④。乌孙，"随畜，与匈奴同俗"；大月氏，"随畜移徙，与匈奴同俗"；康居，"与月氏大同俗"；奄蔡，"与康居大同俗"。⑤

不过，随着西域农业的发展，西域各国逐渐走上定居的生活，故民俗与还是游牧阶段的匈奴不一样，"西域诸国大率土著，有城郭田畜，与匈奴、乌孙异俗，故皆役属匈奴"。而此时依旧过着游牧生活的乌孙国，还是"不田作种树，随畜逐水草，与匈奴同俗。国多马，富人至四五千匹。民刚恶，贪狼无信，多寇盗，最为强国"⑥。

在后世的游牧民族之中，也有类似的风俗，比如乌桓，史书记载："乌桓者，本东胡也。汉初，匈奴冒顿灭其国，余类保乌桓山，因以为号焉。俗善骑射，弋猎禽兽为事。随水草放牧，居无常处。以穹庐为舍，东开向日。食肉饮酪，以毛毳为衣。贵少而贱老，其性悍塞。怒则杀父兄，而终不害其母，以母有族类，父兄无相仇报敌也。有勇健能理决斗讼者，推为大人，无世业相继。"此外，"鲜卑言语习俗与乌桓同。唯婚姻先髡头，以季春月大会于饶乐

---

① 鲁西奇：《中国历史上的三大经济带及其变动》，《厦门大学学报》（哲学社会科学版）2008 年第 4 期。

②《史记·匈奴列传》。

③《汉书·匈奴传上》。

④《淮南子·原道》。

⑤《史记·大宛列传》。

⑥《汉书·西域传下》。

水上，饮晏毕，然后配合"①。

在中原农耕区，收成比较稳定，加之长期的儒家教化，风俗逐渐趋同，但是由于地理环境的差别，各地风俗之间还是存在一定的差异。

关中地区土地肥沃，号称"膏壤沃野千里"，有利于农业发展，"好稼穑，殖五谷，地重，重为邪"。也就是说关中地区农业发达，农民生活稳定，不随便去做一些为非作歹的事情。加之关中地区交通方便，有利于商品流通，所以在一些"地狭人多"的地方，人们往往以商业为生，"长安诸陵，四方辐凑并至而会，地小人众，故其民益玩巧而事末也"。不过由于西汉时期将地方豪强迁移到关中地区，所以风俗有一定的改变，"訾富人及豪桀并兼之家于诸陵。盖亦以强干弱支，非独为奉山园也。是故五方杂厝，风俗不纯，其世家则好礼文，富人则商贾为利，豪桀则游侠通奸。濒南山，近夏阳，多阻险轻薄，易为盗贼，常为天下剧。又郡国辐凑，浮食者多，民去本就末，列侯贵人车服僭上，众庶放效，羞不相及，嫁娶尤崇侈靡，送死过度"②。

巴蜀地区，《史记·货殖列传》记载"亦沃野，地饶厄"，而《汉书·地理志》则说："民食稻鱼，亡凶年忧，俗不愁苦，而轻易淫泆，柔弱褊厄。"由于巴蜀地区土地肥沃，所以收成有保障，故易形成奢侈之风，"蜀土富实，时俗奢侈，货殖之家，侯服玉食，婚姻葬送，倾家竭产"③。这奢侈之风一直到隋代都存在，"汉中之人，质朴无文，不甚趋利。性嗜口腹，多事田渔，虽蓬室柴门，食必兼肉"④。由于收成有保障，所以没有多大的利益冲突，故在性格上，"蜀人懦弱"⑤。当然，巴蜀之地，四面环山，也容易形成割据势力，"蜀人恃险好乱"⑥。

在一些地区，由于人多地少，生计较困难，也表现出当地特色。《史记·

---

① 《后汉书·乌桓鲜卑列传》，此外在《三国志·魏书·乌丸鲜卑传》也有类似的记载。

② 《汉书·地理志下》。

③ 《三国志·蜀书·董和传》。

④ 《隋书·地理志》。

⑤ 《晋书·李特载记》。

⑥ 《晋书·张载传》。

货殖列传》记载："三河在天下之中，若鼎足，王者所更居也，建国各数百千岁，土地小狭，民人众，都国诸侯所聚会，故其俗纤俭习事。""中山地薄人众，民俗懁急，仰机利而食。丈夫相聚游戏，悲歌慷慨，起则相随椎剽，休则掘冢作巧奸冶。"鲁地"地狭民众，颇有桑麻之业，亡林泽之饶。俗俭啬爱财，趋商贾，好訾毁，多巧伪"。"沛楚之失，急疾颛己，地薄民贫，而山阳好为奸盗。"①

司马迁在总结各地民俗时指出："沂、泗水以北，宜五谷桑麻六畜，地小人众，数被水旱之害，民好畜藏，故秦、夏、梁、鲁好农而重民。三河、宛、陈亦然，加以商贾。齐、赵设智巧，仰机利。燕、代田畜而事蚕。"② 这个总结基本上反映了当时农耕区民俗的一些特点。

在农耕区和游牧区交会处，其风俗往往具有交融的特征。河西五郡即金城、武威、张掖、敦煌、酒泉，代北六郡即天水、陇西、安定、北地、上郡、西河，以及燕北五郡即上谷、渔阳、右北平、辽西、辽东等是游牧民族与汉族混合区域。在这些区域中农业经济虽然有所发展，但是畜牧业占据很重要的地位，所以这些地方的民俗往往是尚武而质朴。尚武是受到游牧民俗的影响，质朴又是农耕民俗的表现。如代北六郡"天水、陇西，山多林木，民以板为室屋。及安定、北地、上郡、西河，皆迫近戎狄，修习战备，高上气力，以射猎为先。民俗质木，不耻寇盗"③。河西五郡"自武威以西，本匈奴昆邪王、休屠王地，武帝时攘之，初置四郡，以通西域，鬲绝南羌、匈奴。其民或以关东下贫，或以报怨过当，或以悖逆亡道，家属徙焉。习俗颇殊，地广民稀，水草宜畜牧，故凉州之畜为天下饶。保边塞，二千石治之，咸以兵马为务；酒礼之会，上下通焉。吏民相亲。是以其俗风雨时节，谷籴常贱，少盗贼，有和气之应，贤于内郡。此政宽厚，吏不苛刻之所致也"。《史记·货殖列传》则称："天水、陇西、北地、上郡与关中同俗，然西有羌中之利，北有戎翟之畜，畜牧为天下饶。然地亦穷险，唯京师要其道。"

在南方，秦岭淮河以南的区域，虽然稻作农业有一定的发展，但是地广人

---

① 《汉书·地理志下》。

② 《史记·货殖列传》。

③ 《汉书·地理志下》。

稀，渔猎还是占据很重要的地位。《史记·货殖列传》称："楚越之地，地广人希，饭稻羹鱼，或火耕而水耨果隋蠃蛤，不待贾而足，无地埶饶食，无饥馑之患，以故呰窳偷生，无积聚而多贫。是故江淮以南，无冻饿之人，亦无千金之家。"《汉书·地理志》则说："楚有江汉川泽山林之饶。江南地广，或火耕水耨。民食鱼稻，以渔猎山伐为业，果蓏蠃蛤，食物常足。故众偷生，而亡积聚，饮食还给，不忧冻饿，亦亡千金之家。信巫鬼，重淫祀。而汉中淫失枝柱，与巴、蜀同俗。汝南之别，皆急疾有气势。"在这种生存环境中形成的民俗，据《史记·货殖列传》记载，西楚"其俗剽轻，易发怒，地薄，寡于积聚"，东楚则是"则清刻，矜己诺"，南楚风俗与西楚差别不大。据《汉书·地理志》记载："吴、粤之君皆好勇，故其民至今好用剑，轻死易发。"由于气候炎热，所以民俗就有："九疑之南，陆事寡而水事众，于是民人被发文身，以像鳞虫；短绻不绔，以便涉游；短袂攘卷，以便刺舟；因之也。"① 这种生存方式在隋代还存在，"江南之俗，火耕水耨，食鱼与稻，以渔猎为业，虽无蓄积之资，然而亦无饥馁。其俗信鬼神，好淫祀，父子或异居，此大抵然也。江都、弋阳、淮南、钟离、蕲春、同安、庐江、历阳，人性并躁劲，风气果决，包藏祸害，视死如归，战而贵诈，此则其旧风也。其人率多劲悍决烈，盖亦天性然也"。"荆州风俗，其风俗物产，颇同扬州。"②

①《淮南子·原道训》。
②《隋书·地理志下》。

主要参考文献

一、图书

（汉）司马迁：《史记》，中华书局 1959 年版。

（汉）班固：《汉书》，中华书局 1962 年版。

（汉）应劭撰，王利器校注：《风俗通义校注》，中华书局 1981 年版。

（汉）崔寔著，石声汉校注：《四民月令校注》，中华书局 1965 年版。

（东汉）刘珍等撰，吴树平校注：《东观汉记校注》，中州古籍出版社 1987 年版。

（北魏）郦道元撰，陈桥驿点校：《水经注》，上海古籍出版社 1990 年版。

（晋）陈寿：《三国志》，中华书局 1959 年版。

（南朝宋）范晔：《后汉书》，中华书局 1965 年版。

（唐）杜佑：《通典》，中华书局 1988 年版。

（宋）司马光：《资治通鉴》，中华书局 1956 年版。

（宋）李昉等编：《太平御览》，中华书局 1960 年版。

（清）严可均辑：《全上古三代秦汉三国六朝文》，中华书局 1958 年版。

（清）陈立撰，吴则虞点校：《白虎通疏证》，中华书局 1994 年版。

钟肇鹏主编：《春秋繁露校释》，山东友谊出版社 1994 年版。

石声汉：《氾胜之书汇释》，农业出版社 1980 年版。

王明编：《太平经合校》，中华书局 1960 年版。

陈直：《三辅黄图校证》，陕西人民出版社 1980 年版。

刘琳：《华阳国志校注》，巴蜀书社 1984 年版。

吴九龙：《银雀山汉简释文》，文物出版社 1985 年版。

周天游：《八家后汉书集注》，上海古籍出版社 1986 年版。

安居香山、中村璋八辑：《纬书集成》，河北人民出版社 1994 年版。

河南省文物局编：《河南碑志叙录》，中州古籍出版社 1992 年版。

岑仲勉：《黄河变迁史》，人民出版社 1957 年版。

张含英：《中国古代水利事业的成就》，科学普及出版社 1957 年版。

文焕然：《秦汉时代黄河中下游气候研究》，商务印书馆 1959 年版。

李天杰等：《土壤地理学》，高等教育出版社 1978 年版。

陈嵘：《中国森林史料》，中国林业出版社 1983 年版。

邬沧萍、詹长智：《人口与生态环境》，辽宁人民出版社 1987 年版。

姚汉源：《中国水利史纲要》，水利电力出版社 1987 年版。

袁清林编著：《中国环境保护史话》，中国环境科学出版社 1990 年版。

张浩良：《绿色史料札记》，云南大学出版社 1990 年版。

陈登林：《中国自然保护史纲》，东北林业大学出版社 1991 年版。

葛剑雄：《中国人口发展史》，福建人民出版社 1991 年版。

张家诚主编：《中国气候总论》，气象出版社 1991 年版。

王邨编著：《中原地区历史旱涝气候研究和预测》，气象出版社 1992
年版。

曲格平、李金昌：《中国人口与环境》，中国环境科学出版社 1992 年版。

金鉴明等编：《自然环境保护文集》，中国环境科学出版社 1992 年版。

孔庆明：《秦汉法律史》，陕西人民出版社 1992 年版。

蓝勇：《历史时期西南经济开发与生态变迁》，云南教育出版社 1992
年版。

李克让：《中国气候变化及其影响》，海洋出版社 1992 年版。

张志良：《人口承载力与人口迁移》，甘肃科学技术出版社 1993 年版。

陈育宁主编：《宁夏通史》（古代卷），宁夏人民出版社 1993 年版。

王绵厚：《秦汉东北史》，辽宁人民出版社 1994 年版。

王振堂等：《中国生态环境变迁与人口压力》，中国环境科学出版社 1994
年版。

吴祥定等：《历史时期黄河流域环境变迁与水沙变化》，气象出版社 1994
年版。

罗桂环等主编：《中国环境保护史稿》，中国环境科学出版社 1995 年版。

张云飞：《天人合一——儒学与生态环境》，四川人民出版社 1995 年版。

牟重行:《中国五千年气候变迁的再考证》,气象出版社1996年版。

张丕远主编:《中国历史气候变化》,山东科技出版社1996年版。

朱国宏:《人地关系论》,复旦大学出版社1996年版。

世界环境与发展委员会编,王之佳、柯金良译:《我们共同的未来》,吉林人民出版社1997年版。

翦伯赞:《秦汉史》,北京大学出版社1999年版。

杨云彦:《人口、资源、环境经济学》,中国经济出版社1999年版。

黄今言主编:《秦汉江南经济述略》,江西人民出版社1999年版。

丁毅华:《湖北通史》(秦汉卷),华中师范大学出版社1999年版。

于振波:《秦汉法律与社会》,湖南人民出版社2000年版。

黄春长:《环境变迁》,科学出版社2000年版。

杨通进:《走向深层次的环保》,四川人民出版社2000年版。

王利华:《中古华北饮食文化的变迁》,中国社会科学出版社2000年版。

周昆叔主编:《环境考古学研究》(第二辑),科学出版社2000年版。

李培超:《自然的伦理尊严》,江西人民出版社2001年版。

李丙寅:《中国古代环境保护》,河南大学出版社2001年版。

雷毅:《深层生态学思想研究》,清华大学出版社2001年版。

史念海:《黄土高原历史地理研究》,黄河水利出版社2001年版。

余谋昌:《生态文化论》,河北教育出版社,2001年版。

李根蟠编:《中国经济史上的"天人"关系》,中国农业出版社2002年版。

姜生:《中国道教科学技术史》(汉魏两晋),科学出版社2002年版。

邹逸麟编著:《中国历史地理概述》,福建人民出版社2002年版。

佘正荣:《中国生态伦理传统的诠释与重建》,人民出版社2002年版。

彭卫、杨振红:《中国风俗史通史》(秦汉卷),上海文艺出版社2002年版。

赵德馨主编:《中国经济通史》,湖南人民出版社2002年版。

蓝勇编著:《中国历史地理学》,高等教育出版社2002年版。

董锁成等:《中国百年资源、环境与发展报告》,湖北科学技术出版社2002年版。

何怀宏:《生态伦理》,河北大学出版社2002年版。

刘家强主编：《人口经济学新论》，西南财经大学出版社 2003 年版。

张泽咸：《汉晋唐时期农业》，中国社会科学出版社 2003 年版。

杨文衡：《易学与生态环境》，中国书店 2003 年版。

李并成：《河西走廊历史时期沙漠化研究》，科学出版社 2003 年版。

陈业新：《灾害与两汉社会研究》，上海人民出版社 2004 年版。

景爱：《胡杨的呼唤——沙漠考古手记》，中国青年出版社 2004 年版。

梅雪芹：《环境史学与环境问题》，人民出版社 2004 年版。

于希贤：《沧海桑田：历史时期地理环境的渐变与突变》，广东教育出版社 2004 年版。

乐爱国：《道教生态学》，社会科学文献出版社 2005 年版。

葛剑雄：《中国人口史》（第一卷），复旦大学出版社 2002 年版。

邹逸麟：《椿庐史地论稿》，天津古籍出版社 2005 年版。

吕思勉：《秦汉史》，上海古籍出版社 2005 年版。

吕思勉：《读史札记》，上海古籍出版社 2005 年版。

程有为：《河南通史》（第二卷），河南人民出版社 2005 年版。

钟水印、简新华：《人口、资源与环境经济学》，科学出版社 2005 年版。

张志彬：《中国古代疫病流行年表》，中国社会科学出版社 2005 年版。

于希贤：《法天象地：中国古代的人居环境与风水》，中国电影出版社 2006 年版。

夏显泽：《天人合一与环境问题》，云南人民出版社 2006 年版。

张锋：《自然的权利》，山东人民出版社 2006 年版。

文焕然：《中国历史时期植物与动物变迁研究》，重庆出版社 2006 年版。

周昆叔主编：《环境考古学研究》（第三辑），北京大学出版社 2006 年版。

侯仁之、邓辉主编：《中国北方干旱半干旱地区历史时期环境变迁研究文集》，商务印书馆 2006 年版。

叶平：《大自然道德：环境伦理学案例》，中国环境科学出版社 2006 年版。

王利华主编：《中国历史上的环境与社会》，三联书店 2007 年版。

王子今：《秦汉时期生态环境研究》，北京大学出版社 2007 年版。

田澍主编：《西北开发史研究》，中国社会科学出版社 2007 年版。

莫多闻主编：《环境考古学》（第四辑），北京大学出版社 2007 年版。

钟水映、简新华：《人口、资源与环境经济学》，科学出版社 2007 年版。

雷毅：《河流的价值与伦理》，黄河水利出版社 2007 年版。

何兹全：《中国古代社会》，北京师范大学出版社 2007 年版。

王文涛：《秦汉社会保障研究——以灾害救助为中心的考察》，中华书局 2007 年版。

陈明等：《可持续发展概论》，冶金工业出版社 2008 年版。

赵安起：《中国古代环境文化概论》，中国环境科学出版社 2008 年版。

刘翠溶：《自然与人为互动——环境史研究的视角》，（台北）联经出版公司 2008 年版。

卢星：《江西通史》（秦汉卷），江西人民出版社 2008 年版。

唐大为主编：《中国环境史研究：理论与方法》（第 1 辑），中国环境科学出版社 2009 年版。

黄宛峰：《秦汉人的居住环境与文化》，光明日报出版社 2009 年版。

陈新海：《历史时期青海经济开发与自然环境变迁》，青海人民出版社 2009 年版。

汪受宽：《甘肃通史》（秦汉卷），甘肃人民出版社 2009 年版。

赵玉田：《文明、灾荒与贫困的一种生成机制：历史现象的环境视角》，吉林人民出版社 2009 年版。

刘希庆：《顺天而行：先秦秦汉人与自然关系专题研究》，齐鲁书社 2009 年版。

满志敏：《中国历史时期气候变化研究》，山东教育出版社 2009 年版。

邬沧萍、侯东民主编：《人口、资源、环境关系史》，中国人民大学出版社 2010 年版。

齐木德道尔吉：《游牧文化与农耕文化》，黑龙江人民出版社 2010 年版。

安作璋主编：《山东通史》（秦汉卷），人民出版社 2010 年版。

徐卫民：《秦汉都城与自然环境关系研究》，科学出版社 2011 年版。

杨云彦、陈浩：《人口资源与环境经济学》，湖北人民出版社 2011 年版。

葛全胜等：《中国历朝气候变化》，科学出版社 2011 年版。

王鑫义、张子侠：《安徽通史》（秦汉魏晋南北朝卷），安徽人民出版社 2011 年版。

梅雪芹：《环境史研究叙论》，中国环境科学出版社 2011 年版。

王利华：《徘徊在人与自然之间——中国生态环境史探索》，天津古籍出版社 2012 年版。

包茂宏：《环境史学的起源和发展》，北京大学出版社 2012 年版。

夏明方：《近世棘途：生态变迁中的中国现代化进程》，中国人民大学出版社 2012 年版。

王飞：《先秦两汉时期森林生态文明研究》，中国社会科学出版社 2015 年版。

［美］康芒纳著，侯文蕙译：《封闭的循环——自然、人和技术》，吉林人民出版社 1997 年版。

［美］纳什著，杨通进译：《大自然的权利》，青岛出版社 1999 年版。

［美］J. 唐纳德·休斯：《什么是环境史》，北京大学出版社 2008 年版。

［英］克莱夫·庞廷著，王毅、张学广译：《绿色世界史：环境与伟大文明的衰落》，上海人民出版社 2000 年版。

［英］威廉·贝纳特、彼得·科茨：《环境与历史：美国和南非驯化自然的比较》，译林出版社 2008 年版。

［英］罗杰·珀曼等：《自然资源与环境经济学》，中国经济出版社 2002 年版。

［德］约阿希姆·拉德卡著，王国豫、付天海译：《自然与权力：世界环境史》，河北大学出版社 2004 年版。

汤姆·蒂坦伯格、琳恩·刘易斯著，王晓霞、杨鹂译：《环境与自然资源经济学》，中国人民大学出版社 2011 年版。

二、论文

郑斯中：《气候对社会冲击的评定——一个多学科的课题》，《地理译报》1982 年第 1 期。

王希亮：《中国古代林业职官考》，《中国农史》1983 年第 4 期。

余华青：《秦汉林业初探》，《西北大学学报》（哲学社会科学版）1983 年第 4 期。

余华青：《秦汉时期的渔业》，《人文杂志》1985 年第 5 期。

陈育宁：《鄂尔多斯地区沙漠化的形成与和发展述论》，《中国社会科学》1986 年第 2 期。

康兰英：《画像石所反映的上郡狩猎活动》，《文博》1986 年第 3 期。

王邨等：《近五千余年来我国中原地区气候在年降水量方面的变迁》，《中国科学》（B 辑）1987 年第 1 期。

陈玉琼：《气候对环境和人类活动的影响》，《大自然探索》1988 年第 3 期。

王子今：《"伐驰道树殖兰池"解》，《中国史研究》1988 年第 3 期。

张柏忠：《北魏以前科尔沁沙地的变迁》，《中国沙漠》1989 年第 4 期。

李丙寅：《略论秦代的环境保护》，《黄淮学刊》（社会科学版）1990 年第 1 期。

倪根金：《秦汉植树造林考述》，《中国农史》1990 年第 4 期。

李丙寅：《略论汉代的环境保护》，《河南大学学报》1991 年第 1 期。

卢象贤：《〈史记〉渔话》，《中国水产》1992 年第 1 期。

倪根金：《秦汉"种树"考析》，《农业考古》1992 年第 1 期。

穆骏：《陕西古代的渔业和资源保护》，《陕西水利》1992 年第 3 期。

陈兴民、马牧：《气候社会学论略》，《许昌师专学报》1992 年第 4 期。

朱立平等：《气候变化与民族迁徙》，《新史学》1992 年第 6 期。

巴家云：《略论四川汉代的渔业生产》，《四川文物》1993 年第 4 期。

倪根金：《汉简所见西北垦区林业——兼论汉代居延垦区衰落之原因》，《中国农史》1993 年第 4 期。

倪根金：《毁林与汉代居延垦区的衰落》，《灾害学》1994 年第 1 期。

殷光明：《从敦煌汉晋长城、古城及屯戍遗址之变迁简析保护生态平衡的重要性》，《敦煌辑刊》1994 年第 1 期。

倪根金：《试论中国历史上对森林保护环境作用的认识》，《农业考古》1995 年第 4 期。

王兴国：《贾谊的生态伦理思想及其现代意义》，《湖南社会科学》1995 年第 5 期。

王子今：《秦汉时期的护林造林育林制度》，《农业考古》1996 年第 1 期。

倪根金：《秦汉环境保护初探》，《中国史研究》1996 年第 2 期。

陈良佐：《再探战国到两汉的气候》，《历史语言研究所集刊》第 67 本第 2

分，1996 年。

官德祥：《汉晋时期西南地区渔业活动探讨》，《中国农史》1997 年第
3 期。

张涛：《西汉后期象数易学兴起的自然生态和社会政治根源》，《周易研
究》1998 年第 4 期。

王福昌：《秦汉时期长江中下游地区的环境保护》，《社会科学》1999 年
第 2 期。

王福昌：《秦汉时期江南的农业开发与自然环境》，《古今农业》1999 年
第 4 期。

杨振红：《汉代自然灾害初探》，《中国史研究》1999 年第 4 期。

余明：《西汉林政初探》，《四川师范大学学报》（社会科学版）1999 年第
10 期。

刘彦威：《中国古代对林木资源的保护》，《古今农业》2000 年第 2 期。

鲁西奇：《人地关系理论与历史地理研究》，《史学理论研究》2001 年第
1 期。

行龙：《开展中国人口、资源、环境史研究》，《山西大学学报》（哲学社
会科学版）2001 年第 4 期。

王庆宪：《匈奴时期我国北方的森林分布》，《内蒙古社会科学》（汉文版）
2001 年第 6 期。

王庆宪：《匈奴史事与北方森林植被》，《云南师范大学学报》（哲学社会
科学版）2001 年第 11 期。

陈业新：《两汉时期气候状况的历史学再考察》，《历史研究》2002 年第
4 期。

王乃昂等：《近 2000 年来人类活动对我国西部生态环境变化的影响》，
《中国历史地理论丛》2002 年第 3 期。

蔡万进：《尹湾汉简（元延二年日记）所载汉代气象资料》，《历史研究》
2002 年第 4 期。

朱诚等：《长江三峡地区汉代以来人类文明的兴衰与生态环境变迁》，《第
四纪研究》2002 年第 5 期。

陈雄：《秦汉魏晋南北朝时期宁绍地区土地开发及其对环境的影响》，《浙
江师范大学学报》2002 年第 5 期。

许倬云：《汉末至南北朝气候与民族移动的初步考察》，《许倬云自选集》上海教育出版社 2002 年版。

马新：《历史气候与两汉农业的发展》，《文史哲》2002 年第 5 期。

何彤慧等：《历史时期中国西部开发的生态环境背景及后果——以毛乌素沙地为例》，《宁夏大学学报》（人文社会科学版）2003 年第 2 期。

秦其荣：《战争与生态经济》，《广西右江学院学报》2003 年第 2 期。

刘湘溶等：《论董仲舒的生态伦理思想》，《湖湘论坛》2004 年第 1 期。

孙同兴等：《陕北统万城地区历史自然景观及毛乌素沙漠迁移速率》，《古地理学报》2004 年第 3 期。

刘彦威：《中国古代的护林和造林》，《北京林业大学学报》（社会科学版）2004 年第 4 期。

刘文英：《阴阳家的生态观念及其历史地位》，《文史哲》2005 年第 1 期。

陈英：《秦汉时期甘肃生态环境的变迁》，《甘肃林业》2005 年第 2 期。

南玉泉：《中国古代的生态环保思想与法律规定》，《北京理工大学学报》（社会科学版）2005 年第 2 期。

王子今：《汉代居延边塞生态保护纪律档案》，《历史档案》2005 年第 4 期。

刘翠溶：《中国环境史研究刍议》，《南开学报》2006 年第 2 期。

梅雪芹：《论环境史对人的存在的认识及其意义》，《世界历史》2006 年第 3 期。

毛丽娅：《〈太平经〉的和谐观》，《中国道教》2006 年第 4 期。

王乃昂等：《鄂尔多斯高原古城夯层沙的环境解释》，《地理学报》2006 年第 9 期。

陈业新：《战国秦汉时期长江中游地区气候状况研究》，《中国历史地理论丛》2007 年第 1 期。

刘希庆：《先秦秦汉时期的伐木时间问题》，《北京城市学院学报》2007 年第 2 期。

王晓琨：《中国古代军事与环境关系简论》，《内蒙古社会科学》（汉文版）2008 年第 1 期。

令昕陇：《民间信仰中的生态意识——人与自然相互沟通的文化要素》，《连云港师范高等专科学校学报》2008 年第 1 期。

彭卫：《汉代食饮杂考》，《史学月刊》2008 年第 1 期。

王晖：《麒麟原型与中国古代犀牛活动南移考》，《中国历史地理论丛》2008 年第 1 期。

段渝：《中国西南早期对外交通——先秦两汉的南方丝绸之路》，《历史研究》2009 年第 1 期。

靳宝：《汉代墓葬用柏及其原因分析》，《中原文物》2009 年第 3 期。

徐卫民、方原：《汉长安城植被研究》，《西北大学学报》（自然科学版）2009 年第 5 期。

王子今：《中国古代的生态保护意识》，《求是》2010 年第 2 期。

韩帅等：《秦汉时期对鹿类资源的利用》，《农业考古》2010 年第 4 期。

曾磊：《自然灾害与新莽时期的社会动荡》，《河北学刊》2010 年第 2 期。

周景勇、严耕：《试论汉代帝王诏书中的生态意识》，《北京林业大学学报》2010 年第 3 期。

侯旭东：《渔采狩猎与秦汉北方民众生计——兼论以农立国传统的形成与农民的普遍化》，《历史研究》2010 年第 5 期。

张蕊：《马王堆三号汉墓遣策所载食物考述》，《首都师范大学学报》（社会科学版）2011 年第 1 期。

李文琴：《中国古代环境保护的思想基础——基于先秦两汉时期的分析》，《西安交通大学学报》（社会科学版）2011 年第 1 期。

周启良：《中国古代环境保护法制通考——以土地制度变革为基本线索》，《重庆大学学报》（社会科学版）2011 年第 2 期。

杨华：《秦汉帝国的神权统一——出土简帛与〈封禅书〉、〈郊祀志〉的对比考察》，《历史研究》2011 年第 5 期。

王娟：《秦汉时期关中平原农耕土壤的利用与改良》，《自然科学史研究》2012 年第 1 期。

方原、唐穆君：《论秦汉关中农业开发与生态环境》，《咸阳师范学院学报》2012 年第 1 期。

王子今：《简牍资料所见汉代居延野生动物分布》，《鲁东大学学报》（哲学社会科学版）2012 年第 4 期。

李欣：《秦汉社会的木炭生产和消费》，《史学集刊》2012 年第 5 期。

朱潇：《"田猎"与"校猎"：秦汉官方狩猎活动的性质变化》，《中国政法大学学报》2012 年第 5 期。

李荣华：《汉唐时期长江中下游地区环境的优化——从"含沙射影"词义的演变谈起》，《鄱阳湖学刊》2013 年第 3 期。

王利华：《生态史的事实发掘和事实判断》，《历史研究》2013 年第 3 期。

杨丽：《两汉时期中原地区瘟疫研究》，《中州学刊》2014 年第 2 期。

王子今：《赵充国时代"河湟之间"的生态与交通》，《青海民族研究》2014 年第 3 期。

王海：《汉代居延水资源开发利用新探》，《中国历史地理论丛》2015 年第 1 期。

李勤：《汉长安城水环境研究》，《西北工业大学学报》（社会科学版）2015 年第 3 期。

邓蕙：《考古材料所见之汉墓动物随葬》，《南方文物》2015 年第 3 期。

李欣：《秦汉农耕社会的薪炭消耗与材木利用——以环境问题为中心的考察》，《古今农业》2016 年第 1 期。

党超：《略论秦汉政治生活中的生态文化》，《东方论坛》2016 年第 4 期。

三、未刊硕博论文

张耀引：《史前至秦汉炊具设计的发展与演变研究》，南京艺术学院 2005 年硕士论文。

樊金玲：《秦汉时期林业的发展及对社会影响考述》，吉林大学 2006 年硕士论文。

党超：《秦汉时期生态文化探析》，河南大学 2006 年硕士论文。

王飞：《两汉时期疫病研究》，吉林大学 2006 年硕士论文。

余昆霖：《秦汉环境生态保护研究》，（台湾）中国文化大学 2007 年硕士论文。

李南江：《气候变迁与两汉社会发展若干问题的探讨》，广西师范大学 2007 年硕士论文。

姜翠屏：《秦汉时期矿产资源的开发与利用》，东北师范大学 2007 年硕士论文。

杨胜良：《汉唐环境保护思想研究》，厦门大学 2007 年博士论文。

张效莉：《人口、经济发展与生态环境系统协调性测度及其应用研究》，西南交通大学 2007 年博士论文。

李春艳：《战国末到西汉时期的气候变化与关中农业的大发展》，陕西师范大学 2007 年硕士论文。

黄凤芝：《秦汉生态环境研究》，江西师范大学 2008 年硕士论文。

仇立慧：《古代黄河中游都市发展迁移与环境变化研究》，陕西师范大学 2008 年博士论文。

牛晓春：《榆林汉代画像石探究》，陕西师范大学 2008 年硕士论文。

刘俊霞：《秦汉时期西北农业开发与生态环境问题研究》，西北农林科技大学 2008 年硕士论文。

黄银洲：《鄂尔多斯高原近 2000 年沙漠化进程与成因研究》，兰州大学博士 2009 年论文。

王大宾：《秦汉时期中原地区环境的变迁与农耕技术的选择》，郑州大学 2010 年硕士论文。

巩镭：《汉末三国时期疾病研究》，郑州大学 2011 年硕士论文。

杨志坚：《试论两汉农业生态变迁与生态意识》，南昌大学 2011 年硕士论文。

周景勇：《中国古代帝王诏书中的生态意识研究》，北京林业大学 2011 年博士论文。

后　记

20 世纪末期，环境史研究逐渐进入中国学者的视野。本人在博士阶段的研究即以秦汉至魏晋南北朝环境史作为选题方向。秦汉环境史的研究，王子今教授做出了开创性的贡献，在整体上要超越王子今教授的成果，难度颇大。本人认为，秦汉时期对普通百姓影响最大、最直接的环境因素是气候的变化。对秦汉气候史的研究，王子今教授和陈业新教授存在分歧。本人在仔细阅读相关成果的基础上，在秦汉环境史研究中比较着重气候史的研究；由于本人硕士阶段偏重经济史，因此对秦汉环境史的研究更侧重经济环境史。

书稿主体部分在 2013 业已完成，虽然此后也陆陆续续进行了修改，但变动不大。近些年，随着研究兴趣的转移以及接受诸多委托任务，对秦汉环境史在理论上没有进行深入思考与讨论；近年地理科学界中利用树轮等对气候史的研究成果颇多，对这些成果吸收不够；此外，近年出土的秦汉简牍材料也未消化吸收。

书稿即将面世，感慨颇多。本书动笔时，小女才一岁，现在已经是小学五年级学生了。在这期间，爱人黄继东将主要精力放在照顾小孩、承担家务上，耽搁了自己的学业。岳父黄忠臣对本人关爱有加，一直盼望本书问世；但在书稿即将完成时去世。

书稿写作之时，图书数字化尚不普及，材料搜集比较困难，在此过程中得到不少朋友的帮助、支持，在此一并致谢。

由于写作时间较长，书稿完工后，文档版本升级时导致一些文字出现脱落和错误；编辑杨天荣同志付出了大量心血进行核对，在此非常感谢。

由于水平有限，研究过程中还存在不少问题，其中难免有疏漏、不妥之处，欢迎读者批评、指正。